马斯洛人生成功经典

实现人生价值

恩　泽　主编

中国社会出版社

图书在版编目（CTP）数据

实现人生价值 / 恩泽主编. —北京：中国社会出版社，2013.6
（马斯洛人生成功经典 / 恩泽主编）
ISBN 978 – 7 – 5087 – 4428 – 5

Ⅰ. ①实…　Ⅱ. ①恩…　Ⅲ. ①人生哲学—通俗读物
Ⅳ. ①B821 – 49

中国版本图书馆CIP数据核字（2013）第 080285 号

书　　名：实现人生价值
编　　者：恩　泽
责任编辑：魏光洁
助理编辑：高　文

出版发行：中国社会出版社　邮政编码：100032
通联方法：北京市西城区二龙路甲33号新龙大厦
电　话：编辑部：（010）66026807　（010）66061723
邮购部：（010）66081078
销售部：（010）66080300　（010）66085300
（010）66083600
传　真：（010）66051713　（010）66080880
网　　址：www. shcbs .com. cn
经　　销：各地新华书店

印刷装订：北京市业和印务有限公司
开　　本：148mm × 225mm　1/16
印　　张：25.75
字　　数：300千字
版　　次：2013年7月第1版
印　　次：2013年7月第1次印刷
定　　价：48.00元

导　论

亚伯拉罕·哈罗德·马斯洛（Abraham. H. Maslow，1908—1970 年），出生于美国一个犹太移民家庭，美国著名社会心理学家、人格理论家和比较心理学家。1967—1968 年任美国人格与社会心理学会主席和美国心理学会主席。

马斯洛是人本主义心理学的主要创始人，被称为“人本主义心理学之父”。他主张“以人为中心”的心理学研究，研究人的本性、自由、潜能、动机、经验、价值、创造力、生命意义、自我实现等对个人和社会富有意义的问题。他从人性论出发，强调一种新人形象，强调人性的积极向善，强调社会、环境应该允许人性潜能的实现，主张心理学研究中应给予主观研究方法一定的地位，并应突出整体动力论的重要。

马斯洛反对弗洛伊德精神分析的生物还原论和华生行为主义的机械决定论。马斯洛把人的本性和价值提到心理学研究的首位，具有重要的理论意义，对于组织管理、教育改革、心理咨询和心理治疗具有重要的实用价值。需求层次论在他的心理学体系中占据基础性地位，自我实现论则为他的心理学体系的核心。

马斯洛以人性为特征的心理学形成了心理学史上的“第三思潮”，猛烈地冲击着西方的心理学体系。《纽约时报》发表评论说：“第三思潮”是人类了解自身过程中的又一块里程碑。

1933 年，马斯洛在威斯康辛大学获得博士学位后，主要从事教学和研究工作。1943 年，马斯洛发表了《动机理论引言》和《人类动机理论》两篇论文，第一次把现代心理学各个流派，包括弗洛伊德主义、华生行为主义、格式塔心理学和有机体理论等综合起来，提出了心理需求层次理论基本框架，即生理需要、安全需要、归属和爱的需要、尊重的需要、自我实现的需要、认识的需要、对美的需要、发展的需要，在学术界令人耳目一新。马斯洛在研究人类动机时，始终强调整体动力论的贯彻，并将研究重点放在全人类共有的、作为似本能天性的基本需要研究之上。这为他的自我实现心理学发展奠定了基础，也是人本主义心理学思想的萌芽。

马斯洛随后在自我实现理论的基础上，又提出了要以最优秀的人作为研究对象，而不能像弗洛伊德那样以心理变态者、精神病患者作为研究对象，也不能像华生行为主义学派那样以小白鼠为研究对象，他选定了两组人作为研究对象，概括了自我实现者的 13 个特征。他指出自我实现的人并非十全十美，但他们却是一种价值观的楷模。

马斯洛还提出“价值失调”理论，提出当时社会存在的许多常见精神疾病现象的治疗，主要包括权力狂、固执偏见、心烦气躁、缺乏兴趣，特别是没有生活目的和生活意义等现象。

总之，到 1951 年，马斯洛的需求层次理论和自我实现理论已经逐渐成熟。1954 年，马斯洛出版了《动机与人格》一书，这本书使马斯洛成为著名人士，被公认为 20 世纪 50 年代心理学领域最重要的一部学术著作，这也是马斯洛的经典力作。

马斯洛接着研究“高峰体验”。他从自我实现者那里发现他们往往频繁地感受到极度的喜悦，体验到心醉神迷的美妙感受。这些美妙体验有的来自大自然，有的来自音乐，有的来自两性生活。马斯洛认为这不是一种迷信，而是自我实现者的一种成功享受。高峰体验使个人的认知能力发生了根本性的转化，由缺失性认知发展到存在性认知，达到了对存在价值的领悟和认识。自我的特性达到了相对完善的状态，在这一状态中，人们共享了自身最高程度的同一性。因此，高峰体验是自我实现的短暂过程，是自我实现的重要途径。他相信每个人的这种潜力都存在，认为这种现象是可以用科学来解释清楚的，这才应该是心理学研究的主要任务。

1957 年，关于人类价值观新知识的第一届科学会议在麻省理工学院召开。马斯洛在会上提出了他对价值观的看法，强调价值观是可以科学地进行研究的。他认为人们生存的基本需求得不到满足，就会严重伤害到他们作为人的感情，他们就会形成不健康的价值观，因为这是由人的本性决定的。

1961 年，马斯洛提出了“优心态群体”理论，他提出由 1000 个自我实现者和他们的家庭组成“优心态群体”，这就是一个理想的社会。在这个理想社会环境下，人类天生的本能就可以得到越来越多的表现，就会实现他的思想。

1961 年，马斯洛在佛罗里达大学发表了“关于心理健康的一些新问题”的著名演讲，他认为幽默与自嘲对心理具有重要作用，幽默能够释放人的潜能。他随后出版了《存在心理学探索》，诸如“高峰体验”“自我实现”“需要层次论”“缺失需要”“存在需要”等概念非常流行，成了美国 20 世纪 60 年代的主要时代精神。

1962 年，马斯洛为了学术研究，他亲自到安德鲁·凯依的非线性管理系统工厂进行调查。他把自己在工厂的调查研究写成了《夏天的笔记》，最早以《理想管理》（又译作《优心态管理》为名印刷出版，在学术界和企业界流传。在书中他阐述了有关管理学方面的崭新思想，提出了许多很有价值的人性观念，如开明管理、领导心理、综效原则、人力资本、员工动机、开拓创新、革新会计、企业评判等观点。这些管理思想几乎成了现代管理与组织的基本原则，成为现代管理理论的基础和重要组成部分。

1964 年，马斯洛发表了《宗教、价值观和高峰体验》一书，在书中他认为高峰体验是有组织的宗教的精华，阐述了他对宗教信仰的看法。

1966 年，马斯洛当选为美国心理学会主席，这表明他的心理学理论受到了广泛的重视。他又出版了《关于科学的心理学：一种探索》，对当时主流科学及其基础进行了批判。接着又出版了《关于超越性动机的理论——人类价值的生物学基础》，对人类天生的创造性、勇于接受挑战等高层次需要作了进一步分析，提出了存在价值（B—价值）理论。

马斯洛涉猎非常广泛，在许多领域都进行过探索和研究。他的主要著作有 1954 年出版的《动机与人格》、1962 年出版的《存在心理学探索》、1964 年出版的《宗教信仰、价值观和高峰体验》、1965 年出版的《优美心灵的管理》、1966 年出版的《科学心理学》、1971 年出版的《人性能达到的境界》等，这些著作显示了他成熟的超个人的人本主义心理学思想。

马斯洛广泛的研究从自我实现心理学原理出发，大大超过了心理学研究的范围，涉及管理学、经济学、社会学、伦理学、教育学、宗教、哲学、美学等领域，提出了对于社会、教育、管理、宗教等进行变革的构想，进而形成了内在教育论、心理治疗论、社会变革论和优美心灵管理论等理论学说。马斯洛的需求层次和作为最高动机力量的自我实现等概念非常有名，是他的主要贡献。

1970 年 6 月，马斯洛于加利福尼亚州门洛帕克市逝世，享年 62 岁。

马斯洛的心理学被称为“第三思潮”，是相对于在他之前两大思潮而言的。以弗洛伊德为代表的精神分析学“第一思潮”和以华生为代表的行为主义“第二思潮”。马斯洛的“第三思潮”无论是在思想内容、研究方法和研究对象上，还是在心理治疗方法上，都是对弗洛伊德学说和华生行为主义理论的突破和扬弃,他打破了弗洛伊德的心理学和华生的行为主义心理学,提出了一套更为进步的人类理论。

弗洛伊德心理学体系最基本的特征,就是来源于弗洛伊德本人的医学临床实验。研究的对象主要是精神病患者和心理变态者。马斯洛曾说:“如果一个人只潜心研究精神错乱者、精神病患者、心理变态者、罪犯、越轨者和精神脆弱者,那么他对人类的信心将越来越小,他会变得越来越‘现实’,眼光会越来越低,对人的期望也会越来越小……因此,对畸形的、发育不全的、不成熟的和不健康的人进行研究,就只能产生畸形的心理学和哲学。这一点已经是日益明显了。一个更普遍的心理科学应该建立在对自我实现的人的研究上。”

华生的行为主义心理学体系最基本的特征,就是认为人是由低等动物偶然进化而来的。其研究的对象是白鼠、猴子和鸽子等动物。马斯洛对此指出:“行为主义者关于人只有遗传的生理冲动的结论,最根本的原因就是大多数研究都是在老鼠身上进行的,而老鼠除了生理动机之外显然很少有别的什么动机了。人毕竟不是更大一些的白鼠、猴子和鸽子,既然动物有其独特的天性,人类也应有自己的特点。”

对于弗洛伊德的精神分析和华生的行为主义,马斯洛并没有采取排斥,他说:“研究精神病患者是有价值的,但是不够的;研究动物是有价值的,但也是不够的。”可见马斯洛学说的包容性。

马斯洛为了研究人的特点和人的潜力,他比喻说:“如果你想知道一个人跑一英里最快能用多少时间,你不会去研究一般的跑步者,你研究的是更出色的跑步者,因为只有这样的人才能使你知道人在更快地跑完一英里上所具有的潜力。”马斯洛对于人的潜力研究,就是“不断发展的那一部分”。

马斯洛首次把“自我实现的人”和“人类潜力”的理论引入心理学研究的范畴。自我实现的人是人类中的最好典范,是“不断发展的一小部分”。他们心理健全，能充分开拓并运用自己的天赋、能力、潜力。他们也有最基本的需要，但他们在充分享受这些需要达到满足的同时，并没有成为这些需要的俘虏。马斯洛在对他所认为是优秀个人的思想、行为和精神状态进行大量研究之后，提出了人类具有精神健康的共同特点。

马斯洛“第三思潮”理论的独到之处在于——反当代科学的时尚，坚决指出人类具有共同价值观和道德标准，而且他认为这些准则具有科学的根据，可以通过对人类中的优秀代表进行研究找到。

马斯洛一生都坚持一种人道主义哲学，以便能够帮助人们认识和启动对于激情、创造力、伦理、爱、精神和其他只属于人类特性的追求能力。他的心理学不仅具有重要的理论价值，而且具有重要的实用功能。他的学说被广泛地运用到教育、医疗、防止犯罪和吸毒行为以及企业管理等领域，产生了良好的效益。

马斯洛学说具有超前性，他曾说：“有时候我有一种感觉，好像我的研究是在跟我曾孙的曾孙对话，当然，前一个曾孙都还没有出世。那是对于他们爱的一种表达，给他们留下的不是金钱，而是一些事实上关爱的话语，一些零零碎碎的建议，是我的一些教训，对他们可能有一些用处。”

美国学术界认为，21 世纪马斯洛将取代弗洛伊德和华生，成为心理学界最有影响的先驱人物。

安松尼·苏迪奇说：“亚伯拉罕·马斯洛是自弗洛伊德以来最伟大的心理学家。毫无疑问，21 世纪属于他。”

柯林·C. 威尔逊说：“自马斯洛去世以后 25 年当中，他的名声没有一点下降迹象，而与此同时，弗洛伊德和荣格的声名却遍体鳞伤，布满弹痕，我认为这是非常重要的一点。我相信，这是因为，在马斯洛的思想当中，最有意义的东西，在他自己那个时代都还没有显露出来。它的重要性是在未来，在 21 世纪一定会显露出来。”

德波拉·C. 斯迪芬森说:“我们发现,在马斯洛的整个思想中,有许多研究、认识及思想在当时都是远远超前的。几十年过去了,我们今天听起来仍然感到非常新鲜,就好像现在一些工作和思想反倒都过时了一样。马斯洛有关要求自我实现的员工、培养客户忠诚、树立领导风范和把不确定性作为一种创造力源泉的主张,描绘出了我们今天的数字化时代的图景,显得非常深刻。”

马斯洛研究的就是我们今天生活的这个世界,就是我们这个数字化时代。在这个充满激烈竞争的世界里,人的潜力成为各行各业、各个组织、各个机构竞争的主要力量。

马斯洛的学说在我国具有广泛影响。20 世纪 80 年代,在我国的学术界和大学里,马斯洛有关创造性理论、需求层次论、自我实现论等学说曾经在我国掀起了马斯洛思想热。

在 80 年代中后期,著名心理学家弗洛伊德的思想曾经在我国名噪一时,那是因为我国当时思想刚刚彻底解放,性自由、性开放等观念刚刚出现,许多人从弗洛伊德的思想中寻找到了理论依据,于是引发了“弗洛伊德热”。当弗洛伊德的名声在人们心目中逐渐淡化的同时,马斯洛的学说则取而代之,逐渐扎根人们心灵,并在实践中运用马斯洛的知识,使之造福于我们今天的社会。

马斯洛学说是资本主义发达国家的先进思想和理论之一,我们应该吸收和借鉴调动一切积极因素,用以建设中国特色的社会主义。人是生产力中最活跃的因素,能否全面提高人民的整体素质,从根本上调动亿万人民建设中国特色社会主义的积极性,充分发挥广大人民的潜能与智慧,是直接关系着中国特色社会主义建设事业成败的关键。马斯洛学说所强调的正是人的潜能的充分发挥和人性中的积极因素,这不能不说是马斯洛的学说适应了中国特色社会主义建设的需要。

对于这个充满竞争的时代和社会,我们每一个人都希望调动自身的一切积极因素,健全自我人格、发挥自我潜能、实现自我价值、享受人生幸福、追求人生的真正成功。这不能不说马斯洛的学说也适应了我们每一个追求人生成功者的需要。

这就是全面介绍出版马斯洛著作的根本原因。

前　言

自我实现的定义，马斯洛解释为："有这样一种人，能够充分开拓和利用自己的天赋、才能、潜力等因素，能够实现自己的愿望，对自己力所能及的事情总是尽力去完成，使自己不断趋于完美。"

"自我实现是艰苦的工作，它不仅仅只来自内心的渴望，而且还包括来自外部的、日常生活当中对服务的使命感。"

马斯洛自我实现理论包括三个重要层次，第一个层次是"需要层次论"，第二个层次是"自我实现论"，第三个层次是"高峰体验论"。

"需要层次论"在马斯洛理论中是一个独到的基本概念，主要包括生理的需要、安全的需要、归属和爱的需要、尊重的需要、认知与理解的需要、对美的需要、发展的需要等七大基本生存需要。他认为这是驱使人类若干始终不变的、遗传的、本能的需要。这些需要不仅仅是生理的需要，而且是心理的需要，这些基本需要是人类真正的内在本质，但却很脆弱，很容易被扭曲，往往被不正确的学习、习惯以及传统所征服。马斯洛说："这些需要不是丑恶的，而是中性的或者是良好的。"

"自我实现论"是一种高层次的基本需要，马斯洛举例说："音乐家必须作曲、画家必须绘画、诗人必须写诗，都需要尽其所能，否则他就徒有虚名，这一需要才称为‘自我实现需要’。”这说明自我实现的本质特征就是充分发挥人的潜力和创造力。

马斯洛把他研究的杰出人物称为“自我实现”的人。他认为“自我实现”只能出现在年龄大一些的人身上。它往往被视为事物的终极状态，被视为远大的目标，而不是一个活跃于一生的动态过程它是一种存在，而不是一种演变。

马斯洛将心理学研究集中在自我实现者身上，通过大量问卷调查、访谈研究、案例分析，他搜集到了有关自我实现者的经验描述，阐明了自我实现者的本质、自我实现者的人格特征、自我实现与创造力的关系、自我实现的机制与途径等，形成了他独具特色的自我实现理论。

马斯洛的自我实现理论与人们通常所说的“自我实现”差不多，他说：“自我实现意味着充分地、活跃地、忘我地、集中全力地、全神贯注地体验生活。”

马斯洛旨在通过积极健康的人格研究，刻画出人性所能达到的最高境界，为人们提供通向最高境界的合理而有效的价值引导方向。自我实现的过程就意味着自我发展或发现真实的自我，发展现有的或潜在的能力。

马斯洛指出自我实现是指没有心理问题、神经症或精神病的倾向。自我实现的人是人类最好的范例，是“不断发展的一小部分人”的代表。自我实现的研究不仅是健康人格的研究，更重要的是有关人性潜能的研究，塑造丰满的人性，达到人性潜能所能达到的美好境界。

马斯洛认为自我实现既是一种“存在”，是少数自我已经达到的人性潜能丰满实现的状态，又是一种“形成”，是大多数人根据基本需要的阶梯向完美人性迈进的过程。通过大量调查研究，他获得了有关自我实现者人格特点的经验描述，阐明了自我实现的机制与途径，并进一步考察了创造力与自我实现的关系，指出创造力是人格成熟即自我实现的副产品。

关于人的潜力与创造力，马斯洛写了《约拿情结》一文对此很有启发。他认为，大多数的人都可能比实际中的自己更伟大，因为都没有发现自己的潜力，没有充分利用自己的潜力。人们不仅惧怕自己身上最坏的东西，同时也惧怕自己身上最好的东西，前者往往能够克服，后者却往往出现逃避，约拿情结就是造成逃避的主要根源。对此，马斯洛告诫说："假如你有意想使自己低就，不向更高层次奋斗，逃避自己的能力和可能性，那么我要警告你，你的余生将会非常痛苦。"

"高峰体验论"是马斯洛自我实现理论的最高层次需要。他说："高峰体验是一种非常强烈的、令人心荡神游、出神入化的体验，是一种自我实现的瞬间，是人最美好时刻的一种体验。它也可以称为一种终极体验，也就是说，它是人生体验之极致。人生一世，如果没有高峰体验是令人遗憾的。高峰体验是人最美好的时刻，生活最幸福的时刻，是对心醉神迷、销魂、狂喜以及极乐体验的概括。"

高峰体验是指自我实现者的一种幸福感受，并非任何关于真正卓越、真正完善的体验、任何趋向完美主义或趋向完美价值的体验，都配称得上高峰体验，因此，高峰体验往往是有结果的，是进入一种领悟状态，认识到什么是"应该追求的"，以一种不需要渴望也不必紧张的方式就能达到。

高峰体验论在一定意义上可视为自我实现论的延伸与拓展，也是马斯洛心理学体系的重要组成部分之一。通过对高峰体验的研究，马斯洛的心理学实现了由人本主义向超个人心理学的转变。

今天，我们正处在建设中国特色的社会主义的高潮时期，温饱等基本生存需要已获得了解决，我们每一个人都追求实现自我价值，追求人生成功，追求幸福生活，这是时代赋予我们的神圣使命和权利。那么，我们从马斯洛的自我实现理论中也许可以获得实现人生价值的新途径。

从马斯洛自我实现的理论中我们可以看出，我们每一个人创造性地发挥自己的能力，可以说是自我实现需要被激励时所表现的特征。自我实现的状态，是我们潜力和创造力充分发挥的最佳状态。因此，我们要调动自身的一切积极因素，充分挖掘潜力和发挥创造力，就必须适应我们的基本需要，促使我们向自我实现的方向不断发展。

马斯洛自我实现的理论大多是以笔记、谈话、演讲的方式阐述的，整个思想显得比较分散，时间跨度较大，缺少集中归纳总结，而且引用了很多比较晦涩的内容，致使我们一般读者难以全面掌握马斯洛的深刻思想，这不能不说是一大遗憾。

为了全面系统地介绍马斯洛的自我实现理论，本人在马斯洛著作《人性能达的境界》的基础上，根据一般阅读习惯，结合现代成功励志思想，进行条分缕析和归纳总结，采取通俗表达的方式，既突出了马斯洛的自我实现思想，又便于广大读者阅读掌握和运用。当然，马斯洛的整个思想非常博大精深，本书在此只是抛砖引玉，如有不正之处，还敬请读者批评指正。

相信本书能给读者以启迪，并能很好地指导自己进行自我实现的创造性工作，实现自己的人生价值。

目　录

第一章　探索生命的需要

人是一个统一的、有组织的整体，人的绝大多数欲望和冲动都是互相关联的，驱使人类的是若干始终不变的、遗传的、本能的需要，它们是人类天性中真正的内在本质，文化不能扼杀它们，只能抑制它们。因此，人们的行为受生命需要的支配，这是生命和生存的本能需要，只有满足了这种需要，才有人的生命和人的生存。

第二章 创造人性的境界

马斯洛的自我实现论其深刻意义绝不止于健康人格的研究，它同时还是一种有关人性潜能的研究，展示出人性所能达到的境界。我们作为高级生命个体的人，不应仅仅是达到基本生存的需要，还应创造美好的人生境界，不断满足人性的需要。马斯洛指引了人生的终极价值与人性的美好境界。

第三章 实现自我的价值

自我实现价值的人是人类中的杰出人物，这样的人可以说达到了人类生活的高级理想状态。他们表现为健康、坚强、高尚、明智、富裕等，而不是生存的低级基本需要。在他们的眼里，整个世界都变得不同了，他们脱离了人的低级生存状态，超越于万物生灵之上，向整个人类展示了令人惊讶而又激动万分的美好前景：人，经过充分的努力和发展，竟然可以达到如此高度！

第四章　体验人生的幸福

高峰体验论是自我实现论的合理延伸和有机组成部分。高峰体验是一种强烈的、令人心荡神游、出神入迷的境界体验，是人最美好时刻的体验，它不仅是个人的最高幸福时刻，而且还能带来个人对存在价值的领悟以及对自我同一性的发现。它预示着幸福不仅能给你带来情感上的愉悦，而且能使你发现人生的真正意义。

第一章
探索生命的需要

人是一个统一的、有组织的整体，人的绝大多数欲望和冲动都是互相关联的，驱使人类的是若干始终不变的、遗传的、本能的需要，它们是人类天性中真正的内在本质，文化不能扼杀它们，只能抑制它们。因此，人们的行为受生命需要的支配，这是生命和生存的本能需要，只有满足了这种需要，才有人的生命和人的生存。

一位作曲家必须作曲，一位画家必须绘画，一位诗人必须写诗，否则他始终都难安静。一个人能够成为什么，他就必须成为什么，他必须忠实于他自己的本性。

——马斯洛

在有效的理论中，不存在诸如肚子、嘴或生殖器的需要，而只有这个人的需要，是约翰·史密斯需要吃东西而不是他的肚子需要吃东西，并且，感到满足的是整个人，而不仅仅是他的一部分。

作为个体化整体性的人

有一个问题在这里必须要声明一下，我们所提到的人是一个有机整体，是一个一体化有组织的社会最小单元。心理学家常常非常虔诚地同意这个理论上的声明，然后又平静地开始在实际的实验中忽视它。只有理解了它是实验上和理论上的现实，合理的实验和动机理论才会成为可能。在动机理论中，包含许多具体的要点。

例如，受到影响的是个人的整体而非局部。在有效的理论中，不存在诸如肚子、嘴或生殖器的需要，而只有这个人的需要，是约翰·史密斯需要吃东西而不是他的肚子需要吃东西，并且，感到满足的是整个人，而不仅仅是他的一部分，食物平息了约翰·史密斯的饥饿感而不是他的肚子的饥饿感。

如果实验者们把约翰·史密斯的饥饿感看成是他的消化系统的功能，那么他们就忽略了当一个人感到饥饿时，他不仅在肠胃功能方面有所变化，而且在他所具有的大部分功能方面都有所变化。他的感觉改变了（他会比其他时候更容易发现食物），他的记忆改变了（他会比其他时候更容易回忆起一顿美餐），他的情绪改变了（他比其他时候更紧张、激动），他思想活动的内容改变了（他更倾向于考虑获得食物，而不是解一道代数题），这些内容可以扩大到生理和精神方面的其他的感官能力和功能。换句话说，当约翰·史密斯饥饿时，他被饥饿所主宰，他是一个不同于其他时候的人。

不管是从理论上讲，还是从实际上看，把饥饿当作所有其他动机状态的典型都是不切合实际的，因为通过严密的科学逻辑分析可知，追求饥饿驱动是特殊的而不是一般的。以格式塔派和哥尔德斯坦派的心理学家的方式来看，它比其他动机更孤立，其他动机比它更常见。最后，它与其他动机的不同还在于它有一个已知的躯体基础，这对于动机状态来说是少有的。那么更直接、更常见的动机有哪些呢？通过对日常生活过程的反省，我们能够很容易地发现它们。意识以外的往往是对衣服、汽车、友谊、交际、赞扬、名誉以及类似事物的欲望。习惯上，这些欲望被称为次级的或文化的驱力，并且被视为与那些真正"值得重视的"或原始的驱力（即生理需要）各属不同等级，实际上，就我们本身而言，它们更重要，也更常见。因此，用它们其中之一而不是饥饿冲动来做典型才恰当。

通常的设想往往是：所有驱力都会效仿生理驱力。但在这里可以公正地断言，这点永远不会成为事实，绝大多数驱力不是孤立的，不能把它们部位化，也不能将其视作当时机体内发生的唯一事情。典型的驱力、需要或欲望不会并且可能永远不会与一个具体的、孤立的、部位化的躯体基础有关系。典型的欲望显而易见的是整个人的需要，选择这类的冲动作为研究的范例会更好一些。比如，选择对金钱的欲望，或者选择更基本的欲望，而不是选择单纯的饥饿驱力，或更具体的局部目标。从我们掌握的全部证据来看，也许可以说，不管我们对于饥饿冲动有多么深的认识，都不能帮助我们全面理解爱的需要。的确，一个更强有力的断言有可能成立，即透彻研究饥饿冲动与全面了解爱的需要相比，我们能够通过后者更多地解释普遍的人类动机（包括饥饿驱力本身）。

这一点使我们联想起格式塔心理学家经常对单一性这个概念进行的批判性分析。其实，比爱的驱力似乎要简单的饥饿驱力并不那么简单。通过选择相对独立于机体整体的孤立的事例活动，既可以获得单一性的显现，也可以轻而易举地证明一个重要的活动几乎与个人身上所有其他重要的方面都有动力关系。那么,为什么要选择在这个意义上根本不普遍的活动呢？难道只是因为用通常的(但不一定是正确的)分离、还原的实验技术更容易对付它,或者它对于其他活动具有独立性,我们就选出这种活动并加以特别注意吗？假如我们面临这样的选择:一方面,解决实验上简单然而价值甚微或意义不大的问题;另一方面,解决实验上极为困难但是非常重要的问题;我们理所当然会选择后者。

综上所述,在研究人的动机需要,应选择一般的而非特殊的动机实例。对人而言,前者能更加明显地反映整个的需要。

也就是说，我们面临一个与心理病理学中的症状的作用十分相似的状况，这些症状的重要性并不在于它们本身，而在于它们最终意味着什么，或者说，在于它们最终的目标或结果是什么，在于它们要干什么或者它们的作用可能是什么。

正确对待人的生存欲望

认真分析我们平时生活中的种种欲望，不难发现，它们之间有一个共同的特点，即它们通常是达到目的的手段而非目的本身。例如，我们需要钱，目的是买一辆汽车，原因是邻居有汽车，而我们又不愿意觉得低人一等，所以我们也需要一辆，这样我们就可以维护自尊心并且得到别人的爱和尊重。当分析一个有意识的欲望时，我们往往发现可以究其根源，即追溯该人的其他更基本的目的。也就是说，我们面临一个与心理病理学中的症状的作用十分相似的状况，这些症状的重要性并不在于它们本身，而在于它们最终意味着什么，或者说，在于它们最终的目标或结果是什么，在于它们要干什么或者它们的作用可能是什么。研究症状本身价值并不大，但是研究症状的动力意义却是重要的，因为这样做成果卓越。例如，它使心理治疗成为可能。谈到一天中数十次地在我们的意识中闪过的特定的欲望，比它们本身重要的是它们所代表的东西，它们所导致的后果，以及我们通过更深入的分析了解到它们的最终意义。

如果再深入分析，我们可以总结出一个特点，即欲望总是最终导向一些我们不能再追究的目标或者需要，导致一些需要的满足。这些需要的满足似乎本身就是目的，不必再进一步证明或者辩护。在一般人身上，这些需要的特点是，经常不能直接看到，但经常是繁杂的有意识欲望的一种概念的引申，也就是说，动机的研究在某种程度上必须是人类的终极目的、欲望或需要的研究。

这些事实意味着更合理的动机理论的又一个必要性。既然这些目的在意识中不易直接见到，我们就不得不立即解决无意识动机的问题。仅仅仔细研究有意识动机的生活常常会遗漏许多与有意识中看到的东西同等重要或更重要的方面。精神分析学反复论证过，一个有意识的欲望与它下面潜藏的最终的无意识目标之间的关系完全是直接的。的确，就像在反应形成中所表现的，这种关系实际上可能是否定的。最终，我们可以断言，无意识生活是合理动机理论中不可缺少的一部分。

充足的人类学证据表明，全人类的基本欲望或最终欲望不完全像他们有意识的日常欲望那样各不相同。其主要原因在于，两种不同的文化中能提供两种完全不同的方法来满足基本特定的欲望。

同原动力塑造不同欲望

充足的人类学证据表明，全人类的基本欲望或最终欲望不完全像他们有意识的日常欲望那样各不相同。其主要原因在于，两种不同的文化中能提供两种完全不同的方法来满足基本特定的欲望。让我们以自尊心为例，在一个社会里，一个人靠成为好猎手来满足自尊心；而在另一个社会中，却要靠当一个伟大的医生、勇猛的武士，或者一个十足铁石心肠的人等来满足欲望。

因此，如果我们从根本上考虑问题，或许可以这样认为，这个人想要成为好猎手的欲望与那个人想要成为好医生的欲望有着同样的原动力和根本目的。这样我们就可以断定，把这两个看起来风马牛不相及的有意识欲望归于同一范畴，而不是根据单纯的行为将它们分为不同的范畴，这将会有益于心理学家。显然，目标本身远比通向这些目标的条条道路更具有普遍性，原因很简单，这些道路不会受特定的文化局部所制约。

促动状态是一个行为特殊的与众不同的状态，与机体内发生的其他情况界限分明。然而，合理动机的理论的设想却是一切机体状态的普通特点，即动机是连续不断的、无休止的、起伏的，也是复杂的。

作为渠道的生命意欲行为

通过研究精神病理学，我们了解到一个有意识的欲望或一个有动机的行为的特性，并且和欲望与文化的特性同出一源，即这个欲望或行为可能起到一种渠道的作用，通过这个渠道，其他意欲便得以表现。

这一点可以从几个方面来证明。例如，众所周知，性行为与有意识的性欲所暗含的、无意识的目的可能是极为复杂的。其实某个社会中男子的性欲可能是确立自己男子自信的欲望，而在另一个社会或其他社会里，性欲则可能代表了吸引注意力的欲望，或者对于亲密感、友谊、安全、爱的欲望，或者这些欲望的任何几种组合。在潜意识里，所有这些人的性欲可能有着相同的内容，而且他们可能都会错误地认为自己追求的仅仅是性满足。但是，最重要的是我们已经知道这是错误的，而且我们也懂得，认真对待这个性欲和性行为根本上所代表的东西——并不是该人在意识中认为它们所代表的东西，对于理解人是有益的，这既适用于预备行为也适用于完成行为。

另一类同样可以证明这一点的证据是，人们发现，一个单一的精神病理学症状可以同时代表几种不同的甚至是相对立的欲望。患脏躁症者的胳膊可能象征着报复、怜悯、爱和尊重的愿望的满足。单纯根据行为方式来考虑第一例中的有意识愿望或第二例中的表面症状，意味着我们武断地拒绝了完整地理解个人行为和动机状态的可能性。因此,我们要特别指出的是,若一个行为或者有意识的愿望只有一个动机,那是不同寻常的、非普遍性的。

从某种角度来讲,几乎有机体的任何一个事态本身就是一个促动状态。如果我们说一个人失恋了,这是指什么呢?静态心理学会很好地解答这个问题,但是动力心理学会以丰富的经验论证这句话所表达多得多的含义,这种感情会同时在整个机体的肉体和精神两方面引起反应。例如,失恋还意味着紧张、疲惫和不愉快,而且,除了当时与机体其余部分的关系之外,这样的状态自然地、不可避免地导致许多其他情况的发生:重新赢得感情的强烈欲望,各种形式的自卫努力,以及故意的增长,等等。因此,很明显,我们要想解释“此人失恋了”这句话所暗含的状态,就必须加上许许多多的描述来说明此人由于失恋而遭遇了什么事情,换句话说,失恋的感情本身就是一个促动状态。目前流行的关于动机的概念一般是或至少是出自于这样的假设:促动状态是一个行为特殊的与众不同的状态,与机体内发生的其他情况界限分明。然而,合理动机的理论的设想却是一切机体状态的普通特点,即动机是连续不断的、无休止的、起伏的,也是复杂的。

无休止的需要是人的特性，但并非所有的需要都会得到满足，只有极少数会达到完全满足的状态。一个欲望满足后，另一个会迅速出现并取代它的位置，当这个被满足了，还会有一个站到突出位置上来。

人总是在希望着什么

无休止的需要是人的特性，但并非所有的需要都会得到满足，只有极少数会达到完全满足的状态。一个欲望满足后，另一个会迅速出现并取代它的位置，当这个被满足了，还会有一个站到突出位置上来。人总是在希望着什么，这是贯穿他整个一生的特点。这样，我们就有必要研究所有动机之间的关系，同时，如果我们要使研究取得广泛的成果，就必须放弃孤立的动机单位。内驱力或欲望的出现所激起的行动，以及因目的物的获得而引起的满足，统统加在一起，仅仅给我们提供了一个撷自动机构成单位的总体合成物的人为的、孤立的、单一的例子。这种动机的出现实际上总是取决于整个有机体所可能具有的其他所有动机的满足或非满足状态。需要某种东西本身就说明已经存在着其他需要的满足。假如大部分时间我们都饥肠辘辘，假如我们不断地为干渴所困扰，假如我们一直面临迫在眉睫的灾难的威胁，或者，假如所有人都恨我们，我们就不会要去作曲、发明数学方法、装饰房间或者打扮自己。

动机理论的创立者们注意到以下两个事实：除了以相对的或递进的方式外，人类从不会感到满足；需要似乎按某种优势等级自动排列，这两个事实却从未给予过合理的重视。

这样列表的荒谬还在于，表中内驱力的排列连孤立分散的数字的算术和这样的形式也算不上，相反，它们是按具体特征排列的。换句话说，一个人在表内列上多少个内驱力完全取决于他对这些内驱力进行分析的具体性程度。

生存需要安排表的荒谬之处

种种情况表明，为内驱力或需要制作分解式表格的计划应坚决予以取消，因为各种不同的原因显示，这样的表可靠性在理论上是很短暂的。

首先，它们意味着各种内驱力均等，即在力量的强度以及出现的可能性上的均等。然而这并不正确，因为任何一种欲望浮现于意识中的偶然性，取决于其他更具优越性的欲望的满足或者不满足状态。各种特定的内驱力出现的偶然性有极大的区别。

其次，这样列表意味着这些内驱力中的每一种都与其余的内驱力不相干。而事实上它们并不是以任何一种类似的形式相互孤立的。

再次，以行为为基础制作的一览表，已完全将内驱力的全部动力性质置之度外。例如，它们在有意识和无意识两方面可能是不同的；一种特定的内驱力实际上可能是几种表达自己欲望的途径，等等。这样列表的荒谬还在于，表中内驱力的排列连孤立分散的数字的算术和这样的形式也算不上，相反，它们是按具体特征排列的。换句话说，一个人在表内列上多少个内驱力完全取决于他对这些内驱力进行分析的具体性程度。实际的图景并不是很多木棒依次排列，而是犹如一套木箱，一个大木箱内装 3 个小木箱，这 3 个木箱子又各自装有 10 个木箱，这 10 个箱子又分别装有 50 个更小的木箱，依此类推。或者可以再作一个比喻，仿佛是对一块组织的剖面进行各种倍数的放大。这样我们谈到某种要求满足或平衡的需要时，可以更明确地说是吃的需要，再具体些，填满肚子的需要直至对蛋白质的需要及某种特定蛋白质的需要，等等。我们现在掌握的一览表，大都不加区别地包括了在不同放大倍数上的需要。由于这种混淆，造成了一些一览表可能包括 3 种或 4 种需要，另一些则包括数百种需要。如果我们愿意，我们可以有这样一种内驱力一览表，它包括从 1 万—100 万的任何一个数量的内驱力，其多少完全取决于分析的具体程度。我们应该了解到，如果我们试图讨论基本的欲望，就应该将它们清楚地理解为分属不同系列，不同的基本类型或者基本范畴。也就是说，这样一种基本目标的列举应是抽象的分类而不是编成目录的一览表。

并且，互不相融的关系似乎已非常明显地展现在已经公布的内驱力的一览表之间。然而事实上，它们之间不但没有相互地排斥，而且它们的相互重叠甚至使我们几乎不可能完全清楚和严格地把某一内驱力同其他内驱力分开。在对内驱力理论的任何评论中也应指出，内驱力概念本身多半出自对生理需要的过分关注。在对待这些需要时，区别刺激物、有动机的行为、目的物是非常容易的。但是，当我们谈到爱的欲望时，要区分内驱力和目的物却不会那么简单，在这里，内驱力、欲望、目的、主动性似乎都是另外一回事。

内省地出现在意识中的内驱力、动机行为，甚至被明确追求的目的物或结果，它们没有一个可作为人类动机生活的动力分类的坚实基础。

人类动机生活分类的基础

可利用的证据的重要性似乎向我表明，任何动机生活分类所依据的唯一坚固的根本的基础是基本的目标或需要，而不是任何一般的刺激物意义上的内驱力一览表（是“吸引”而不是“推动”）。在心理学的理论建设中，强调不断变化，在这种不断变化中只有基本的目的保持不变。我们早已讨论过的考虑就支持这一论点，不必进一步证明。既然我们已经看到有动机的行为可以表示很多东西，它自然就不是一个分类的良好的基础，同样，特殊的目的物也不是分类的良好基础。

一个对食物有欲望的人，以适当方式获取食物，然后吃和咀嚼食物，实际上这可能是在寻求安全而不是食物；一个正在经历性欲、求爱、完全性行为的全部过程的人，也许实际上是在寻求尊重，而不是性欲的满足。

内省地出现在意识中的内驱力、动机行为，甚至被明确追求的目的物或结果，它们没有一个可作为人类动机生活的动力分类的坚实基础，但愿仅仅靠逻辑的排除过程，最后给我们留下的主要为无意识的基本的目的或需要，以作为动机理论分类的坚实基础。

如果我们仔细观察人类的性生活，就可以发现，纯粹的内驱力本身是由遗传决定的，但是，对象的选择以及行为的选择却一定是在生活的历史过程中获得或通过学习取得的。

动机需要的核心问题

依赖于以动物做实验的是行为派心理学家动机领域的特点。不言而喻，白鼠不是人，但是，之所以将此再强调一遍，是因为动物实验的结果经常被作为我们对于人性的理论研究所必须依据的基本材料。当然，动物资料对于研究心理学很有助益，但使用时必须谨慎和明智。

在我看来，动机理论必须以人为中心，而不是以动物为中心。进一步的一些考虑与这个论点相关联。首先让我们讨论本能的概念。本能的定义就是一个动机单位，在这个动机单位里，内驱力，有动机的行为，以及目的物或者目标效果，都明显地由遗传所决定。沿种系阶梯上升，我们所解释的本能就有一种逐步消失的倾向。例如，对于白鼠，按照我们的定义，可以公正地说，它们有饥饿的本能、性本能、母性本能。当然猴子性本能已肯定存在。对于人类，按照我们的定义，这种本能都已消失，在它们的位置上只留下遗传反射、遗传内驱力、自发学习、有目的行为中的文化学习以及目的物选择中的文化学习等的混合物。因此，如果我们仔细观察人类的性生活，就可以发现，纯粹的内驱力本身是由遗传决定的，但是，对象的选择以及行为的选择却一定是在生活的历史过程中获得或通过学习取得的。

如果我们追随种系阶梯不断上升，那么，我们将愈加重视口味而忽略饥饿。例如，对于食物的选择，在白鼠那里，变易性少得多，而在猴子那里又比在人那里更少有变易性。

最后，当我们沿种系的阶梯上升，本能逐渐减退，以作为适应文化的工具的依赖将越来越大。为了认清这些事实，我们不得不使用动物资料。举例而言，仅仅由于我们人类远远更像猴子而不是白鼠因此我们宁愿选择猴子而不是白鼠作为动机实验的对象。不能以任何低级的，甚至更简单的动物为出发点看待这个理论，而必须以高级动物特别是人类为出发点。在动物身上所获得的很大一部分发现被证明只适用于动物而不适用于人。研究人的动机要先从研究动物开始是毫无根据的。对于隐藏在这种貌似简单、普遍的谬误后面的逻辑，或更确切地说，对逻辑的背离，哲学家、逻辑学家，以及科学家在各自的多种领域内都已给予了足够的证据，就像研究地质学、心理学或者生理学不必先研究数学一样，研究人也不必先研究动物。

如果我们接受科夫卡对地理和心理环境所作的区别，那么理解一个地理环境怎样变成一个心理环境的唯一令人满意的方法就是：理解这个心理环境的组织原则，是处于这个特殊环境中的机体的现有目标。

影响有机体动机的因素

我们讨论一下有机体所处的情境或环境是很有必要的。我们必须立即承认，如果不与环境和他人发生联系，人类动机几乎不会在行为中得以实现。任何动机理论都必须重视这一事实，也就是说，它不仅包括有机体本身，而且还包括环境，包括文化的决定作用。

一旦承认了这一点，也应继续告诫理论家，要防备过分注重外部、文化、环境或情景的倾向产生。我们的中心研究对象毕竟是有机体或整体性结构。情境理论很容易走这样的极端，使有机体成为情境中的一个附加物体——大概等同于一个障碍物，或这个同体试图获得的某个对象。我们必须记住，在一定程度上而言，个人在创造了有价值的对象的同时也创造了他的障碍物，这些障碍物和对象必须部分地由情境有机体所规定。我不曾领略过任何一种方法，可以在泛泛地确定或者描述一个情境时抛开在其中活动的特定的机体。事实上，当一个孩子试图得到对他有价值的对象时，却受到某种阻力，他不仅决定了这个对象有价值，而且决定了这个障碍成其为障碍。在心理学中没有障碍这种东西，却有试图达到某种目的的具体人的障碍。

在我的印象里，当以不充足的动机理论为基础时，极端的或者排他的情境理论得到长足的发展。比如，任何纯行为理论都完全依靠情境理论来赋予意义。一个以现有的内驱力而不是以目标或者需要为基础的动机理论，为了防止不攻自破，也需要一个强有力的情境理论来支持。然而，一个强调恒定的基本需要的理论证明，这些需要是相对长久的，并且对于有机体实现自身时所处的特殊情境是比较独立的。因为，以最有效的并且带有极大的变动性的可行方式，需要不仅组织自己的活动前景，而且组织甚至创造外界现实。换句话说，如果我们接受科夫卡对地理和心理环境所作的区别，那么理解一个地理环境怎样变成一个心理环境的唯一令人满意的方法就是：理解这个心理环境的组织原则，是处于这个特殊环境中的机体的现有目标。

因此，合理的动机理论必须考虑情境，但绝不可成为纯粹的情境理论。除非我们明确愿意放弃探索机体恒常的性质，以便理解机体所生活的世界。

我要强调一点，也是我们关心的，是动机理论，而不是行为理论。行为由几种因素决定，动机是其中一种，环境力量也是其中的一种。动机的研究并不取消或否定情境决定因素的研究，相反，动机是对情境的补充。在一个更大的结构中，它们各有自己的位置。

我们眼中的表面的非整合作用，除了表明我们的无知之外，再没有其他的意义了。不过，我们现在已经掌握了足够的知识以肯定孤立、局部、分裂的反应在一定的情况下是可能的。

人生存所需的特殊能力

任何动机理论都必须考虑到，机体通常表现为一个整体，但有时则不然。究其原因，是因为还有一些值得重视的、特殊的、孤立的条件作用和习惯，以及各种局部的反应、我们所了解的分裂和非整合现象。在日常生活中，正如我们有时同时做好几件事情，机体甚至也可能以非一元化的方式作出反应。

显而易见，当有机体面临一次极大的欢乐，一个创造性的时刻或一个重大的问题，一个威胁或一个紧急情况时，它在整合方面步调最为一致，但是当威胁具有压倒优势而机体太虚弱或孤立无助、不能控制这个威胁时，机体便趋于分裂。总而言之，当生活轻松顺利时，机体可以同时做许多事情，可以同时向很多方向发展。

我觉得一部分现象看起来非常特殊、孤立，但实际上并非如此，这些现象在整个结构中占据一个有意义的位置，例如转变性歇斯底里症。我们眼中的表面的非整合作用，除了表明我们的无知之外，再没有其他的意义了。不过，我们已经掌握了足够的知识以肯定孤立、局部、分裂的反应在一定的情况下是可能的，并且，这类现象不一定是虚弱、病态或者不好的，相反，它们经常被看作是机体的一个最重要的能力。几乎所有机体都以不完整的、独特的或分散的方式对付局部的、熟悉的事情或易于解决的问题，而机体的主要能力用来解决更重要或更具挑战性的问题。

这些冲动不知因何缘故，或受到阻碍，或找错了出口，或用错了手段，或与其他需要混淆。其他的症状则相反，它们不再寻求满足，而仅仅是保护性的或防御性的。

如何理解超动机的表现性行为

尽管心理学家们都接受一个反对命题，但我仍认为这一点很清楚：并非所有行为和反应都是有动机的，至少并非都是一般意义上的对需要的满足的追求——寻求需要的或匮乏的东西。成熟、表现、成长以及自我实现等现象都违背了普遍的动机理论的法则。最好将这些现象看成是表现性的而不是应对性的。

此外，大多数神经病症或倾向都是基本需要满足的扭曲。弗洛伊德派经常提及这个差别，但从未能使其清晰明白。这些冲动不知因何缘故，或受到阻碍，或找错了出口，或用错了手段，或与其他需要混淆。其他的症状则相反，它们不再寻求满足，而仅仅是保护性的或防御性的。它们的目的就是防止下一步的伤害、威胁或者挫折。两类症状的区别犹如两个斗士，其中一个仍旧希望获得最后胜利，另一个不抱丝毫获胜的希望，只是尽可能使自己不至于败得太惨。

认输和绝望肯定与治疗中的预后，与学习的前景，甚至可能与长寿有相当的联系，任何明确的动机理论都必须讨论摩尔的区分，以及克里对这种区分的解释。

总体来说，我们有意识地渴望一切实际可能获得的东西。换个方式说，关于愿望，我们比心理分析学家可能允许的要现实得多，他们总是专注于无意识的欲望。

关注动机达到目的的可能性

杜威和桑戴克强调了动机的一个重要方面——可能性，大多数心理学家完全忽视了这个方面。总体来说，我们有意识地渴望一切实际可能获得的东西。换个方式说，关于愿望，我们比心理分析学家可能允许的要现实得多，他们总是专注于无意识的欲望。

一个人的收入增加后，他自己的希望也相应地活跃起来，并且积极地为获得几年前连做梦都不敢想的东西奋斗。一般人希望有小汽车、冰箱、电视机，因为获得这些东西确是一件可能的事情，他们没有获得快艇或飞机的奢望，因为这些东西实际上距普通人太遥远了，而且他们很可能在无意识中也不存有这样的希望。

重视达到目的的可能性这个因素，对于理解我们的文化中各个阶级之间的动机差别，理解我们的文化与其他贫困地区的文化在动机上的不同是至关重要的。

这些幻想冲动究竟是疾病或退化的证据，还是健康人最内在的精髓的展现？在生命的历史中，初期的幻想究竟是从何时由于对现实的感知而开始减弱的……

现实对本我冲动的影响

与达到目的的可能性相关联的，是现实对于无意识冲动的影响。弗洛伊德认为，一个本我冲动是一个分离的存在，与世界上任何其他事物都没有内在的联系，甚至与其他本我冲动也没有联系。正如弗洛伊德在《新精神分析引论》中所述：

我们可以用比喻来近似地说明本我，我们称它为一种混乱，一锅沸腾的骚动……此本能给本我以能量，但本我没有组织，没有统一的意志，只有与快乐原则相一致的追求本能需要满足的冲动。逻辑规律——首先是矛盾规律——不适合本我的进程。相互矛盾的冲动并列存在，并不相互抵消或者分离，最多它们只是在强大的经济压力下折中地联合起来，释放它们的能量。绝不能将本我比作虚无，并且我们惊异地发现，本我还违背了哲学家们的断言——时间和空间是我们心理活动的必要形式……很显然，本我不懂得价值，不懂得善恶，不懂得道德。与快乐原则非常紧密相连的经济或数量的因素控制了本我的全部进程。本能的精力投入寻求发泄，按我们的观点，这就是本我的全部内涵。

只要现实条件控制、减弱了这些冲动，或者阻止了它们的发泄，它们就成为自我而不是本我的一部分了。弗洛伊德在《新精神分析引论》中所持的观点如下：

这就是说,自我是本我的某一部分,它由于接近外部世界并受外部世界的影响而减弱。它接受外界刺激并保护机体不受其伤害,犹如包住微小的生命物质的外皮层。自我与外界的这种关系决定了本我。它担负着为本我描绘外界从而保护本我的作用。因为只有这样,全然不顾外界的优势力量而盲目地满足自己本能的本我,才可能逃避毁灭的命运。在执行这一职能的过程中,自我必须观察外部世界并在感知所留下的记忆痕迹中保留一种外界的优势力量而盲目地极力满足自己本能的本我,才可能逃避毁灭的命运。在执行这一职能的过程中,自我必须观察外部世界并在所留下的记忆痕迹中保留一幅外界的真实图画,它必须通过检验现实来排除这幅外界图画中来自兴奋的内部源泉的因素。自我为本我控制通向自动力的路,它在欲望和行动之间插入了思考这个延误因素,在思考过程中,自我利用了储存在记忆中的点滴经验。就这样,自我对本我的进程有着影响明显的快乐原则,并且被现实原则代替。现实原则提供了更大的保障和成功的可能性。

然而杜威的论点是,成年人的所有冲动,至少是特有的冲动,是与现实结合并且受现实影响的。一句话,这就等于主张根本没有本我冲动。言外之意就是,假如有本我冲动,那它们在本质上是病态的,而非健康的。

尽管没有经验上的解决方法,我仍然特别提到这个矛盾,因为这是一个至关重要、针锋相对的矛盾。

我们看到,问题不在于弗洛伊德描述的本我冲动是否存在。任何一个精神分析学家都证明,不顾现实、常识、逻辑,甚至不顾个人利益的幻想冲动都可能出现。问题在于,这些幻想冲动究竟是疾病或退化的证据,还是健康人最内在的精髓的展现?在生命的历史中,初期的幻想究竟是从何时由于对现实的感知而开始减弱的?这个时间对于神经病患者和健康人是否都一样?高效率工作的人是否能完全避免这种影响而保持其动机生活的某一个隐秘的角落?

或者假如大家的确都有这些完全源于机体内部的冲动,那么我们就必须问:它们何时出现?在什么条件下出现?它们一定会像弗洛伊德设想的那样制造麻烦吗?它们必须与现实对立吗?我们关于人类动机的大部分知识并非来自心理学家,而是来自治疗病人的精神治疗家。这些病人既是有用资料的来源也是谬误的来源,因为他们显然代表了人口中质量较低的部分。甚至在原则上,也应该拒绝让神经病患者的动机生活成为健康动机的范例。健康并不仅仅是没什么病或根本没有病。除了讨论有缺陷人的防御手段外,任何值得的动机理论还必须讨论健康强健的人的最高能力。同时,还必须解释人类历史上最伟大最杰出人物所关心的全部的最重要的事情。

仅仅从患病者那里我们永远不会取得这种认识。为了使动机理论具有更积极的研究倾向,我们必须将注意力转向健康人,而且,我们必须合理地看待现实对于本我冲动的影响,内部冲动与现实之间不一定是截然对立的。

事实上，对于大多数正常人来说，其全部基本需要都部分地得到了满足。同时又都在某种程度上有所缺憾。优势需要满足后出现新的需要，是缓慢地从无逐渐变为有的，而不是突然地从天而降的。

发展人性向上的基本需要

事实上，对于大多数正常人来说，其全部基本需要都能部分地得到满足时，生命才会存在，才有自我实现的基础，而且这种基础是相对的。如果这种基础比较高级，那么，他的生存需要的层次也高，他自我实现的机会也多。同时又都在某种程度上有所缺憾，只有具有某种缺憾，当然这种缺憾是相对的，没有固定的，这样才会不断去追求，才会不断达到自我实现。优势需要满足后出现新的需要，是缓慢地从无逐渐变为有的，而不是突然地从天而降的。人就是由这种等级需要发展到高级需要，逐渐获得升华和发展的。

这里主要想对大家系统地解释一个积极的动机理论。这种理论符合已知的、临床的、观察的、经验的事实。但它最主要是由临床经验直接导出的。在我看来，这个理论符合詹姆士和杜威的机能主义传统，并且与韦特海默、哥尔德斯坦和格式塔心理学的整体论，以及弗洛伊德和阿德勒的精神动力论相融合。这种融合或综合可以称为整体动力理论。这是一个系统的理论，一般不能单纯理解，而是有一定发展层次的。具体层次关系请见下面“需要等级表”。

虽然生存需要没有等级之分，但它却是有相对之分的。一种生存状态，对于某些人是满足的，但对于某些人却是远远不够的。这要取决于生存的欲望了。一般来说，只要满足了最基本的生存需要，一般的人都能生存，但一般的人都不会感到这种需要就满足了。只有这样，人类才会发展。

亚伯拉罕·马斯洛的需要等级表

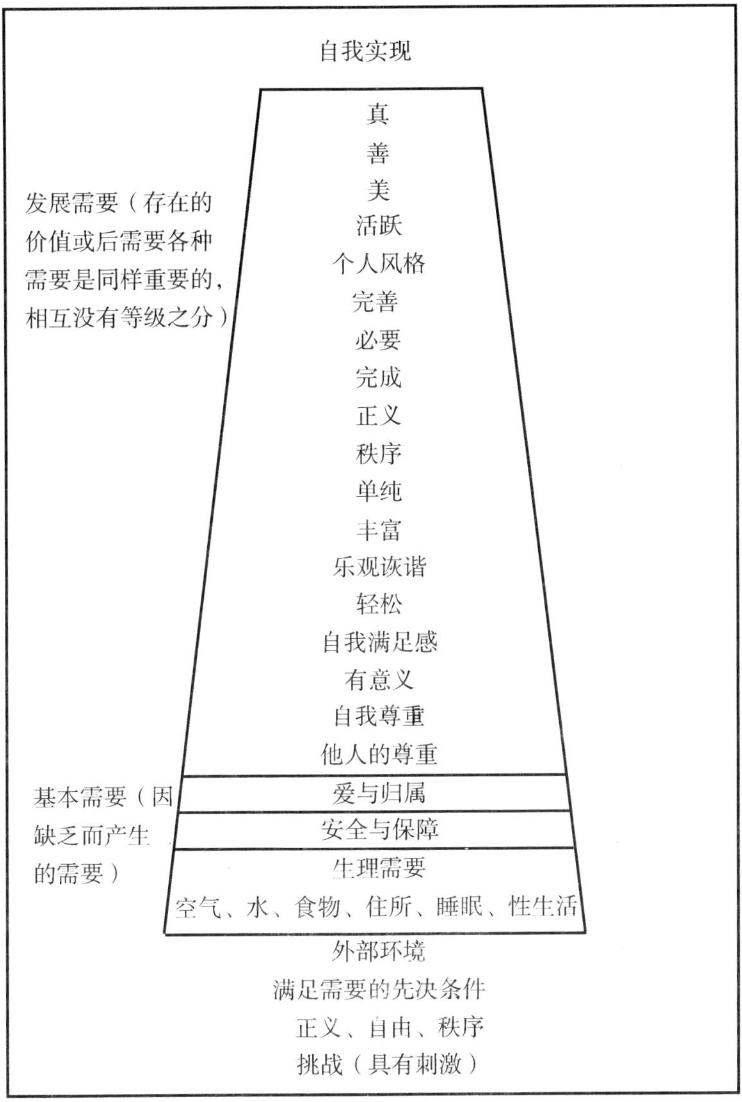

一个人在生活中所有需要都没有得到满足，而且生理需要将主宰着他的身体，那他将会摒弃所有的其他需要，至少会变得很微弱。

人只有靠面包活着吗

生理需要就是平常所谓的动机理论基本的需要，但是我们有必要修正原来对这些需要的看法。这两项研究是：体内平衡概念的发展，发现口味（在食物中进行的优先选择）相当有效地指明了体内实际的需要或者匮乏。

所谓体内平衡就是指身体能在无意识状态下维持血流正常状态的功能。坎农描述了这一过程，其内容有：血液的水含量，盐含量，糖含量，蛋白质含量，脂肪含量，钙含量，氧含量，恒定的氢离子标准（酸碱平衡），血液的常温。当然，其内容还可以包括其他无机物，以及荷尔蒙、维生素等等。

通过对口味与身体需要之间的关系的研究得出了如下结论：如果身体缺乏某种化学物质，人就会趋向于（以一种不完善的方式）那种缺少的食物成分的专门口味或癖好。

因此，没有必要费心思列出人体的基本生理需求表。因为，只要人愿意，它们的数字可任意增大或缩小，完全取决于描述的专门程度。我们不能将所有生理需要都确定为是体内平衡。现在还不能证实性欲、困倦、纯粹的敏捷以及动物身上的母性行为是否是体内平衡。而且这种表绝不会包括各种感觉上的快意，如味觉、嗅觉、搔痒，抚摩等，这些快意很可能是生理上的，并可能成为动机行为的目标。我们也不知该怎么解释这一事实：有机体在趋向于呆滞、懒惰和懈怠的同时，还有活动、刺激和兴奋的需要。

我早就曾指出，由于这些生理需要可以从身体的某个区域孤立出来，所以它们应看作是特殊性而不是普遍性的。这就是说，它们既彼此相对孤立于其他层次的动机，也相对独立于作为一个整体的机体。

另外，在许多情况下都可能为这种需要找到一个部位的潜藏的基础。这不如料想的那样普遍准确（疲劳、困倦、母性反应等就是例外），但对于饥饿、性欲以及渴望的情况却是确切的。

几乎所有的生理需要，在其得到满足时，同时也对其他种种需要起着疏导作用。比如，一个认为自己饿了的人，实际上也许更多的是在寻求安慰或依赖，而不是蛋白质或维生素。反之，有可能通过其他活动，如喝水、抽烟等来部分地满足饥饿感。也就是说，这些生理需要虽然是相对独立的，但并非彻底独立。

很显然，这些生理需要在所有需要中占主导地位。具体地说，假如一个人在生活中所有需要都没有得到满足，那么生理需要就会最有可能成为他的主要动机，而不是其他需要。一个同时缺乏食物、安全、爱和尊重的人，对于食物的需要可能最为强烈。

一个人在生活中所有需要都没有得到满足，而且生理需要将主宰着他的身体，那他将会摒弃所有的其他需要，至少会变得很微弱。这就可以公正地说，整个有机体感觉最明显的就是饥饿，因为意识几乎完全被饥饿所控制。此时，全部能力都投入到满足饥饿的搜寻活动中去了。这些能力的状态几乎完全为满足饥饿这一目的所决定。感受器、效应器、智力、记忆、习惯，这一切现在可能仅限于是满足饥饿的工具。对于达到这一目的没有用处的能力则处于休眠状态或者隐藏起来。

在这种极端的情况下，写诗的冲动，买汽车的欲望，对历史的兴趣，对一双新鞋的需求，等等，都被忘记，或者变得只具有第二位的重要性了。对于一个其饥饿已经达到危险程度的人来说，除了食物，其他任何兴趣都不存在。他梦里是食物，记忆里是食物，思想活动的中心是食物，他感情的对象是食物。在进行安全进食、饮水或性行为的过程中，通常与生理驱动力融合得更为微妙的决定因素可以被吞没得干净彻底，以至于我们可以带着解除痛苦这一绝对目的来谈论纯粹的饥饿驱动力和行为。

一旦某种需要主宰了人的机体，就会引起另一个奇异的特性，几乎可以诱发人的人生观发生变化。对于一个长期极度饥饿的人来说，理想就是一个食物充足的地方。他往往会这样想，假如确保他余生的食物来源，他就会感到绝对幸福并且不再有任何其他奢望。生活最大的意义就是吃，其他任何东西都是次要的。自由、爱、公众感情、尊重、哲学，都被当作无用的奢侈品弃置一边，因为它们不能填饱肚子。可以说，这种人仅仅是为了面包而活着。

虽然这类情况确实存在，但它却不是普遍现象。在正常运行的和平社会里，这种危急情况几乎可以肯定是罕见的。这个明显的道理会被忘记主要应归咎于两个原因：

其一，老鼠除生理动机外，很少有其他什么动机，既然在这些动物身上做了这么多有关动机的研究，那么就很容易将老鼠的情况移用于人的身上。

其二，人们总是使生理上的危急情况发生得越来越少。在大多数已知的社会里，经常处于危急状态中的极度饥饿是罕见的，而不是普遍的。当一个人说："我饿了！"他是在感受食欲而不是经常处于饥饿。他只可能偶然遭遇难以忍受的饥饿，一生可能只有几次。

如果使人的机体长期处于极度的饥饿和干渴，就容易对人的能力和本性持片面观点，从而遮掩了高层动机。如若有人使危急情形典型化，用人在极度的生理匮乏时期的行为来衡量人的全部目标和欲望，那么他一定会对许多事实视而不见。

"人只靠面包活着"并不是谬论——但这只有在缺乏面包时才是事实，那么当面包充足，并且人们腹中长期有食物时，欲望又会发生怎样的变化呢？其他更高级的需要会相应出台,这些需要(而不是生理上的饥饿)开始控制机体。当这些需要满足后,又有新的(更高级的)需要出现了,依次类推。我们说人类基本需要组成一个相对的优势层次,就是指这个意思。

从这里就可以得出一个重要结论:满足与匮乏在动机理论中是同等重要的。因为它将机体从相对更强于生理需要的控制下解放出来,从而允许更社会化的目标出现。生理需要以及它们的局部目的,在长期得到满足时,就不再是行为的积极的决定因素和组织者了。它们只是以潜能的方式存在,如果遭受挫折,它们会再次出现,并控制机体。然而满足了的要求不再是要求。机体的控制者和行为的组织者只能是未满足的需要。如果饥饿得到满足,它在人当前的原动力中就变得不再重要了。

这种说法可以表述为一个要详细讨论的假设:正是那些某种需要一直得到满足的人最能忍受将来这种需要的匮乏,然而过去一直被剥夺了这种需要满足的人对于目前需要满足的反应则将与他们不同。

偏爱熟悉的事物，而不是陌生的事物，或者是偏爱已知的事物，而不是未知的事物。那种想用某一宗教或者世界观把宇宙和宇宙中的人组成某种令人满意的和谐和有意义的整体的倾向，多少也是出于对安全的需求。

创建有序生命需要的秘诀

在生理需要得到充分的满足后，一系列新的需要就出现了，我们可以把它们大致归为安全需要类（安全、稳定、依赖、免受恐吓、焦躁和混乱的折磨，对体制、秩序、法律、界限的需要；对于保护者实力的要求；等等）。生理需要的所有特点同样适合这些欲望，不过程度稍弱一点。它们可能同样完全控制机体，几乎可能成为行为的唯一的组织者，调动机体的全部能力来为其服务。因此，我们可以将整个机体作为一个寻求安全的工具。正如饥饿者所表现的一样。这个压倒一切的目标不仅对于他目前的世界观和人生观，而且对于他未来的人生观，都是强有力的决定因素。几乎一切都不如安全重要（甚至有时包括生理需要，它们由于被满足、现在不受重视了）。假如这种状态表现得足够严重，持续很长时间，那么，处于这种状态中的人可以被描述为仅仅为了安全而活着。

虽然我们主要研究成年人，但是我们可以通过观察幼儿和儿童来更有效地获得对成年人的安全需要的理解。因为，在他们身上，这些安全需要简单、明显很多。幼儿对于威胁或者危险的反应更为明显。原因之一在于，他们根本不抑制这个反应，而成年人却学会不惜任何代价压抑它。因此，当成年人真正感觉到安全受到威胁时，可能利用各种手段抑制其表现。假如幼儿突然受到干扰，或者跌倒，或者受到闪电或者其他异常的感官刺激的惊吓，或者受到粗鲁的对待，或者在母亲怀中失去支持，或者感到供养不足，等等，他们会全力以赴地作出反应，避免危险靠近。随着孩子的成长，知识的完备，对周围环境的熟悉以及运动神经的发展，这些危险变得越来越不可怕，并且越来越容易控制。可以说，教育的一个最重要的目的就是通过知识来使危险的事物化险为夷，比如，我不怕打雷，因为我知道打雷的原因。

各种对身体病痛等产生的更直接的反应，也可以在幼儿身上得到印证。有时，这些不适似乎立即具有本质上的威胁，使幼儿感觉不安全。例如，呕吐、腹痛或者其他剧烈的疼痛会使孩子用不同方式看待整个世界。比方，孩子会在痛苦时感觉到，整个世界突然从阳光灿烂变得阴森暗淡，仿佛变成一个危机四伏的地方，在这里，一切过去曾是稳定的东西现在变得不稳定了。这样一个因为吃了坏食物致病的孩子有一两天会感到害怕，夜里做噩梦，并且还有一种他病前从未出现过的情况，要求保护和一再的保证，一些论述外科手术对儿童心理上的影响的著作充分地证明了这一点。

一个可以预见的有秩序的世界中，充满了安稳的秩序和节奏，这是儿童的安全需要的另一突出表现。例如，父母方面的非正义、不公平或相互矛盾似乎使孩子感到焦虑和恐惧。这种态度与其说来源于不公正本身，或者由不公正造成的某些痛苦，不如说这样的待遇是世界变得不可靠、不安全、不可预见的凶兆。在一种至少有一种骨架轮廓的系统里面，儿童似乎能更健康地成长，在这种系统里，有某种程度和常规、某些可以依靠的东西。儿童心理学家、老师和心理治疗家发现，有限度的许可，而不是不受限制的许可更为儿童欢迎和需要。也许可以这样更精确地来表达这一意思：儿童需要一种有组织、有结构的世界，而不是无组织、无结构的世界。

在正常家庭中，父母当然居于绝对的中心地位。家庭内部的争吵、动手殴打、分居、离婚或死亡往往是特别可怕的。同样，父母对孩子大发脾气，吓唬说要惩罚他，对他进行谩骂，粗声粗气地对他讲话，粗暴地对待他，或者对他实行体罚，这一切往往会使孩子惊慌失措，惶恐万分。因此，我们可以假设，这里面所包含的绝不仅仅是皮肉之苦。的确，在某些孩子身上，这种恐惧同时也是失去父爱或母爱的表现；然而，它也可以发生在被完全抛弃的孩子身上，这样的孩子，依附于仇视他们父母的倾向而不是出于对爱的希望。

一个普通的孩子在面临新的、陌生的、奇特的、无法对付的刺激或者情况时，常常会引起焦虑或者恐惧的反应，例如从父母身边走失，甚至在短时期内同父母分离，面对着陌生的面孔、新的情况或者新的任务，看到奇特、陌生或者对付不了的物体，如疾病、死亡等等，特别是在这种情况下，孩子会发疯似的依附于父母，这充分证明了父母对孩子的保护作用（且不说他们作为食物提供者和爱的提供者的作用）。

从这些观察以及其他类似的观察中，我们可以归纳出一点：不管是普通儿童还是成年人（在后者身上不甚明显），一般更喜欢一个安全、可以预料、有组织、有秩序、有法律的世界。这个世界是他可以依赖的。在这个世界中，出人意料、无法应付、混乱不堪的事情或者其他有危险的事情是不会发生的，而且在这个世界里，不管碰到了什么情况，也会有强大的父母或者保护人使他化险为夷。

上述反应，能够在普通儿童身上轻易发现，这也从另一个侧面反映了儿童在社会中存在着极强的不安全感。在一个没有威胁、洋溢着爱的家庭中成长起来的儿童，通常不会有我们描述过的那种反应。在这类孩子身上，大部分威胁反应往往来源于连成年人也觉得有危险的事物或情况。

健康或幸运者（包括儿童和成年人），可以在我们的文化中享受到安全需要的极大满足。安全、运转顺利、稳定、健全的社会通常都不会让自己的成员感到会受到野兽、严寒、酷暑、强奸、谋杀、动乱、暴政等的威胁。因此，站在一种非常现实的角度上看，不会再有什么安全需要能成为他的有效动机，正如一位吃饱了的人不会再感到饥饿。如果我们想直接、清楚地观察到这些需要，我们就必须把目光转向神经质的人，转向经济上和事业上的穷困潦倒之辈，或者转向社会动乱、革命或者是权威的崩溃。在这两个极端之间，我们只能在下列现象中观察到安全需要的表现：例如一般都愿意找有保障的、可以终身任职的工作，渴望有一个银行户头和各种类型的保险（医药、失业、残疾、老年保险等）。

通过最普通的偏爱现象，我们可以在世界上更广的范围内寻求安全和稳定。偏爱熟悉的事物，而不是陌生的事物；或者是偏爱已知的事物，而不是未知的事物。那种想用某一宗教或者世界观把宇宙和宇宙中的人组成某种令人满意的和谐和有意义的整体的倾向，多少也是出于对安全的需求。在这里，我们同样可以将一般科学或者哲学列为部分是由安全需要所促成的。然而，科学、哲学或者宗教方面的努力同时还有别的促动因素。

如果要将安全需要看作是促进机体潜能的活跃和驱动因素，就只能在真的危机状态中实现，这些危机状态包括：战争、疾病、自然灾害、犯罪浪潮、社会改组、精神变态、脑损伤、权威的崩溃、长期恶劣的形势等。

在现实社会里，一些患神经病的成年人渴望安全，在很多方面都与感到不安全的儿童一样，只是这种现象在成年人身上表现得更特殊罢了。他们的反应往往是由巨大的、心理上的威胁所引起的，这些威胁存在于一个被认为是敌对的、势不可当的、充满着威胁的世界之中。这种人的一举一动都表现得好像随时都会大难临头，也就是说，他随时都好像是在对危急情况作出反应。他的安全需要往往有着独特的表达方式，往往会寻求一位保护人，或者一位可以依赖的更强大的人，或许是一位搞独裁的“元首”。

用神经病患者可以形象地描述保留着儿童式世界观的成年人。也就是说，一个患神经病的成年人，可以说一举一动都仿佛是真的要被打屁股，或者惹母亲不高兴，或者被父母抛弃，或者被夺走食物的儿童。仿佛他的孩子气的惧怕心理和对一个危险世界的恐惧反应已经转入了地下，丝毫没有受到长大成人和接受教育过程的触动，现在又随时可被一些会让儿童感到担惊受怕，顾虑重重的刺激因素诱导出来。并非所有的神经病患者都有不安全感，神经病也可能出现在一个通常感到安全的人身上，他之所以也有类似遭遇，因为他的感情需要和尊敬需要受到了挫折。

对安全寻求表现得最明显的一种类型的神经病就是梦游，恰似疯狂的神经狂热病。这类神经病的患者发疯似的想要使世界秩序化、稳定化，以便确保绝不会出现无法控制、无法预料或者并不熟悉的危险情况。他们用各种各样的礼节仪式、清规戒律和程式将自己保护起来，这样，不管发生了什么样的突发事变都能应付得了，也可以使新的偶然事件不再发生。他们类似于哥尔德斯坦描述过的脑损伤病例。

这类病人总是想尽各种办法来保持自己的心理平衡，例如通过避免所有奇特、陌生的事物，通过将他们有限的世界整理得井井有条，使这个世界里的任何事情都出不了格。他们试图将世界安排得使任何意外的事情（危险）都不可能发生。如果不幸发生了什么出人意外的事情，而且又不是他们自己的过错所致，那他们就会表现得惊慌失措，似乎这个出乎意料的事件造成了非常严重的威胁。我们在健康人身上所看到的强烈的偏爱，例如对熟悉的事情的偏爱，到了神经病患者身上，就成了一种生与死的抉择。对于新奇和未知事物的健康趣味，在一般神经病患者身上是缺乏的，或者只是在最低的限度上存在着。

我认为，我们社会的流动性，传统团体的瓦解，家庭的分崩离析、代沟，持续不断的都市化以及消失的乡村式的亲密，还有友谊的肤浅，都加剧了人们对接触、亲密、归属的无法满足的渴望以及对战胜广为蔓延的异化感、孤独感、疏离感的需要。

必须服从的生存需要规律

在生理需要得到充分的满足后，爱、感情和归属的需要就会以新的中心产生并重复着那些细节。于是，个人会强烈地感到缺乏朋友、情人、妻子或孩子，也就是说，他一般渴望同人们有一种充满深情的关系，渴望在他的团体和家庭中有一个位置，他将为达到这个目标而作出努力。他将希望获得一个位置，胜过希望获得世界上的任何其他东西，甚至可以忘掉。当他感到饥饿的时候，他把爱看得遥远、陌生和次要了。在生理需要得到满足后，他强烈地感到孤独、受冷遇、受排挤、无助的痛苦。

关于归属需要，虽然它是小说、自传、诗歌、戏剧以及不断涌现的纪实文学中常见的主题，但真正的科学资料我们却掌握得很少。借助文学作品我们大致了解了工业化社会引起的频繁迁徙，过多的盲目性、流动性给儿童身心带来严重损害。儿童变得没有根基或蔑视自己的根基，蔑视自己的出身，甚至自己所在的团体；他们被迫同自己的亲朋好友分离、同父母姐弟分离，体会到做一名侨居者、一名新来乍到者而不是做一名本地人的滋味。

我们还低估了邻里、乡土、族系、同类、同阶层、同伙、熟人同事等种种关系所具有的深刻意义。我向大家推荐一本以极大的感染力和说服力来叙述这一切的书，它能帮助我们了解人类顽固地要成群结队、要入伙，要有所归属的动物本能。阿德瑞的《必须服从的土地》将使我们对这一切引起注意。这本书的大胆直率给我很大启迪,因为它强调了我平时疏忽的问题,并迫使我对此认真考虑,也许此书也能使广大读者获益匪浅。

我认为,我们社会的流动性,传统团体的瓦解,家庭的分崩离析、代沟,持续不断的都市化以及消失的乡村式的亲密,还有友谊的肤浅,都加剧了人们对接触、亲密、归属的无法满足的渴望以及对战胜广为蔓延的异化感、孤独感、疏离感的需要。这一切又一定程度地导致了训练小组以及其他自发的、有目的的团体的迅速发展。我强烈地感到相当一部分的青年反叛组织——我不知道他们在多大程度上渴望集体感、渴望接触、渴望面对共同的敌人,就能真正地团结在一起;无论什么敌人,只要能使一个集体团结起来共同应付外来危险。类似的情形曾发生在士兵之间,他们被共同的外来危险推入一种非同寻常的亲密的兄弟关系,结果他们往往是整个一生都会紧密相依。如果一个好的社会要发展、要健全,它就必须满足人的这一渴望。

从面对危险和更讲究的病理学实例来看,在我们的社会中,最普遍的基本需求核心是挫折、爱和情感,以及它们在性方面的表现,一般看来是有矛盾心理的,习惯上还包括许多限制和禁忌。实际上,所有精神病理学家都强调,在适应不良的情况下,对于家的需要的阻挠是造成适应不良情况的基础。因此,在临床研究方面,有许多关于爱的研究,除了生理需要外,我们对于它的了解也许要多于对其他需要的了解。

我们必须指明一点,爱和性并不是同义的。性可以作为一种纯粹的生理需要来研究。一般的性行为是由多方面决定的,也就是不仅由性的需要,也由其他需要决定,其中主要是爱和感情的需要。爱的需要既包括给予别人的爱,也包括接受别人的爱。

满足自尊需要能增强人的自信,使人觉得自己是一个有价值、有能力和有力量的人,在这个世界上有用处,位置重要而必不可少。然而这些需要一旦受到挫折,就会产生自卑、弱小以及无能的感觉。

增强自信的生存需要途径

社会上所有的人(少数病态的人除外)都需要一种对他们而言稳定牢固的高度评价,有一种对于自尊、自重和来自他人的尊重的需要或欲望。这种需要可以分为两类:

第一,对于实力、成就、适当、优势、胜任、面对世界时的自信、独立和自由等欲望。

第二,对于名誉或威信(来自他人对自己的尊敬或尊重)的欲望,对于地位、声望、荣誉、支配、公认、注意、重要性、高贵或赞赏等的欲望。

这些需要被阿德勒及其拥护者们大力提倡,但比较被弗洛伊德所忽略。然而,精神分析学家和临床心理学家,对于它们的突出的重要性给予了越来越广泛的注意。

满足自尊需要能增强人的自信,使人觉得自己是一个有价值、有能力和有力量的人,在这个世界上有用处,位置重要而必不可少。然而这些需要一旦受到挫折,就会产生自卑、弱小以及无能的感觉。这些感觉又会使人丧失基本的信心,使人要求补偿或者产生神经病倾向。从对严重的创伤性神经病的研究我们很容易明白基本自信的必要性,并且理解到,没有这种自信人们会感到多么的无依无靠。

从神学研究者关于骄傲的傲慢和讨论,从弗洛姆关于一个人对自己性质的虚假的自我知觉的理论,从罗杰斯关于自我的研究,从像兰德这样的随笔作者以及其他来源那里,我们越来越认识到基于来自他人的看法,而不是基于真实的能力,以及对于任务的真正的胜任和适合情况的自尊,因为它们并不牢固。最稳定和最健康的自尊是建立在当之无愧地来自他人的尊敬之上,而不是建立在外在的名声、声望以及违心的奉承之上。即使在这里,将基于单纯的意志力量、决心和责任感所取得的实际的胜任情况和成就,与凭借人的真正的内心天性、素质、遗传基因或者天赋,或者如霍尼所说,依靠人的真实自我而不是理想化的虚假自我,非常自然、轻松地取得的成就区分开是很有必要的。

一位作曲家必须作曲，一位画家必须绘画，一位诗人必须写诗，否则他始终都难安静。一个人能够成为什么，他就必须成为什么，他必须忠实于他自己的本性。

塑造独特个人的方法

除非我们正处在自己理想的岗位上，否则，就算所有需要都已得到满足，也肯定会有新的欲望和不安迅速发展起来。一位作曲家必须作曲，一位画家必须绘画，一位诗人必须写诗，否则他始终都难安静。一个人能够成为什么，他就必须成为什么，他必须忠实于他自己的本性。这一需要我们可以称为自我实现的需要。

“自我实现”是由哥尔德斯坦提出，可以归入人对于自我发挥和完成的欲望，是一种使它的潜力得以实现的倾向。这种倾向可以说是一个人越来越成为独特的个人，成为他所能够成为的一切。

采取何种方式来满足这一需要，对于不同人而言也许是大相径庭的。有的人可能想由此成为一位理想的母亲，有的人可能想在体育上大显身手，还有的人可能想表现在绘画或创造发明上。显而易见，创造性行为，与其他任何行为一样是有着多种决定因素的。在具有天赋创造性的人们身上可以看到他们满意与否，幸福与否，是饥饿还是满足。而且创造性活动显然是有报偿的，有改善作用的，或者是有纯经济效益的。通过仔细观察，我们完全可以区分基本满足者的艺术与智慧的成果与基本不满足者的艺术与智慧的成果。无论如何，我们还必须以一种积极的方式将外显行为与它的形形色色的动机或目的区分开。在这一层次，个人间的差异是最大的。

自我实现需要的明显的出现，通常要依赖于生理、安全、爱和自尊需要的满足。

这些条件不是目的本身，但它们接近目的，因为它们与基本需要的关系太密切，而基本需要本身显然就是唯一的目的。这些条件受到保护是因为没有它们，基本需要的满足就完全不可能，或者至少会受到严重的威胁。

生存基本需要满足的先决条件

有一些条件是基本需要满足的直接前提，对它们的威胁似乎就是对基本需要本身的威胁。它们包括言论自由，在无损于他人的前提下的行动自由，调查研究和寻求主信息的自由、防卫自由，以及集体中的正义、公平、诚实、秩序等等，这些需要遭到挫折会对人们构成威胁或者紧急情况。这些条件不是目的本身，但它们接近目的，因为它们与基本需要的关系太密切，而基本需要本身显然就是唯一的目的。这些条件受到保护是因为没有它们基本需要的满足就完全不可能，或者至少会受到严重的威胁。

认知能力是感性学习和理性学习组成的一套适应性工具，除了学习的功能之外，它们显然是满足我们基本需要的必需条件。它们所遭遇的任何威胁：剥夺或阻碍都会对其自由使用的权利的行为，甚至对基本需要本身构成间接的威胁。这个观点部分地解决了这样一些普遍的问题：好奇心，对于知识、真理和智慧的追求以及解释宇宙之谜的永不动摇的欲望。

所以，我们必须采用一种关于基本需要的远近来提出另一个假设。因为我们已经指出，任何有意识的欲望（部分目标）都与基本需要有着或远或近的关系，而且它们在本身的重要性上也都有差异。这个论点对于各种举止行为也同样成立。如果一个行动直接导致基本需要的满足，它在心理上就是重要的;倘若对此间接有益或者贡献较小,那么根据动力心理学观点来看,这个行动则不那么重要。这同样适应于各种防御或者应付手段。其中一些与保护者达到基本需要有直接关系,另一些则只有微弱的和疏远的联系。的确,如果我们愿意,可以说防御手段有更根本和不太根本之分,并且通过它们与基本需要的关系可以断言,危及更根本的防御比起危及不太根本的防御具有更大的威胁性。

获取知识，在某种程度上使宇宙系统化是在世界上获得基本安全的方法，或者对于智者来说，是自我实现的表达方式。

导致生命“智力营养缺乏症”的因素

由于认知冲动在临床上并不重要，当然在传统的医疗诊所也是这样，所以我们对它们的动力及病态了解甚少。在这里，没有传统神经病例中复杂的、使人激动的谜一样的病症。认知病理学苍白无力，容易被忽略，认知的精神病态往往被解释为并非异常，并不迫切需要治疗。结果，我们在心理治疗和心理动力理论的伟大创立者弗洛伊德、阿德勒和荣格等的著作中全然找不到论述这个主题的内容，没有一个人系统地尝试过创立认知心理疗法。

希勒是我所知道的曾经在其著作中能动地表现好奇心和认识的唯一精神分析学家，他说：“人类对于世界、行动、实验有着与生俱来的兴趣。当他们在世界中勇敢地前进时，他们得到了深切的满足，他们并不感到现实对于生存是个威胁。有机体，特别是人体对于世界抱有与生俱来的安全感。只有在特殊情况下才会产生威胁和匮乏。即使在这种情况下，有机体也感觉困难和危险是暂时的，最终会导致一个与世界沟通的新的安全保障。”

在教育派心理学家中，墨菲、韦特海默和阿斯奇也探讨过这个问题。然而，我们只是象征性地提过认知的需要。获取知识，在某种程度上使宇宙系统化是在世界上获得基本安全的方法，或者对于智者来说，是自我实现的表达方式。另外，科研和言论自由也被作为满足基本需要的前提来详细论述。尽管这些论述也发挥了一定的作用，但它们并没有构成对于好奇、学习、推究哲理、实验等促动作用的问题的最终答案，它们至多只是不完全的答案。

我见过许多聪明、富裕、无所事事的妇女逐渐感染了这些智力营养缺乏的症状。常常有些人按照我的劝告埋头做一些与他们相称的事情，结果他们自身的症状有所好转或者痊愈了，这足以使我清楚地感觉到认知需要的存在。在那些新闻、消息、事实的来源被切断的国家，在那些官方的理论与现实有极明显的矛盾的国家，至少一部分人采取玩世不恭的态度，不相信任何价值，不抱任何希望，甚至怀疑显而易见的东西，人与人之间的一般关系的深刻的瓦解、丧失道德，等等。另一部分人似乎采取了更被动的方式：消极、顺从、丧失主动性，丧失能力和与世隔绝。

我们知道，获取知识受一些消极因素的影响（焦虑，恐惧），但除此之外，我们还有充分的理由假设一些根本上是积极的冲动：满足好奇心，了解，解释，理解。

迷恋于神秘的、未知的、杂乱无绪的或尚无答案的事物，是通过研究表明的心理健康者的明显特征。这一点似乎正是吸引人之处。这些领域本身就非常有趣味，相比之下，他们对人所共知的事情则不屑一顾。

完全有可能从心理病及神经病中得出上述推论。从临床上观察，哥尔德斯坦所研究的大脑受损伤的士兵，以及摩尔的被观察的老鼠，都显示出强硬而急切地固守熟悉的事物，害怕不熟悉的、无规则的、意外的事物，害怕无秩序状态的倾向。另外，有些现象也许又会指出相反的可能性。这些现象包括非自然的违抗习俗，顽固地反对任何权威，行为狂放不羁，渴望惊世骇俗等。这些都可能在一些神经病患者以及处于反文化适应过程中的人身上发现。

当认知需要受挫折时，很有可能产生真正的心理病态结果。一些临床印象也是中肯的。

我通过几个实例发现，一些变态现象（兴味索然，对生活失去热情，自我厌恶，压抑身体的功能，逐步破坏理性生活和各种趣味，等等）产生于那些感到生活乏味、工作枯燥的智者中间。我这里至少有一个实例显示了适当的认知治疗消除这些症状的可能性,这个治疗包括进行业余研究,寻找一个需要更多脑力的工作,以及进行观察思考。

在幼年晚期和童年期就可能表现出比成年期更强烈的了解和理解需要。无论怎样,这似乎是成熟的自然产物而不是学习的结果。孩子不必要人教他去好奇,但是却可能被收容教养机关教导不要去对哪些东西好奇。

在一些高级动物的身上,很容易发现一些与人类的好奇心相似的东西。猴子会把东西撕碎,把指头捅进窟窿,在各种情境中进行探索。在这些情境中,不大可能有饥饿、害怕、性欲、安抚等情况存在。哈洛的实验以一种易于接受的实验方式充分显示了这一点。

人类勇于探险,去追根寻源并且作出解释,甚至对于危及生命的情况也不例外。对此,人类历史为我们提供了相当数量的实例,无名的"伽利略"一直层出不穷。

最后,满足认知冲动使人主观上感到满意,并且产生终极体验。虽然人们注重所得的成果、注重学习等等,忽视洞察和理解这一方面。然而不可否认的事实是,在任何人的生活中,洞察常常是一个令人感到愉快、幸福、激动的平台,甚至可能是人一生中很高的一个平台。

以上论及的那种战胜困难的现象,那种一旦面临挫折便出现变态的现象,一些普遍的(跨人种的、跨文化的)现象,那种永不消失(虽然微弱)的持续的压力,个人早期历史上的自然产物以及人们要求满足认知需要,以此作为全面发展人类潜力的一个前提,这一切都说明了基本的认知需要。

尽管这种假设并不全面,但是在我们认识了之后,我们仍受到激励,一方面要使认识越来越深刻,另一方面又朝着某种宇宙哲学、宇宙神学等的方向使认识越来越广阔博大,我们获得的事实如果是孤立的或者原子式的,它们终究要被理论化——不是被组织就是被分析,或是二者兼而有之。这个过程被一些人称为寻求意义。我们再来假设一些欲望:理解的欲望，系统化的欲望，组织的欲望，分析的欲望，寻找联系和意义的欲望，创立一个价值系统的欲望。

一旦允许讨论这些欲望，我们会发现它们也组成了一个小小的层次系列，其中了解的欲望优先于理解的欲望。我们曾描述过的优势层次集团所具有的一切特征似乎也适用于这个小集团。

在认知需要和意动需要之间，我们必须防止采取简单的二歧式，因为这种情况极易发生。了解和理解的欲望本身就是意动的，即它们具有力争的特点，并且如同基本需要一样，也属于人格需要。再者，正如我们所知，这两个集团是相互关联而不是完全分离的，并且它们是彼此协作而又相互制约的。

在某些人身上，确有真正的审美需要。丑陋会使他们致病（以特殊的方式），身临美的事物会使他们痊愈，他们积极地渴望着，只有美才能满足他们的欲望。

较高级的审美生存需要

相对于其他需要而言，我们对审美需要的了解更少，但我们无法回避它们，因为历史、人类美的属性和美学家已经在这里提供了大量的证据。我曾以经过选择的人为对象，在临床上人格学的基础上努力尝试研究这种现象并且至少使我自己确信，在某些人身上，确有真正的审美需要。丑陋会使他们致病（以特殊的方式），身临美的事物会使他们痊愈，他们积极地渴望着，只有美才能满足他们的欲望。这种现象几乎在所有健康儿童身上都有体现。这种冲动的一些证据发现于所有文化、所有时期，甚至可追溯到旧石器时代。

我们不可能将审美需要和意动、认知需要截然分开，因为它们相互交融在一起。秩序的需要，对称性的需要，闭合性的需要，行动完美的需要，规律性的需要，以及结构的需要，可以统统归因于认知的需要、意动的需要或者审美的需要，甚至可归于神经过敏的需要。至于我，将这个研究领域考虑为格式塔心理学和动力心理学的会合点。例如，当一个人看到一幅斜挂在墙上的画时，便有不可遏抑的意识冲动要去把它挂直，这意味着什么？

说到增强挫折容忍力这种现象，最重要的满足似乎很有可能是在生命的早些时候形成的。这就是说，在生命的早年就被培养成坚强、有信心的人往往在后来的任何威胁面前仍旧保持这样的性格。

生存基本需要的特点

虽然我们始终爱把这个集团搞得等级分明，但其实各等级之间并不像我们所说的那么固定和刻板。的确，我们研究的大多数人的这些基本需要似乎都是按照已经说明过的等级排列的，但是也一直可以发现许多例外。

另有一些显然是具有创造性的人，他们的创造驱力似乎比其他任何一种反向决定因素都重要。他们的创造性的出现不是作为由于基本需要的满足释放出的自我实现，而是作为不顾基本需要满足的匮乏的自我实现。

有一些人的理想目标可能永远处于压低或者压抑状态，也就是说，在层次序列中占劣势的目标可能干脆被丢失，并且可能永远消失，结果，这个在一种很低的生活水平上度日（如长期失业）的人，可能在余生中仅仅满足于获取足够的食物。

永久丧失爱的另一例证是指所谓的变态人格。根据掌握的最好材料来看，这些人从生命的头几个月开始就缺乏爱的哺育，现在已经永远丧失了爱的需要和给予，以及接受感情的能力（如同动物因出生后并未立即锻炼而丧失了吸吮或者啄食的反应能力一样）。

一个可以长期得到满足的需要被抹杀了价值，这是导致等级颠倒的另一原因。从未体验过长期饥饿的人很容易低估它对人的折磨，将食物看成可有可无的东西。如果他们为高级需要所控制，这个高级需要的重要性似乎压倒一切，那么很有可能,甚至确有其事,他们可能为了这个高级需要而使自己陷入不能满足某种更基本的需要的困境。我们可以设想,在这种更基本的需要长期匮乏之后,会出现这两种需要的等级颠倒。这样,优势需要将会在可能曾经将它轻易放弃的人的意识中占据优势地位。例如,一个为保其自尊而宁愿失去工作的人,在经历了六个月左右的饥饿后,可能愿意找回工作,甚至不惜牺牲自己的尊严。

我们也有可能始终是从意识或欲望的角度而不是从实际行动的需要来谈层次,因而导致了表面上的层次颠倒。观看行为本身可能给我们带来错误的印象。我们的观点是,当一个人同时缺乏两种需要时,他会想要其中更基本的一个,这并不意味着他一定按照自己的欲望行事。让我们再次强调,除了需要和欲望,行为还有许多的决定因素。

比方说,有的人把自尊看得似乎比爱更重要。层次序列中的这种最普通的等级颠倒通常起因于这样一种概念的发展:最有可能获得爱的人是一个意志坚定或者有权威的人,他们令人尊敬或者敬畏,充满自信或者勇敢。因此,缺乏爱并且寻求爱的人可能竭力表现得具有进攻性和自信心。然而实质上,他们寻求高度的自尊以及自尊在行为上的表现方式与其说是为了自尊本身,不如说是将它作为达到一种目的的手段,他们的自我表现是为了爱,而不是自尊本身。

相比之下,或许涉及理想、高尚的社会准则、价值观等的例外是更为重要的。具有这类价值观的人会成为殉道者,他们为追求某个理想或价值可以放弃一切。至少在某种程度上我们可以根据一个基本概念(或者假设)来理解这些人。这个概念可以称为由于早期的满足而增强的"挫折容忍力"。在生活中基本需要一直得到满足,特别是在早年得到满足的人似乎发展了一种经受这些需要在目前或将来遭到挫折的罕有力量,这完全是由于他们具有作为基本满足的结果的稳固健康的性格结构。他们是坚强的人,对于不同意见或者对立观点能够泰然处之,他们能够抗拒公众舆论的压力,个人能够为坚持真理而付出巨大代价。正是那些给予了爱并且获得了充分的爱，与多人有着深厚友谊的人能够在仇恨、孤立、迫害中岿然不动。

以上所述抽掉了这样一个事实：所有关于挫折容忍力的全面讨论中还包括一定程度上的习惯问题。例如，那些习惯于长期忍受某种程度的饥饿的人也许因而能够在一定程度上更能忍受食物的匮乏。对于形成习惯的倾向，如以往的满足哺育了现在的忍受挫折能力的倾向，我们应该在二者之间做怎样的平衡呢？这仍旧有待于进一步的研究。同时，我们可以假设两种倾向都在起作用，二者并行不悖，因为它们并没有根本上的冲突。说到增强挫折容忍力这种现象，最重要的满足似乎很有可能是在生命的早些时候形成的。这就是说，在生命的早年就被培养成坚强、有信心的人往往在后来的任何威胁面前仍旧保持这样的性格。谈到这里，我们的理论性讨论可能造成一种印象，这五个层次需要似乎是按下面的关系排列的：如果一个需要得到满足，另一个需要相继产生。这个说法可能会造成这样一种认知：一个需要必须完全彻底地得到满足，下面的需要才会出现。事实上，对于大多数正常人来说，其全部基本需要都部分地得到了满足，同时又都在某种程度上有所缺憾。要想更加真实地描述这个层次序列，就应该在这个优势层次序列中逐级减小满足的百分比。例如，为了说明情况，我可以任意假定一些数字，或许一般公民大概满足了 85% 的生理需要，70% 的安全需要，50% 的爱的需要，40% 的自尊需要，10% 的自我实现需要。

优势需要满足后出现新的需要，是从无逐渐变为有的，而不是突然从天而降的。如果优势需要 A 仅满足了 10%。那么需要 B 可能杳无踪影。然而，当需要 A 得到 25% 的满足时，需要 B 可能显露 5%，当需要 A 满足了 75% 时，需要 B 也许显露出 50%，等等。

表面差异的具体欲望在不同的文化中新表现出来的相对统一性，也是基本需要分类的一个重要方面。当然，任何具体文化中的某个人的有意识动机的内容通常会与另一个社会中某个人的有意识动机的内容截然相反。

生存需要的文化特性

需要的有意识和无意识都不是绝对的。然而从整体来看，在一般人身上，它们经常是无意识的，但我们没有必要查找一大堆证据来表明无意识动机的绝对重要性。单纯以优先为根据，可以推测无意识动机从总体看来比有意识动机重要得多。我们称之为基本需要的东西，通常大部分是无意识的，尽管富有经验的人可以利用适当的手段把它们变为有意识的。

表面差异的具体欲望在不同的文化中新表现出来的相对统一性，也是基本需要分类的一个重要方面。当然，任何具体文化中的某个人的有意识动机的内容通常会与另一个社会中某个人的有意识动机的内容截然相反。然而，人类学家的共同经验是，人们之间，甚至不同社会的人们之间的相近程度远比我们首次与他们接触时产生的印象要大得多，并且随着我们对他们的了解的加深，我们似乎会发现越来越多的共同点。于是，我们认识到，最惊人的差异不过是表面的，不是根本的，例如，发型和衣服款式的差异，对食物喜爱的差异，等等。我们对基本需要的分类在某种程度上就是试图解释文化与文化之间的表面的多样性后面的这种统一性。但是我们无意强调这种统一性对于所有文化来说都是绝对的。我们的观点仅仅是，它比表面的意识欲望相对更加重要、更普遍、更根本，并且更加接近人类共同的特性。与表面的欲望或行为相比，基本需要更加为人类所共有。

在动机决定因素的范围内，任何行为都往往由几个或者全部基本需要同时决定，而非只由其中的一个决定，由一种动机决定的情况极其罕见。

行为的多种动机

某种行为的产生，绝不是由单纯的唯一的需要或者单一的因素来决定的。举例说，任何看来是由生理需要促动的行为可能有多种动机，如吃东西、性享乐等。心理学家通过长期临床研究发现，任何行为都可能是多种冲动发泄的渠道。也可以这样说，大多数行为由多种动机促成。在动机决定因素的范围内，任何行为都往往由几个或者全部基本需要同时决定，而非只由其中的一个决定。由一种动机决定的情况极其罕见。吃东西可以部分地是为了填饱肚子，而另一方面是为了安抚其他需要，改善其他需要的状况。一个人进行性行为，可能不仅出于性欲发泄的目的，而且还要确立自己男性的自信，或者是为了通过征服获得强者的感觉，或者是为了赢得爱情依赖感。作为说明，我想指出，如果不是在实践上，也至少是在理论上对某人的一个单一的行为尽可能进行分析，从中发现生理需要、安全需要、爱的需要、尊重需要和自我实现需要的表现根源。这一点与特质心理学中更幼稚的一派形成鲜明对比。后者用一种品质或者一个动机来解释一种行为，例如，一个进攻性行为的起因仅仅是一种进攻性的特质。除了动机以外，行为还有许多决定因素。行为并非全部都由基本需要决定，甚至有的行动可以是没有动机的。例如，有一类重要的决定因素是所谓外界。至少在理论上，行为完全可以由外界决定，甚至由具体的、孤立的外界刺激决定，如联想或一些条件反射。如果外界给予“桌子”一词作为刺激，我立即感觉到记忆中桌子形象，或者想起一把椅子，当然这时我的基本需要并非是“桌子”和“椅子”。

另外，我们再次重申的概念是关于基本需要或者动机的接近程度。一些行为的动机非常明确，另一些行为的动机不甚明确，还有一些行为则根本没有动机（但是所有行为都有其决定因素）。

要特别注意表现性行为与应对性行为之间的根本区别。表现性行为并不试图做什么，它只是人格的反映。蠢人言行愚笨，并不是他想要或者有意去这样做，也不是他有这样的动机，而完全是由于他就是他。同样，我说话时用男低音而不用男高音或女高音也是一个道理。一个健康孩子的漫不经心的动作，一个愉快的人独自一人时面带微笑，健康者走路时脚步的轻快和他站立时挺直的姿态，这些都是属于表现性的，非机能性的行为。另外，一个人言谈举止的风格，无论有无动机，几乎总是表现性的。

那么，是否所有行为都表现或者反映了性格结构呢？答案是否定的。生搬硬套的、习惯的、机械的或者随俗的行为可能是，也可能不是。由刺激物引起的行为就属于这种情况。

最后有必要强调，行为的表现性和行为的目的性不是两个相互排斥的范畴，一般的行为通常二者兼而有之。

一个健康者在根本上受其发展和实现自己最充分的潜力和能力的需要促动。如果个人有任何活跃的、长期的具有任何其他意义的基本需要，那么他简直就是一个不健康的人……

促进需要的充分潜力

根据日常生活中有意识动机的内容与基本目的的关系，其重要性各不相同。一种对冰淇淋的欲望可能实际上是一种对爱的欲望的间接的表达，在此种情况下，这种对冰淇淋的欲望就成了极为重要的动机。但如果冰淇淋只被当作爽口之物，或它仅仅引起偶然的食欲，这种欲望则相对弱得多了。日常的有意识的欲望应该被看作是征兆，是更基本的需要的表面指示物，假如我们只承认这些表面的欲望的表面价值，我们就会发现自己处于一种完全的混乱状态。这种状态永远不可能被解除，因为我们忙于认真处理的是征兆而不是潜伏在征兆后面的更本质的东西。

心理病是由挫伤重要的需要导致的，而不会由挫伤不重要的需要引起。因此，任何一种心理病理论都必须以合理的动机理论为基础。冲突或者挫折不一定会致病，只有当它们威胁、挫伤基本需要或与基本需要紧密相关的不完整需要时，才会致病。

已经满足的需要的作用已经多次指出，我们的需要通常是在占优势的需要得到满足后才会出现。满足因而在动机理论中具有重要作用。不仅如此，需要一旦满足，就不再起积极的决定或者组织作用。例如，一个基本需要得到满足的人不再有尊重、爱、安全等需要。他只可能在一种几乎是玄学的意义上被认为有这类需要：一个吃饱的人有食欲，或者一个装满的瓶子有空隙。如果我们的兴趣仅在于什么东西实际上正在促动我们，而不在于什么东西已经、将要或者可能促动我们，那么，一个满足了的需要就不是促动因素。对于所有已经完全不存在、完全消失了的实际目的，我们都必须考虑这一点。这一点应该特别注意，因为在我所了解的每一种动机理论中，它不是被忽视就是被否定。极为健康、正常、幸运的人没有性、饥饿、安全、爱、名誉或自尊的需要，只有在具有短暂威胁的偶然时刻，它们才会出现。如果要作补充，我们也必须断言，病理反应能力是每个人都具备的，例如巴宾斯基的研究，因为人的神经系统一旦遭到破坏，这些反应就会出现。

这样考虑导致一个惊人的结论：人只要任何一个基本需要受到挫折，就可以把他想象为病人。这相当于我们把缺乏维生素或者无机物的人称为病人。谁会否认爱的匮乏不如维生素的匮乏重要呢？既然我们了解爱的匮乏的致病作用，谁能说我们倾向于价值问题的方式比医生诊断和治疗皮肤病或者坏血病时更不科学、更不合逻辑呢？一个健康者根本上受其发展和实现自己最充分的潜力和能力的需要促动。如果个人有任何活跃的、长期的具有任何其他意义的基本需要，那么他简直就是一个不健康的人，就像他突然显现出一种强烈的缺盐症或者缺钙症一样，他肯定有病。如果我们在这种意义上使用“病态”一词，我们还必须公正地正视人与他的社会之间的关系。我们定义一个明确含义：既然一个基本需要受挫折的人应该被看作病人，而且这种基本需要的挫折完全由这个人之外的力量造成，那么这个人的疾病完全源于这个社会的某种疾病。因此，我们就该这样给良好或者健康的社会下定义：它通过满足人的所有基本需要来允许人的最高意图出现。

如果这一论点显得不突出或模糊，你可以认为它只是在我们不断变换方式考察人类更深层的动机时要出现的许多模棱两可的论点之一。当我们探索人究竟想从生活中得到什么时，我们就接触到了人的本质。

达到目的的手段可能最终成为满足本身，那时，它们与最初的起源只有记忆中的联系。人们可能最终会需要它们本身。

达到生命目的的生存手段

阿尔波特已经详细描述并概括了这一原理：达到目的的手段可能最终成为满足本身，那时，它们与最初的起源只有记忆中的联系。人们可能最终会需要它们本身。这一关于在有目标的生活中，学习与变化的巨大重要性的论点，将以往每一件事都变得具有复杂性。这两套心理学理论原理之间并不存在矛盾，它们是相互补充的。我们是否可以根据一直使用的标准，把通过这种途径所获得的需要认定为基本需要，还有待进一步研究。无论如何，高级基本需要经过长期的满足后，可能变得既独立于它们的更强有力的先决条件，又独立于它自身的满足，即一个在其生命早期爱的需要得到满足的成年人，在安全、归属以及爱的满足方面比一般人更加独立。我倾向于将性格结构看成是心理学中功能自主的重要例证。那些坚强、健康、自主的人最能经受住爱和声望的挫折。然而，在现实社会中，这种坚强和健康通常是由于安全、爱、归属和自尊的需要在早年长期得到满足的结果。此人的这些方面在功能上已经具有自主性，即独立于曾产生这些方面的满足本身。

虽然我们要在低级需要得到满足后才转而对高级需要感兴趣，但人们在满足了高级需要，并获得了价值和体验之后，高级需要会变得具有自制能力，不再依赖低级需要的满足。人们甚至会蔑视与摒弃使他们得以过上“高级生活”的低级需要的满足，这就像第三代的富裕为第一代的富裕感到羞耻一样。

高级需要也许不是偶尔在低级基本需要的满足后出现，而是在强迫、有意剥夺、放弃或压抑低级基本需要及其满足后出现，如禁欲主义、理想化、排斥、约束、迫害、孤立等的强化作用。

人的平衡挫折与病理状态

我们探讨了人类动机，我们还要考察这一探讨的部分理论后果，并且以此作为对片面强调挫折和病理状态的一个积极的或健康的平衡。

众所周知，将基本需要按优势的强弱或力量的强弱排成等级是人类动机生活组织的主要原理。健康人的优势需要一经满足，相对弱势的需要便会出现，定时赋予这个组织生命的主要动力原则。生理需要在尚未得到满足时会主宰机体，同时迫使所有能力为其服务。并组织它们，以使服务达到最高效率。相对的满足平息了这些需要，使下一个层次的需要得以出现。后者继而主宰、组织这个人，结果，他刚从饥饿的困境中逃脱出来，现在又为安全需要所困扰。

这个原理同样适用于等级集团中其他层次的需要，即爱、自尊和自我实现。还可能有这样的情况：高级需要也许不是偶尔在低级基本需要的满足后出现，而是在强迫、有意剥夺、放弃或压抑低级基本需要及其满足后出现，如禁欲主义、理想化、排斥、约束、迫害、孤立等的强化作用。据说这些情况是很常见的，但我们对其性质以及发生的频率了解甚少。但是，不管怎样，这类现象与我们的论点并不矛盾，因为我们并未强调说满足是力量或者其他心理急需物的唯一源泉。

限于满足理论的特殊性、不完整性，它不再具有独立的合理性，因此不可能单独存在。至少，只有与挫折理论、学习理论、神经病理论、心理健康理论、价值理论、约束理论等结合，它才可能合理。行为的心理因素与主观生活、性格结构组成一个复杂的网，在这当中，我们不是把全景都描绘出来，而是任意假定除了基本需要的满足之外还有其他决定因素，假定满足与匮乏各自都有理想与不理想的后果，假定在重要方面的基本需要的满足与神经病需要的满足不同。

任何需要的满足，只要是真正的满足，也就是对基本需要而不是对神经病需要或虚假需要的满足，有助于决定性格的形成。不仅如此，任何真正的需要的满足都有助于个人的改进、巩固和健康发展。

满足是需要产生的附带现象

一个需要被平息，更高级的需要随之出现，这是任何需要满足所产生的根本后果。其他后果是这一基本事实的附带现象。这些从属的后果有：

对于旧的满足物和目的物的独立，对于旧的满足物和目的物的一定程度的轻视，同时，又隶属于一直被忽视、不被需要或只是偶然被需要的新的满足物和目的物。这种新旧交替的现象包含许多第三级的后果。这样，在兴趣方面就有了变化：一些新的现象首次变得有趣，而旧有的现象则变得乏味，甚至令人厌恶。这等于说人的价值观发生了变化。大体来说，往往有这些情况：在更高估价尚未满足的需要中，力量最强的需要的满足物；轻视其中力量较弱的需要的满足物（并且轻视这些需要的力量）；轻视甚至贬低已经得到满足的需要的满足物（同时贬低这些需要的力量）。这种价值观的改变伴随一个从属的现象：在一个可以粗略断定的范围内重新建立关于未来、尤赛琴、天堂和地狱、美好生活以及个人无意识愿望的满足状态的人生观。

在此前提下，认识能力发生变化。由于机体有了新的兴趣和价值观、注意力、感觉、学习、记忆、遗忘、思维，这一切同样在一个可粗略断定的范围内被改变。

这些新的兴趣、新的满足物和新的需要不仅新，而且在某些意义上更高级。当安全需要满足后，机体被解放出来去寻求爱、独立、尊重、自尊等等。将机体从较低级和自私的需要的束缚中解放出来的最容易的办法,就是满足这些需要。

任何需要的满足,只要是真正的满足,也就是对基本需要而不是对神经病需要或虚假需要的满足,有助于决定性格的形成。不仅如此,任何真正的需要的满足都有助于个人的改进、巩固和健康发展。这就是说,任何基本需要的满足(只要我们能够孤立地谈论这个满足),都是背离神经病的方向而向健康的方向迈进了一步。毫无疑问,哥尔德斯坦正是在这个意义上从长远考虑,将任何特定需要的满足都看作是向自我实现前进了一步。

除了这些一般后果外,特定需要的满足和过分满足还有一些特殊的后果。例如,如果其他因素相同,安全需要的满足会特别产生一种主观上的安全感、更安稳的睡眠、危险感消失、更大胆、勇敢等。

需要满足的任务几乎完全限制在内在地欣赏满足物之内。在漫长的选择过程中，除了对于非基本需要外，可能没有偶然的和任意的选择。

生存方式和基本需要的满足

探讨需要满足的意义的一个首要结果，是对于研究者过分夸大联合学习作用的持续增长。

总的说来，满足后的现象，如在饱餐后任何食欲的消失，在满足安全需要后防御的类型和数量的改变等，都说明了增长的练习（或重复、使用、实践）的消失，增长的报偿（或满足、赞扬、强化）的消失。此外，不仅诸如那些满足现象，显示了不顾它们在适应中获得改变而轻视联想的规律，而且检验也证实了，除了第二位的方式外，任意联想是不包括在内的。所以，如果学习的定义只强调刺激和反应之间的变化是不够的。

需要满足的任务几乎完全限制在内在地欣赏满足物之内。在漫长的选择过程中，除了对于非基本需要外，可能没有偶然的和任意的选择。对于爱的渴求，可能只有一种真正的长久的满足物，即诚实以及令人满意的感情。对于性饥饿、食物饥饿或极度干渴的人，只有性、食物或水才将最终适用。这是一种由韦特海默、科勒以及阿施、阿恩海姆、卡特那等格式塔心理学家作为心理学的中心概念强调的内在的适当。在这里，没有什么偶然的搭配或意外的、任意的设置，也没有什么信号、前兆或与满足物有关的东西。我们必须用墨菲的疏通作用，而不是纯粹的联想来表达这种情况。

将机体的目的看作完全合理的事，是对于联合学习、行为主义学习理论批评的实质。它彻底解释了不明确的目的手段的熟练问题。作为对照，此外提出了基本需要理论关于机体最终目的和价值的看法。这些目的存在于机体内部，对于机体具有内在价值。因此，为了达到这些目的，机体将会做任何必要的事，甚至学习一些任意的、不相干的、琐碎和微小的步骤。这些步骤也许是实验者可能提出的达到目的的唯一途径。当这些方法不再获得内在满足物（或内在强化物）之时，它们自然就被束之高阁，弃之脑后。

那些行为的和主观的改变，似乎清楚地说明了，满足不能仅由联合学习规律来解释。的确，它很可能只是扮演次要角色。假如一位母亲经常吻自己的孩子，那么内驱力本身就会消失，孩子不再渴望亲吻。

即使能从顿悟或渐悟得来的那些理论根据，也不能断言性格特征是单由学习造成的。这种对学习的态度在某种程度上由于它对精神分析家的发现所表现的冷静而显得较为中肯。但是，由于它理性地强调认识外部世界的本质结构而仍显得太狭隘。与联合学习或格式塔学习相比，我们需要同人体内的认知和意动的过程有更强有力的联系。

我不想进行任何详细的讨论，而只是试图提出一些可称为性格学习或内在学习的概念，它们是以性格结构而不是以行为为中心，其主要内容是：独特的（非重要性的）和意味深长的经历的教育作用；由重复的体验引起的感情的变化；由满足挫折的经历引起的意动的变化；某几类早期经验引起的显著的态度、希望，甚至人生观的转变；由机体的体验选择吸收作用的变化的结构所产生的决定因素。

之所以这样考虑是为了进一步考察学习和性格形成之间是否存在更密切的关系。正如杜威所指出的，最终将典型的、模范的学习解释为性格形成上的变化，即走向自我实现及其超越的运动，对于心理学家来说可能是至关重要的。

在所有的实验中发现，一个充分满足的需要遵循自己特殊的轨道，然后根据其性质，或者是全然消失，如吸吮行为；或者是在实验对象的以后生活中维持理想化的低水平，如活动性。

需要的满足和性格的形成

在探讨学习与满足时，只是把需要满足与性格品质的发展之间的紧密关系搞清楚。这种理论不过是挫折与心理病理之间早已公认的关系在逻辑上必然的对立物。

如果要把挫折的对立物（即满足）视为敌意的对立物（即友善）的一个优先决定因素，同样也有一定道理。精神分析的发现同样强烈地包含这两种情况。而且，尽管我们还没有明确的理论体系，但心理治疗的实践却以它对于心甘情愿的保证、支持、允许、赞同、许可的强调，即对于患者的安全、爱、保护、自尊、价值等需要的绝对满足的强调承认了我们的假设。对于儿童的爱、独立、安全等的匮乏常常立即给予直接的替代治疗或满足治疗，即给予爱、独立或安全的满足，其效果尤为明显，不过这种治疗也有限度。

虽然实验资料的缺乏让人感到遗憾。不过已有的资料已经给人以深刻的印象，例如列维的实验，这种实验的一般方式是取一组刚出生的动物，例如幼犬，使它们的某种需要，例如吸吮需要得到满足，或遭受一定程度的挫折。

这类实验包括小鸡的啄食行为，婴儿的吸吮行为以及各类动物的活动。在所有的实验中发现，一个充分满足的需要遵循自己特殊的轨道，然后根据其性质，或者是全然消失，如吸吮行为；或者是在实验对象的以后生活中维持理想化的低水平，如活动性。在那些某种需要受到挫折的动物身上出现了各种半病理现象，其中与我们的讨论密切相关的是，第一，坚持已超过正常消亡时期的需要;第二,大大加强了这一需要的活动性。

应该强调的是,列维关于爱的需要的实验揭示了生命早期满足与成年性格形成之间完整的联系。健康成年人的许多典型品质是童年爱的需要满足的积极后果,这一点是显而易见的。这些品质包括宽容被爱者的独立的能力,忍受爱的匮乏的能力,爱但又不放弃自主性的能力,等等。

如果我尽可能明确地、直观地描述对立的理论,它可以归纳为:充分热爱孩子的母亲在孩子身上(以奖励、强化、重复等方式)培养了一种以后生活中对爱的需要的力量减弱的倾向,例如,亲吻的可能性减小,更少依恋母亲,等等。教会孩子从各个方面寻求感情,并且对感情怀有永久的渴望的最好途径是,在一定程度上拒绝给他们爱。这是机能自主性原理的又一个例证,它曾使阿尔波特怀疑当代学习理论。

心理学的教师们在讲到对孩子进行自由选择实验时,往往将性格品质的形成归功于训练。"如果孩子从梦中醒来后,你就把他抱起来,那么,他不是就学会了在想要人抱他的时候就哭喊起来吗(因为你鼓励了这种哭喊)? 假如孩子要吃什么你就给什么,难道他不会被宠坏吗? 如果你注意孩子的滑稽举动,他不是就学会装憨弄傻来吸引你的注意了吗? 如果你迁就孩子,他不就会一味地要求放任自流了吗?"要回答这些问题,仅仅靠学习理论是远远不够的,我们还必须求助于满足理论和机能自主理论。动力儿童心理学和精神病学的一般文献,可以为我们提供更多的资料。

另一类支持关于需要满足与性格形成之间关系的论点的资料,可以从能够直接观察到的满足的临床效果中获得。任何与人直接接触的人都能获得这类资料,并且可以确信,它们几乎在每次治疗接触中都会出现。

检查基本需要满足所产生的最直接的后果,是能够说服我们自己的最简易的方法,检查从力量最强的需要开始。就生理需要而言，在我们的文化中，我们不会将食物或水的满足视为性格品质，虽然在其他的文化中，我们的态度有可能不同。然而，即使在生理需要的层次上，我们也遇到了对于我们的论点来说是难以决定的两种可能。如果我们可以谈论休息和睡眠的需要，当然也就可以谈论它们的挫折以及挫折的效果（困乏、疲劳、精力不济、萎靡不振，甚至可能有懒惰、嗜睡，等等）。这就是原始需要满足的直接后果。它们如果不是公认的性格品质，至少对于人格的研究者有明确的意义。虽然我们尚未习惯于这样考虑问题。但这个观点也适合于性的需要，如性压抑，以及对立面性满足的范畴。不过对此我们还没有确切的概念。

不管怎样，我们可以有充足的资料来探讨安全需要。担心、恐惧、害怕、焦虑、紧张、不安和极度不安，都是安全需要受到挫折的后果。同类的临床观察清楚地显示了安全需要满足的相应效果，如焦虑以及紧张的消失，具有安宁感，对未来有信心，有把握，感到安全，等等。无论使用什么词语，感觉安全的人与惶惶不可终日者之间有着性格上的区别。

其他基本的情感需要，如归属、爱、尊重和自尊的需要，也有这种情况。这些需要的满足引发了诸如深情、自尊、自信、可靠等特性。

需要满足的特性产生的后果与一般品质有很大关系：仁慈、慷慨、无私、宽容（与褊狭相对）、沉着平静、愉快满意以及其他诸如此类的品质。这些品质似乎是一般需要满足的间接后果，即不断改善的心理生活状况的间接后果。

需要满足的特性产生的后果与一般品质有很大关系。我们的资料不允许我们断言，它是否是更强有力的决定因素，这通常被当作徒劳无益的问题而忽视。然而，偏重强调两方中任何一方所产生的后果的对比是相当鲜明的，我们至少必须意识到这个问题。性格教育是否能在课堂里进行？书本、演讲、问答式教育以及劝诫是否是可以使用的最好工具？讲道、全日制学校是否能造就出好人？是否好的生活就能造就出好人？是否爱、温暖、友谊、尊重以及善待儿童，对于儿童后来的性格结构有更重大的影响？这些都是由于坚持两种不同的性格形成理论而提出的两种不同的问题和观点。

在健康人身上发现的对于环境的相对独立性当然不意味着与环境隔绝，它只意味着在这些接触中，人的目的是根本的决定因素，环境不过是达到自我实现目的的手段。

需要满足和生命健康

举例来说，甲在一个危险的丛林中已经生活了几个星期，他靠不时遇到的食物和水勉强维持生存。在同样的环境中，乙除了能维持生存外还有一支枪，一个入口可以关闭的秘密山洞。丙除了有乙的条件外，身边还有两个人。丁比起上述几个人来，身边还多一个最亲爱的朋友。戊身处同一个丛林，除拥有上述所有条件外，他还是那个小群体里很受尊重的领导者。于是我们可以依次称这些人为：勉强维持生存者，安全需要得到满足者，归属需要得到满足者，爱的需要得到满足者，尊重需要得到满足者。

这不仅是一系列不断增加的需要满足，也是一系列不断加强的心理健康程度。很明显，在其他因素相同的条件下，一个安全、归属、爱的需要得到满足的人，比只有安全和归属需要得到满足，但在爱的感情上遭受拒绝、挫折的人更健康（根据任何合理的定义）。假如在此基础上，他又获得了尊重和羡慕，并且进而发展了自尊心，那么他就更加健康了。

所以说，好像需要满足的程度关系着心理健康的程度。我们是否能够进一步证实这种联系的极限——证实完全的满足等于理想的健康呢？满足理论至少可以暗示这样一种可能。尽管这一问题的答案急待未来的研究，然而仅仅陈述这样的设想都会将我们的视线引向被忽视的事实，并且要求我们重新提出这个陈旧的、有待探索的问题。

例如，我们可以承认通往健康的途径可有多条。然而，现在我们就有必要提出这样一个问题，放弃基本需要的满足，通过苦行、约束、挫折、悲剧和经受不幸之火锻炼而获得健康的实例究竟有多少？也就是说，以满足或幸福为基础的健康，以及以苦行主义或者挫折、不幸为基础的健康，它们各占怎样的比例？

恰如韦特海默与他的学生们所作的，这种理论向我们提出了一个敏感的问题——利己。他们将所有需要都看成事实上是利己的，以自我为中心的。的确，哥尔德斯坦和我都是在高度个人主义的程度上解释自我实现这个最终需要的，但是，对于非常健康的人的研究经验表明，他们既是极有个性的，同时又与社会和睦相处。

当我们设立满足健康（或者幸福健康）这一概念时，我们无疑是与哥尔德斯坦、荣格、阿德勒、安吉亚尔、霍尼、弗洛姆等站在了一起。而且，那些假定有机体内有一种向更全面的方向发展的积极倾向的人，都会不断地加入我们的行列。因为，如果我们假定一个典型健康的机体的需要得到满足，从而摆脱了束缚而追求自我实现，那么我们就等于假设这个机体是根据内在的发展倾向从内部发展的，是柏格森意义上的发展，而不是行为主义环境决定论意义上的外部发展。患神经病的机体是一种缺乏某些满足的机体，那些满足只能来自环境。因此，它更多地依赖环境而更少具有自主性和自觉性。也就是说，它在更大的程度上是由环境的性质而不是由自身的内在本质塑造的。在健康人身上发现的对于环境的相对独立性当然不意味着与环境隔绝，它只意味着在这些接触中，人的目的是根本的决定因素，环境不过是达到自我实现目的的手段。这如果不是生理上的自由，就是心理上的自由。

为什么与某一幅绘画、某一首乐曲、某一位妇女相处得久了会产生厌烦？为什么与另一幅绘画、另一首乐曲、另一位妇女的同样时间的相处却产生了更多的兴趣和更大的快乐呢？

生命心理治疗的动力因素

是否可以这样说，在实际治疗或改进的动力中起根本作用的是基本需要的满足。由于它一直被忽视，我们确实有必要承认它至少是这类因素中的一个，并且是特别重要的一个。在摩尔的著作中详细描述了需要的满足和挫折决定兴趣的几种方式。

对态度、兴趣、趣味、价值观的更深入的研究是可能的，最终必然包括对于道德、价值、伦理的讨论，当然，其范围必须超越礼仪、礼貌以及其他社会风俗。习惯上将态度、趣味、兴趣，甚至还有各种价值观却看作是联合学习的结果，似乎除此之外其他的因素都是次要的，即仿佛它们完全是由机体外的任意力量决定的。然而，内在的需要和满足的效果也在起作用。

假如我们要找到一个对人格分类有用的工具，那就需要将基本的感情需要的层次满足看作一个线型的连续体。假如大多数人都有类似的机体需要，那么在这些需要得到满足的程度上每个人都能与任何其他人进行比较。这是整体的或有机体的原理，因为它根据一个单一的连续体来对完整的人进行分类，而不是根据大量的、毫不相关的连续体来将人的各个部分或各个方面归类。

除去过分满足以外，究竟什么是厌烦？在这里，我们又可以发现尚未解决和觉察的问题。为什么与某一幅绘画、某一首乐曲、某一位妇女相处得久了会产生厌烦？为什么与另一幅绘画、另一首乐曲、另一位妇女的同样时间的相处却产生了更多的兴趣和更大的快乐呢?

需要的满足在健康情绪的产生中起了什么作用?为什么情绪的研究者们长期仅限于研究挫折在感情上的效果?

我们提出的论点是,满足人的基本需要(以所有条件相同为前提,抛开少数难以解释的例外,以及暂时略去匮乏和约束的有益效果),不仅改善了人的性格结构,而且改善了他作为国内和国际环境中的公民与周围的关系。这一点在政治、经济、教育、历史以及社会学上的意义可能是巨大的、明显的。

如果讨论哪种挫折或焦虑对社会更有好处,那么为早日结束战争的焦虑要好于只关心自己能否活到70岁。明确地提高挫折的层次(如果我们可以谈论高级挫折和低级挫折),不仅具有个人意义,而且还具有社会意义。

决定需要的挫折因素

从某种意义上说(尽管看起来荒谬),需要的挫折的决定因素是需要的满足。这是因为甚至要到较低的优势需要满足之后,较高的需要才会出现在意识里。从某种意义上看,在需要尚未出现之前,是无所谓挫折的。一个勉强维持生存的人不会去奢望生活中的高级需要。几何学的研究、选举权、自己城市的好名声、尊重、价值等都不会成为他焦虑的中心,他所关心的是更基本的物质。只有当一定量的低级需要的满足使他的需要达到某一高度时,他的需要才会使他在个人、社会和智力的更广阔范围内感受到挫折。

绝大多数人肯定在追求他们一直欠缺的东西,我们可以把它作为一种推论,然而又肯定不会感到为众人更普遍的满足而工作是无益的。这样,我们同时又学会不指望任何单一的社会改革,例如妇女选举权、免费教育、无记名投票、工会、良好的居住条件、直接选举等,会产生奇迹,但又不低估缓慢发展的力量。

如果讨论哪种挫折或焦虑对社会更有好处,那么为早日结束战争的焦虑要好于只关心自己能否活到70岁。明确地提高挫折的层次(如果我们可以谈论高级挫折和低级挫折),不仅具有个人意义,而且还具有社会意义。几乎可以说这对于犯罪感和羞耻心也同样适用。

人类似乎从来就没有长久地感到过心满意足。与此密切相关的是，人类容易对自己的幸福熟视无睹，忘记幸福或视它为理所当然，甚至忽略了幸福的价值。

满足需要引起的病态人格

很奇怪，科学心理学家一直忽视这一长期为哲学家、艺术家、诗人的议论所充斥的领域。这可能是由于“所有的行为都有动机”这一广泛公认的教条在作怪。我认为这是一个错误，但这里不准备辩明。有一个铁的事实可以被观察到，即一经满足，机体立即放弃压迫、紧张、紧迫、危急的感觉，允许自己变得懒散、松弛、被动，允许自己享受阳光、玩耍嬉戏，或者装饰、擦洗盆盆罐罐，允许自己观察微不足道的事物，遇事漫不经心，往往无意中获得而不是有意识地追求，一句话，变得相对地无目的了。需要的满足导致了无目的的行为的出现。

物质生活的富裕使我们看到越来越多的疾病。其症状包括厌倦感、自私自利、自以为是、“理所当然”的优越感、对一种不成熟的低水平的眷恋、人与人之间友爱的丧失等。很显然，在任何一段时间里物质生活或低级需要的生活本身并不能给人们带来满足。

我们也必须面对另一种新的、由心理富裕导致病态的可能。也就是说，病的起因是由于患者得到无微不至的爱护、关怀，被宠爱、崇拜、欢迎所包围，被膜拜到忘乎所以的地步，被推到舞台的中心位置；拥有忠诚的仆人，无论在什么地方，各种欲望都能得到满足，甚至成为人们甘愿为之自我牺牲和自我克制的对象。

毋庸置疑，我们对这些新现象知之甚少，当然更谈不上具有任何发达科学的意义了。我们所根据的是强烈的怀疑、普遍的临床印象以及儿童心理学家和教育家逐渐形成的观点:单纯的基本需要满足是不够的,对于儿童来说,他们还必须去体验坚强、隐忍、挫折、约束、限制等感受。换句话说,基本需要的满足最好能被仔细地重新定义,否则它很容易被误解为无限度的溺爱、自我克制,无条件的应允、过分的保护以及奉承等。对儿童的爱和尊重必须至少与对自己作为家长或普通意义上的成年人应得到的爱与尊重协调起来。儿童当然是人,但他们不是有经验的人,必须将他们看成是对许多事情不了解、对有些事情一无所知的人。

由满足引起的另一类病症表现为可称为“超越性病态”的东西,这是指生活缺乏价值观念、缺乏意义感和充实感。许多人本主义者和存在主义心理学家确信——虽然他们没有充足的依据——全部基本需要的满足并不能自动地解决归属感、价值体系、生活目的、人生意义等问题。至少对某些人,特别是年轻人,这是在基本需要满足以外另外需要解决的问题。

最后,我要重申一个事实,尽管很少有人想到这一点:人类似乎从来就没有长久地感到过心满意足。与此密切相关的是,人类容易对自己的幸福熟视无睹,忘记幸福或视它为理所当然,甚至忽略了幸福的价值。对于许多人来说,我们不知道究竟有多少即使是最强烈的快乐也会变得索然无味,失去新鲜之感。只有体验了丧失、困扰、威胁,甚至是悲剧的经历之后,才能重新认识其价值。对于这类人,特别是那些对实践没有热情、死气沉沉、意志薄弱、无法体验神秘感情,对享受人生、追求快乐有强烈抵触情绪的人,让他们去体验失去幸福的滋味,从而能重新认识身边的幸福,我觉得这样做很有意义。

自我实现、自我发挥和自我发展的感觉，越来越彻底地发展和享用自己的资源、潜力的感觉，以及由此而产生的成长、成熟、健康以及意志、自由的感觉。

基本需要的满足现象

性格特质

沉着、镇定、平静、内心安宁（与紧张、不安、不愉快、心绪恶劣相对）。

慈善、友爱、同情、无私（与残忍相对）。

健康的慷慨。

宽宏大度（与狭隘、卑鄙、渺小相对）。

依靠自己，自尊、有信心、信任自己。

安全，宁静感、无危险感。

友好（基于性格的敌意相对）。

对于挫折的更大的忍受力。

容忍不同意见，对不同意见感兴趣，接受个人差异，从而不再有成见和一般性的敌意（但仍然留有判断力）；更崇高的兄弟、同志感情以及手足般的爱，对他人的尊敬。

更具有勇气，更少有畏惧。

心理健康以及它的所有产物；远离神经病、精神变态人格、也许还有精神病。

更加深刻的民主（没有担忧，对于值得尊敬者的真切的尊敬）。

松弛，更少紧张。

更加诚实，真诚，正直；更少假话、更少虚假。

更强的意志，更能从责任中得到享受。

人际关系

对于朋友、爱人、领导等有更高的趣味，对人们有更好的判断力，是更好的选择者。

对于妇女、儿童、雇员以及其他权力较小的少数派或者团体的尊重。

更吸引人，更加美丽，更加善解人意。

更好的公民、邻居、父母、朋友、爱人。

更加民主化，更少权威主义。

更好的心理治疗家。

政治、经济、宗教、教育方面的进步和开放。

更少无缘无故的敌意，更多的善意，对他人更有兴趣，更容易与他人趋同。

认知

各类认知更加敏锐、更有效、更现实。

改进了的直觉能力，成功的预感。

伴随启发和顿悟的神秘体验。

更多地以现实问题为中心，更少地投射和以自我为中心。

世界观和人生观的改进（指变得更真实、更现实，对自己和他人更少危害性，更加全面，更加整合和具有整体性等等）。

更具有创造性，更多的艺术性、诗意、音乐、智慧、科学。

更少刻板得像机器人一般的习惯，更少陈规和旧框框，更少强迫性的标签化，透过人为的范畴和成规对于个体、独一无二性的更好的感觉，更少分类化。

许多更基本、更深的态度（民主、基本的尊重，对他人的爱、对孩子的爱和尊重，对妇女的尊重等）。

更少掺杂感情的学习（即喜爱熟悉的事物，尤其对于重要事物更是如此）。

无目的的学习和潜移默化的学习的更大可能性。

更少需要简单事物,更以复杂为乐。

意动—感情

肉体充分满足和厌腻的感觉,包括食物、性、睡眠等方面,以及一些附带后果,如幸福、健康、精力充沛、欢欣、身体惬意。

感到安全、平静、有保障,危险和威胁感消失。

感到有所归属,属于某个集体,感到自己与集体的目标和胜利联系在一起,感到被人承认,有了一个位置。

爱和被爱的感觉,值得爱的感觉,爱的趋同作用的感觉。

自我信赖、自尊、自信的感觉,相信自己的感觉;值得尊重、具有声望、领导能力以及独立的感觉。

自我实现、自我发挥和自我发展的感觉,越来越彻底地发展和享用自己的资源、潜力的感觉,以及由此而产生的成长、成熟、健康以及意志、自由的感觉。

好奇心的满足,更多地学习和了解的感觉。

对于理解的满足,这种满足越来越哲理化;向着范围越来越广、包容性越来越大、越来越单一的哲学或宗教靠近;对于联系和关系的理解更加圆满成熟;价值信奉。

对于美的需要的满足,使人颤抖的激动,对于美的震惊、高兴、狂喜,对称感、适合感、条理感或完善感。

高级需要的出现。

暂时或长久地依赖和独立于各种满足物,对于低级需要和低级满足物的不断增强的轻视和独立性。

厌恶和爱好的感情。

价值观的改进,趣味的提高,更好的选择。

愉快的兴奋、高兴、欢乐、幸福、满意、平静、安详、狂喜,它们的强度更大,出现的可能性更大,感情生活更加丰富、健康。

狂喜、高峰体验、极度兴奋的情绪、意气风发以及神秘体验的更频繁地出现。

抱负水平和挫折水平的改变。

走向后动机和存在价值的运动。

其他各类

改变了关于天堂、地狱、尤赛琴、美好生活、成功与失败等的图景。

走向高级价值;走向高级的“精神生活”。

所有表现性行为的变化,例如,微笑、大笑、面部表情、风度、步态、笔迹,趋向于更富有表现性、更少做作、模仿的行为。

活力的更替、倦怠、睡眠、安静、休息、清醒。

充满希望,关注未来(与心情不佳、冷漠、无精打采相对)

梦幻生活、幻想生活、早期记忆的变化。

基本性格之上的道德、伦理、价值观的变化。

脱离充满了得失、输赢、竞争对手的生活方式。

当某些作者试图解释动机并给它下定义时，折磨他们的许多问题都是由过分追求行为标准、外部可见标准产生的。动机最初采用的标准就是除行为主义心理学家以外的人所采用的标准属于主观性行为。

生存长期缺失基本满足的特征

根据“基本需要”所能回答的问题和操作“基本需要”的方法可以给基本需要下定义，我首先要问的是心理变态的根源：“是什么东西造成了人的精神病呢?”我的回答（我认为这是对心理分析的回答的一种修订和改进）简单地说就是：神经病从其核心和起源来看，似乎是一种缺失性疾病；它起源于没有在一定程度上满足我称之为需要的东西，这些需要是和对于氨基酸和钙的需要一样的，即它们的缺失就会引起疾病。事实上，有许多神经病的起因并不复杂，只是由于一些心愿，如成功、安全、归属等，未能达成而造成的。我的“资料”是通过 12 年心理治疗工作和 20 年人格研究搜集起来的。一项显著的对照研究（在同一时间同一操作情境中做出的）检验了替代疗法的效果，这一研究证实：当这些缺失得到满足的时候，病症就趋于消失。当然还有许多复杂的情况存在。

由于一些诊疗学家、临床学家以及儿童心理学家拥有了这些结论，这就使得一年比一年更有可能以一种自然的、流畅的、自发的方式，作为实际经验的概括化，来给需要下定义，而不是仅仅为了显得更客观就过早地专断地下结论，先于知识的积累而不是在知识的积累之后这样做。

如果产生了下述情况，那么它就是基本需要，或类似本能的需要。

它的缺乏导致疾病；

它的出现防止疾病；

它的恢复治疗疾病；

在某种（十分复杂的）自由选择的情境中，被剥夺的人较之其他满足，更乐于得到它的满足。

它处于低潮时在健康人身上是不活跃的，或在功能上不出现。

基本需要还有两个主观特征：一方面体现为惬意感或体验良好，另一方面体现为匮乏感或缺失感，就如同有什么东西丢失了似的。

关于定义的最后一个结论是：当某些作者试图解释动机并给它下定义时，折磨他们的许多问题都是由过分追求行为标准、外部可见标准产生的。动机最初采用的标准就是除行为主义心理学家以外的人所采用的标准属于主观性行为。在我感觉到欲望、要求、向往、希望或缺失的时候，我就被激发了。严格说来，尚未发现与这种主观报告相关的客观可见状态，也就是说，还没有找到动机的恰当的行为定义。

不错，我们不应放弃对主观状态下的客观指标的探寻，在我们终能如愿以偿地发现我们想要找寻的指标时，心理学就会发展到下一个世纪的水平。但是，在我们发现它之前，我们不应该自认为已经具有了它，我们也不应该忽视我们已有的主观数据。不幸的是，我们不可能要求白鼠提供主观报告；然而，我们却能够要求人这样做。在我们具备更好的资料来源之前，我们根本没有制止这样做的理由。

由于这些不能满足有机体的需要，所以把它称为缺失性需要或匮乏需要。这些缺失就像为了健康的缘故必须填充起来的空洞，而且必定是由其他人从外部填充的，而不是由主体填充的空洞。这样做是为了说明它们，以及它们与另一类动机，而且是非常不同的动机加以对比。

对于我们“需要”钙和维生素C的说法，任何人都不会产生疑问。我要提醒你们，我们有与我全相同的方式“需要”爱的证据。

心理学家已形成一个新认识,那就是他们必须事先努力使自己保持成长或者自我完成的趋向,而且这些必须建立在平衡、体内平衡、降低紧张、防御以及其他自保动机的概念之上。这是有多种原因的:

心理治疗

趋向健康的压力造成治疗的可能性,它是心理治疗的一个绝对必要的条件。如果没有这种追求健康的趋势,那么,只要治疗超出防御痛苦和焦虑的范围,它就成为不可解释的了。

脑损伤的士兵

哥尔德斯坦的著作是众所周知的。他发现,为了阐明在脑损伤之后人的智能的重新组织,创造自我实现的概念是必需的。

心理分析

一些心理分析学家发现,著名的有弗洛姆和霍尼,如果不假定神经病患者具有一种趋向成长、完善发展、实现潜能的冲动,那么,即使是理解神经病,也将是不可能的。

创造性

通过研究健康成长着的和健康成长起来的人,尤其是把他们同态的人对比研究的时候,给一般创造性问题带来了许多光明。尤其是艺术理论和艺术教育,特别需要成长概念和自发性概念。

儿童心理学

从儿童的日常行为和谈话中可以得出,健康儿童对成长和向前运动充满了喜爱之情,也愿意学新的技能和知识。这恰恰是同弗洛伊德的那种理论相矛盾的，他的理论把每一个儿童都设想成危险地悬在他达到的第一种顺应、每一种静止或平衡状态上。按着这种理论的说法，勉强的、保守的儿童，仍然必须不断地被推上台阶，从他偏爱的安逸休息状态进入一种可怕的新状态。

然而，弗洛伊德的这个概念仍然不断地被证实，对于不安的惊恐的儿童来说，大部分确实如此；就全人类来说，也的确是这个现状，但就健康幸福、天真的儿童来说，这个现状则不能令人满意，此概念也与实际不相符。在这些儿童中，我们清楚地看到对于成长、成熟的渴望，他们像扔掉一双穿破的袜子一样扔掉过时的顺应。在他们身上，我们不仅清晰地看到对于获得新技能的渴望，而且也看到重新享有它时的最明显的快乐，这就是 K. 经勒所说的功能渴望。

对于各种派别里的这些作者来说，著名的有弗洛姆、霍尼、荣格、C. 比勒、安吉尔、罗杰斯、G. 奥尔波特、沙赫特、林德。对于一些天主教的心理学家来说，成长、个体化、自主、自我实现等等，全都是标示模糊地觉察到的领域的大致同义的术语，而不是严格确定的概念。我认为，现在确定这个还行不通，而且也与需要不相符，这种不是从熟知的事实中自然而然产生的定义，容易起阻碍和歪曲的作用，而不是起好的作用。因为在先验的基础上任意地制造出定义，就很可能是一种错误和误解。关于成长，就我们对它的了解来看，现在还未达到足以妥善地给它下定义的程度。

成长的意义既可以由正面加以说明，也可以借助反面来衬托、体现，即它不是什么，例如它和平衡、体内平衡、紧张、降低是不同的。然而，这不是给它下定义。

成长概念的倡导者提出这一概念的原因有二，一是他们对现有理论不赞成，二是这些理论没有某些新理论在内，部分是因为在旧的价值体系崩溃之后，确实需要能提供关于更好的、新的、人道主义的价值体系的理论和概念。

然而，眼前这个论述大多是从直接研究心理上健康的个体中引申出来的。采取这种做法，不仅是由于个人的固有兴趣，而且也是为了给治疗和病理理论以及价值理论提供比较牢固的基础。教育、家庭教养、心理治疗和自我爱憎分明的真正目标，在我看来似乎能通过这样的直接接触来揭示。成长的最终产物是能够教给我们在成功过程中需要懂得的知识。

另外，我也直率地推论出这种直接研究好人而不是坏人、健康人而不是病态人的体积法，以及对于普通心理学各种可能的积极后果以及消极后果。我应该预先告诉你们，在某人重复了这个研究之前，这些资料不能看成是确实的。投射的可能性是很现实的，当然这不可能被研究者自己察觉到。现在，我准备对健康人和非健康人的动机生活的差异作一下论述，即对由成长性需要激发的人和由基本需要激发的人作一下对比。

就所涉及的动机状态来说，健康人的安全、从属、爱、尊重和自尊等基本需要已得到充分满足，因此，他们现在主要是被自我实现的趋向激发（自我实现定义为不断实现潜能、智能和天资，定义为完成天职或称为天数、命运或禀性，定义为更充分的认识、承认个人的内在天性，定义为在个人内部不断趋向统一、整合或协同动作的过程）。

关于对这个一般性的定义的阐述，同我的那些公开过的定义一样，是属于描述性和操作性的。在那里，我通过描述临床观察到的特征来给健康人下定义。这些特征是：

优良的现实知觉。

更能接受自我、其他人和自然。

增长了自发性。

问题中心主义的加强。

增强了超然和独处的愿望。

增强了自主性，抗拒文化适应。

更新颖的鉴赏，情绪反应的丰富性。

更频繁的高峰体验。

增进了与人类趋同的倾向。

改变(诊疗心理学者会说是改善)了人际关系。

更民主的性格结构。

大大增长了创造性。

价值体系上的某些变革。

另外,我也叙述了研究方面的局限性,即由于在选样上和数据效用上的不可避免的缺点,定义不能不受到一定影响。

从一开始到现在在阐述健康人概念时所遇到的一个主要困境就是由于它具有某些静力学特点,因为一直以来我把研究对象大多定在年老人身上,所以自我实现倾向于被看成是最终的事态,是遥远的目标,而不是被看成能动的、贯穿一生的动力过程;倾向于被看成存在而不是形成。

为了体现自我实现自始至终前进的特点,也为了更加符合实际情况,可以把成长定义为导致最终自我实现的过程。而且,这样也会防止把自我实现的动机序列设想为全是渐进而没有突变,或者全是突变而没有渐进,在这个序列中,在另一种更高级的需要在意识中出现之前,基本需要必须一个接一个地得到完全满足。这样,成长就不仅在逐渐满足基本需要达到它们"消失"的一点时看到,而且也在超越基本需要的、特殊的成长动机形态中,即在天资、智能、创造倾向、体质潜能的形态中看到。因而有助于我们认清基本需要和自我实现彼此间的矛盾——并不多于童年和成熟之间的矛盾。前者转化为后者,而且是后者的必要条件。

自我实现的人之所以对别人采取无所欲求的不评价、不判断、不干预、不宣判的态度,是因为他们一般没有必要从别人身上抽取满足他的需要的品质,而且从不把别人当工具看待,从而能够更清楚、更有洞察力地知觉和理解其他人的实际情况。

成长需要与基本需要的差异

成长需要和基本需要之间的差异是以它们之间差异所形成的结果而反映的。列在下面的这些差异,虽然不是完善的,但总是由成长性需要和缺失性需要这两个相当准确地描述出来的。例如,并不是所有的心理需要都是缺失性需要,也就是说不全是性的、排泄的、睡眠的和休息的需要等。

可以这么说,屈从于缺失性需要的满足,与他被成长或超越成长、自我实现激发时,在人的心理生活的许多方面是不一样的。下述的一些差异可以把这一点搞清楚。

对冲动的态度:抵制冲动和认可冲动

事实上,一切的动机理论,在把需要驱力以及激发使人生气的、叫人苦恼的、令人不高兴的、不适合的阐述时,是一致的;认为被激发的行为、有目标的探索、完成的反应全都是减轻这种不舒适的方法。这种对冲动的态度显然是接受了那种广泛流传的解释,即把动机描绘成是缩小需要、缓解紧张、降低驱力、减少焦虑。

在动物心理学或把大量动物作为研究对象的行为主义心理学看来,这种态度是正常的,这其中的原因也许是动物有缺失性需要。不管事实是否原来就是这样,反正为了客观性起见,我们已经这样对待动物了。目标对象是动物有机体之外的某种东西,因此,我们就能测量动物在达到这个目标的过程中所作出的努力。

对于这一点也应抱理解的态度，也就是说弗洛伊德心理学的思想基础也是对动机持相同的态度，即它认为冲动是危险的，我们要与之搏斗。这是因为，毕竟整个弗洛伊德心理学都是以病态人的体验为根据的，而在事实上，病态人在他们的需要和需要的满足与挫折上都经历了不良体验。因此，毫不奇怪，这样的人自然会畏惧，甚至憎恨他们的冲动了，因为这些冲动曾造成他们如此多的烦恼，它们的控制是如此有害，它们经常以压制的方式驾驭他们。

当然，贬低欲望和需要，这是贯穿哲学、神学和心理学史的经久不变的主题。禁欲主义者，大多数欢乐主义者，尤其是所有的神学家，许多政治哲学家，以及大多数经济理论学家，在这方面是完全一致的，他们都断言愉快、幸福和快乐，实质上都是改善需要、欲望、要求的事态的结果。

简而言之，欲望和冲动是这些人都不喜欢的东西，这些东西能危害到他们，因此他们都努力去排除它，至少不招惹它。

这个论点有时也正是对实际情况的准确报告。生理需要、安全需要、爱的需要、尊重需要以及信息需要，对于许多人来说，比如对于心灵闹事者、问题制造者来说，特别是对于那些在满足需要上有不成功体验的人来说，以及对于那些现在没有指望满足这些需要的人来说，实际上经常是令人讨厌的。

但是，不管基于何种理由，这些缺失性需要似乎渲染得太离谱了，假如一个人有偿地体验过这些需要；如果现在和将来有指望满足这些需要的话，那么，他就可以认可并喜爱他的这些需要，并且欢迎它们进入他的意识。比方说一个人平时就喜爱某种食物，而这种食物又在需要的时候恰当地出现，那么，食欲在这时是受人欢迎的。食物上的麻烦，在于它扼杀了我的食欲。解渴、睡眠、性的需要、从属需要以及爱的需要等等，确实都与此类似。然而，对于“需要讨厌论”的一个更强有力的驳斥，在对于成长（自我实现）性动机的觉知和关心中发现了。

由于个人的天资，智力有着程度不一的差异，因此它们无法在自我实现下进行排列，然而，有些特性却是人所共有的，而且，它们一致的地方在于，这些冲动是令人满意和受人欢迎的，是使人高兴和愉快的，人想使它们更多些而不是更少些，而且也在于，假如它们构成了紧张，这些紧张也是令人愉快的紧张。创造者一般都欢迎他们的创造冲动，一般有天资的人都喜爱运用和扩展他们的天才。

在这样的事例中，谈论紧张缓解是完全错误的。紧张缓解的意思是排除令人烦恼的状态，而现在这些状态并不是令人烦恼的。

满足的不同效应

这样的想法中时常缠绕着需要的否定态度，也就意味着有机体的目标是把不如意的需要去除，从而达到紧张中止，达到没有痛苦的平衡、体内平衡、静止和休止状态。

驱力和需要把清除自身作为主要目的，它目的就是使自己不再受需要的缠绕。把这一点推到逻辑极端，我们就与弗洛伊德死的本能纠缠在一起了。

安吉尔、哥尔德斯坦、G. 奥尔波特、C. 比勒、沙赫特以及其他人，都有力地批判了这种本质上是循环论的立场。假如说，组成动机生活的是一些令人烦恼的紧张，而且缓解这些紧张的终产物就是消极地等待更加不受欢迎的烦恼，那么，怎么还会产生变化、发展、运动和倾向性呢？人为什么还要改善、还要更聪明呢？生活的兴趣又意味着什么呢？

C. 比勒指出，稳态论不同于休止论，休止论直率地谈论消除紧张，最好含有零度紧张这样的意思。稳态则不意味着使紧张达到零度，而是要它达到最佳水平。这就意味着，有时要降低紧张，有时则要增加紧张，比如血压可能是太低了，也可能是太高了。

无论哪一个理论，都不存在贯穿其中的主线，自我实现的增强，智慧能力的提高，人格的提升，这些问题在两种理论中都没有得到体现。为了使贯穿一生的发展具有某种意义，必须求助于一些长期的航线或定向倾向。

必须估计到，即便是对于缺失性动机，这些理论也没有作适当的描绘。这里缺少的是没有意识到有一种把所有分离的动机事件联系起来、串在一起的动力规律。不同的基本需要以层次等级的方式彼此联系起来，以致一种需要的满足以及它从活动中心移开的后果，并不导致休止状态或禁欲主义的冷漠状态，而是在意识中浮现出一种“更高级的”需要；需求和欲望在继续展开，然而是在更高一级的水平上继续展开。因而，达到休止的理论，即便是对于缺失性动机来说，也是不适当的。

待我们察看了已确立完毕的成长性动机的人时，那种盼望结束的念头变得毫无意义了，原因在于满足使这样的成长性动机的人滋生了更多的动机；满足提高了而不是降低了兴奋，欲望变得更强也更高了。他们发展他们自己，要求不是越来越少，相反，要求是越来越多，例如对教育的要求就是如此。这种人不仅不走向休止，反而变得更积极了。满足增强了而不是减弱了他们的成长愿望。成长本身是一种成功的表现，如实现了自己的愿望成为一名合格的人民教师，为国家建设培养了人才；如演奏小提琴或成为好木工；扎实地增进对人、对宇宙，或者对自身的了解；在不论哪一个领域中发挥创造性；等等。总之有成为一个真正的人的雄心。

韦特海默对同一区别的另一个侧面已经作了过多的描述，他说追求目标的活动时间很少不超过他的时间的 10%。由于活动自身的缘故，本身可能就固有受欢迎的东西，也可能只是由于它在满足愿望上起了手段的作用才具有了价值。在后一种情况下，当它不再是成功的或有效的时候，活动就丧失了它的价值，不再令人愉快了。而更为常见的情况则是，活动简直完全不令人喜爱，受到喜爱的只是目标。这一点和某种对待人生的态度类似,由于人生最终要进入天堂,所以对人生本身重视较少。以这一观察为基础的结论就是,自我实现的人喜欢生活的各个方面,而不具备自我实现能力的人只是对偶然遇到的胜利、成功以及奖赏而欣喜若狂。

生活的这种内在效力,部分来自成长和成长中所固有的愉快。但是,它也来自健康人把作为手段的活动转变为目的体验的能力。因而,即使是作为手段的活动仿佛也像目的活动似的受到喜爱。从性质上看,成长性动机是长期的,有相当一部分人可能一心一意地梦想做教育家、心理学家等。所有平衡论、稳态论或休止论,只是论述了彼此有关系的一些短期事件。奥尔波特小组特别强调了这一点,他指出:计划性和看到未来是健康人的核心本质或天性。实际上,缺失性动机要求紧张缓解和恢复平衡。另外,成长性动机则为了长远的和通常达不到的目标而保持紧张。也是在此基础上,成长性动机有条件把成人的形成和婴儿的形成以及人的形成和动物的形成区别开来。

满足在诊疗和人格上的作用

缺失性需要的满足和成长性需要的满足,在人格上有不同主观效果和客观效果。假如我可以以概括的方式表示我正在探索的东西的话,那么,缺失性需要的满足避免了疾病,而成长性需要的满足则导致积极的健康。我应当承认,在现时圈定研究意图是困难的。然而,防止威胁和袭击同积极的胜利和成就,保护、防御和保存自己同实现、激励和扩展自己,在诊疗上的差异却是实实在在的。我曾经尝试把这一点表述为:完全的使用过的对比,是防御机制(逃避痛苦)和获取机制(达到成功和战胜困难)的悬殊差别。

不同种类的愉快

弗洛姆在区分高级愉快和低级愉快方面,作出了令人赞赏的贡献。这对于突破主体的道德相对性是关键性的,而且也是科学价值论的前提条件。

他区分出贫乏的愉快和丰富的愉快、要求过分满足的“低级”愉快和生产、创造、发展洞察力的“高级”愉快。随着缺失性需要的过分满足而来的厌腻、松懈和丧失紧张，与一个人在顺利完善地活动时，处在其能力的顶峰时——可以说是在超速活动时，所体验到的机能渴望、入迷、安详相比，至多能够叫作“宽慰”。

宽慰本身依存于某种需要，但它本身也更易于消失，比随着持续不断成长的过程而来的愉快更缺乏持久性、不变性和稳定性的支持。

能达到的(一个事件的)目标状态

缺失性需要的满足倾向于成为间断的和有顶点的。在这里，最通常的图式是从一种能引起有目标的行为的怂恿、激发状态开始，然后渐渐地、平稳地上升到欲望和激动，最后在成功和完成的时候达到顶峰。欲望、激动和愉快的曲线从这个顶峰急剧下降到紧张释放和缺乏动机的平衡期。

虽然说这个图式并不能让所有人满意，但它始终与成长性动机的情况保持了强烈的对比，无极点和完成的成长性动机，没有欢乐的极点，没有终止的状态，而且如果极端地解释成长性动机的话，它甚至也没有目的。成长是持续地，或多或少地，平稳地向上或向前发展。一个人获得的越多，这个人需求的也就越多，因此，这种成长性需求是无止境的，永远不可能达到满足。

正是这个原因导致力争、诱导目标的行为、对象和相伴的效应之间的脱离已全部消失殆尽。行为本身就是目标，而且，区分成长目标和对成长怂恿是不可能的，它们是同一的。

种的广泛目标和特异的目标

缺失性需要的应用范围极广，不仅仅为人类所共同拥有，而且也被其他物体所部分拥有，自我实现的需要是与众不同的，只因为每个人都有自己的特点。缺失性需要，即种的需要，通常应该在真正的个性充分发展之前，得到相当充分的满足。

正如所有的树林都需要阳光、水和养料的环境一样，所有的人也都需要从他们的环境中获得安全、爱和地位。在这两种情况下，这些恰恰都是个体真正发展能够开始的地方，一旦满足了这些初级的、种的需要，每一棵树和每个人就以他自己的独特形式开始发展，为了他自己的目的使用这些必需品。从一种意味深长的意义上说，这时的发展就变得更加依赖内部而不是依赖外部了。

依赖环境和对环境的独立性

因为诸如安全、从属、亲爱以及尊重只能由外人来满足需要，也就是说这些关系对外界有很大的依赖性。在这种依赖状态下的一个人，确实不能说他统治着自己或支配着自己的命运。他必须感激满足需要的供应来源。他必须接受别人想法、规则和狂想的支配，而不能置之不理，否则对他的源泉则有弊而无利。在一定程度上，他必须是“他向的”，而且对于其他人的认可、感情和意志必须是敏感的。这就是说，他必须适应调整，依靠发展灵活性和反应以及改变自己来适合外部的情况。他是因变量；而环境则是固定的自变量。

因为环境对缺失性动机存在着制约性，因此缺失性动机的人比他人对环境更怀着惧怕感。现在我们都清楚，这些令人忧虑的依赖性也孕育出敌对行动。所有这些加起来就意味着自由的丧失，一切或多或少都是以个人的运气好坏而定。

截然不同的是，个体的需要虽已得到满足，但其依赖性和受动性则很缺乏，而自动性和自我定向则要多许多。有成长性动机的人远远不是必须依赖他人的人，实际上他们可能是受他人妨碍。我已经报告他们特别喜欢独立和沉思。

自我实现的人变得自信和自制多了。支配他们的决定因素，现在主要是内部的因素，而不是社会和环境的因素了。这些内部的因素是他们自己内在本性的法则，是他们的潜能和自然倾向，是他们的天资，是他们的潜在资源，是他们的创造冲动，是他们认识自己并使自己变得越来越整合、越来越一致的需要，以及是越来越了解自己的实际、自己的召唤、天职和命运的需要。

由于自我实现的人较少依赖他人，所以，他们对别人较少既爱又恨的矛盾心理，他们既不怎么渴望也不怎么敌视别人，他们不太需要他人的赞扬和慈爱，他们不那么汲汲于荣誉、威信和奖赏。

自主性或者说环境的相对独立性意味着相对独立于不利的外部环境，这些不利的外部环境如意外的坏运气、压抑和剥夺。奥尔波特特别强调，把人看成实质上是反应性的，认为他是由外部刺激推动的，我们可以称之为刺激—反应的人，这种看法对自我实现的人来说是完全站不住脚的。他们的活动源于内部的超过源于反应的。这种对于外部世界及其命令和压力的相对独立性，当然并不意味着不与它交往，或者不尊重它的“要求特性”。相对独立性只不过反映了自我实现者的希望和计划是事情的决策者，但是要明确的是，这其中的主要压力不是来自于环境，它与地理自由是大不相同的。

奥尔波特论述的行为的“机会主义”决定和行为的“依据个人的”决定之间的对比，与我们所说的外部决定和内部决定的对立有密切的对应关系。这使我们回忆起，生物学家无一例外，将环境刺激的自主性和独立性的不断增长视为符合条件的个体性、真正的自由和全部演化过程的独特性。

有私利和无私利的人际关系

实质上，受缺失激发的人与主要受成长激发的人相比，前者要更多地依赖他人。他们是出于私利更需要、更依恋、更期待他人。

这种依赖性歪曲和限制了人际关系。把他人主要看作是满足需要者和供应来源,这是一种抽取行为,因为他不再把人看作完整的、复杂的、独特的个体,而是用实用的眼光看待他们。他们身上与观察者无关的东西,或者看成是威胁他的东西,都被远远地抛开了。这样就与我们同牛、马、羊的关系类似了,也与我们同我们使用的侍者、出租汽车司机、看门人、警察等的关系类似了。

要想完全地、真正地、透彻地、明白地认识一个人,只有对他无所求和无需要时才能做到这一点。独特地、审美地认知完整的人,对于自我实现者(或在自我实现的时候)来说,可能性要大得多。而且,自我实现者的认可、钦佩和热爱他人,也较少由于对自己有过好处的感恩心情,更多的是以他人的内在品质为依据。他之所以受到钦佩是由于客观上有令人钦慕的品质,而不是因为他们奉承和赞扬。

和他人"有私心的"和满足需要的关系的一个特性,就是这些满足需要的人在很大程度上是可以替换的。例如,由于少女本来就需要羡慕,所以,这样就造成了对她表现出羡慕的人的极小差别:这一个表现出羡慕的人大致同另一个表现出羡慕的人一样好。对于提供爱的人和提供安全的人来说,情况也大致如此。

知觉者只有对缺失性需要表现出极度的渴求,那么才有可能无私心地、无所求地把别人视为具有独立性的人,在他自身的限度内认知他,换句话说,把他作为一个人而不是作为一个工具来看待,这是非常困难的。"高限的"人际心理学,即对人际关系发展的最高可能性的认识,不能把自己建立在缺失性动机理论的基础上。

自我中心和自我超越

当我们努力表达成长定向、自我实现的人对自身的复杂态度时,我们就与平时观点对立的论点不期而遇了。用安吉尔的话来说,恰恰是这种自我的力量处在巅峰上的人最容易忘记自我或超越自我，他可能是最以问题为中心的，最忘掉自我的，在其活动中最自动的人。这样的人，专注于察看、行动、欣赏和创造，可能是最完美、最整合、最纯洁的人。

缺失性需要越多的人注意世界的精力花费就越多，而注意自我意识、自我中心和满足定向的能力就反而越少。越受成长性动机激发的人也越能以问题为中心，当他处理客观事物时，也越能把自我意识丢在脑后。

人际心理治疗和人际心理学

患有心理疾患的人大多都有从始至终缺乏基本需要满足的经历，精神病就是缺失性疾病。正因为如此，所以治疗基本要求是提供所缺乏的东西，或者使病人自己有可能做到这一点。由于这些物品来自别人，所以一般地说，治疗必然是人际的。

然而，这个事实已被错误地分泛化，当然，缺乏性需要已经满足主要受成长性动机控制的人，并没有出现一些冲突、困难和焦虑。在这种时候他们也会来寻求帮助，而且能很好地转向人际治疗。然而，忘记下面这一点则是不明智的，即主要受成长性动机支配的人的冲突和问题，经常是他自己通过向内求助于沉思方法，即自我检查的方法加以解决的，而不是从某个他人那里寻求帮助。甚至从原则上说，许多自我实现的课题主要是个人内部的，例如制订计划、发现自我、发展潜能的选择、形成人生观等等。

在人格改善的理论中必须给自我改善和自我检查、沉思和反省保留位置。在成长的后期，个人本质上是独立的，并且只能依靠他自己。施瓦尔茨把自己已经治愈者的改善称为心理促进学。如果说心理治疗是使病人不再生病并消除症状的话，那么，心理促进学就要在新陈代谢停止的地方开始工作，使不再有病的人健康起来。我很有兴趣地注意到了罗杰斯的看法：成功的心理治疗把病人在维洛贝 · 马特里特量表上的平均分数提高了 25% 到 50% ，那么，谁将把他提高到75%,或提高到100%呢?难道我们不希望有做这件事所必需的新原则和新方法吗?

作为手段的学习和人格的变化

这个国家的这些学习理论几乎毫无例外都是以缺失性动机为基础的,动机的目标对象通常都是外在有机体之外,学习也就是学习满足需要的最好方法。由于这个缘故,连同其他因素,我们的学习心理学知识是有限的,只在很小的生活领域中有用,其他“学习理论家”也只对其中很小一部分感兴趣。

但是,类似这样的学习理论在解决自我实现和成长的问题时却徒劳无功,因此对从外部世界满足缺失性动机的方法实在多此一举。联结学习和拓通学习已经更多地让位给知觉学习、增进顿悟和理解、认识自我和人格的稳定成长,即增强协同、整合和内部一致性的学习了。变化不再是一个接一个地掌握习惯和联想,更多地成了整个人的完整变化,即变成一个新的人,而不是在同一个人身上增添某些习惯,像增加一些物质财富那样。

这种性格变化的学习,意味着改变很复杂的、高度整合的、作为整体的有机体,而这又从反面证明有大量的影响将不会再起到作用,原因在于这种影响将会受到由变化导致的坚强的人的抵制。

我的被试向我报告的最重要的学习经验,最为经常的是关于个人生活的经验。例如,不幸、死亡、创伤、转折和突然顿悟等迫使这个人在人生观上发生了变化,从而在他所做的任何事情上也就发生了变化。当然,不幸和顿悟的所谓“工作”贯穿较长的时间,但是,这根本不是联结学习的问题。

只要成长排除了阻碍和压抑,使他回复到自身,能够似乎光芒四射地喷发出行为而不是重复动作,自我能按照他的内在本性表现自己时,自我实现者的行为就成为天然的、创造性的、释放出的,而不是获得的;成为表现自己的,而不是应付他人的了。

缺失激发的和成长激发的知觉

最终将证明人与人之间的所有差异中最重要的差异是缺失得到满足的人与存在之间的紧密的联系。心理学家还未接受哲学家的模糊裁判。这方面的问题虽然还只有大体的轮廓，但却可从事实中找出确凿的根据。通过研究自我实现的个体（这种研究对哲学家来说是古老的，但对我们来说则是新的），各种基本的洞察就一目了然了，因此，这个领域现在成为可以接受的了。

我们如果能认真区分关心需要的知觉、不关心需要的知觉以及无欲求的知觉的话，就可以大大地改变和扩展我们对知觉和察觉的世界的理解。由于后一种知觉是更具体的和较少抽取与选择的，所以这样的人更有可能看到知觉以外的内在本性，他也能同时觉察对立面、二歧式、两极性、矛盾和不相容的东西。发展不良的人好像生活在亚里士多德的世界中，在这里，各种类别和概念都有严格的界限，而且彼此排斥、互不相容。例如，男性与女性，自私与无私，成人与儿童，好与坏，仁慈与残忍，等等。在亚里士多德的逻辑中，A 是 A，而任何其他东西都是非 A，而且二者永远不会聚合。但是，被自我实现者看到的事实却是 A 和非 A 相互渗透，而且是一个事物；任何人既是好的又是坏的，既是男性的又是女性的，既是成人又是儿童。我们很难把整个人置于一个连续统一体中，只能看到一个人被抽取出来的一个方面，整体是不能比较的。

当我们被需要决定的方式知觉时，我们可能没有意识到这一点，然而，当用这种方式观察我们自己时，例如，只把我们看成是提供金钱者，供应食品者，提供安全者，某种可以依赖的人，或者只把我们看作侍者，或别的普通的雇员，或某种达到目的的工具等时，我们肯定能意识到这一点。当这样的事情发生时，我们根本不喜欢。我们要求被看成是我们自己，看成是完全的和整个的个体，我们不希望被看作是有用的对象或工作，我们不喜欢“被利用”。

自我实现的人之所以对别人采取无所欲求的不评价、不判断、不干预、不宣判的态度，是因为他们一般没有必要从别人身上抽取满足他的需要的品质，而且从不把别人当工具看待，从而能够更清楚、更有洞察力地知觉和理解其他人的实际情况。这就是外科医生和治疗者设法争取的那种不纠缠、不卷入的超然知觉。对于这样的知觉，自我实现者用不着争取就能达到。

这一知觉上的差异，特别是在人与物具有复杂结构难以捉摸和模糊时显得最为重要。尤其是这种时候，即察看者必须尊重客体的本性时，知觉必须成为从容的、非强加的、不要求的和能顺从地适应事物本性的，像水缓缓地渗进裂缝中去那样的知觉。它不就当是那种由需要激发的知觉，这样的知觉会以威逼的、凌驾于上的、开采式的、有目的的方式，以屠夫肢解动物的方式来塑造事物。

尽量少加入观察者的主观因素、本性，而尽量由被观察者的内在结构决定，被动多于主动，这是察觉世界内在本性最有效的方法。对于具体事物中一切同时存在的方面，这种超然的、道家的、受动的、不干预的知觉，大量存在于一些美感体验和神秘体验的描述中。在这里强调的重点是一样的。我们是看真实的、具体的世界呢？还是看我们投射到世界上的我们自己的成规、动机、预期和抽象体系呢？或者更直截了当地说，我们是察看呢？还是蒙上自己的眼睛呢？

存在爱能创造合作者，存在爱给他一种自我意识，一种自我认可，一种爱的价值感，所有这些使他能够成长。没有存在爱，人不知还有无可能完善发展。

需要的爱和非需要的爱

平常所研究的爱的需要，例如，鲍尔贝、斯皮茨、利维等所研究的，都是缺失性需要，它是一个必须以爱填充的空洞，一个要注入爱的空洞。如果治愈空洞的必需品——爱不能得到，就会产生严重的病态；如果在适当的时候，以适当的数量和形式得到了爱，那么就能有效地防止病态。病态和健康的中间状态是继受挫或得继充分满足的状态而来的。如果病态不太严重并且能早期发现的话，代替治疗就能够治好它。这就是说，这种疾病、“爱的饥饿”，在某些案例中可以通过补偿病理缺失的方式治好。爱的渴望，像盐和维生素缺乏症一样，是一种缺失性疾病。

并不需要为没有这种缺失的健康人在稳定的、很少的、维持剂量之外额外补充什么，并且有时可以让这少量的爱也消失一段时间。但是，如果动机完全成为满足缺失并因而摆脱需要的问题，矛盾就出现了。需要的满足会导致它的消失，这就是说，处在令人满意的热爱关系中的人，恰恰是较少可能提供爱和接受爱的人！然而，对于爱的需要已得到满足的较健康的人的冷静研究表明，虽然他们不太需要获得爱，但是他们却更能提供爱。在这个意义上说，他们是更亲爱的人。

这个发现从本质上揭露了平常的动机理论（集中在缺失性需要上）的局限性，而且指出了“超动机理论”（成长性动机和自我实现的理论）的必要性。

我已经描述过存在爱和缺失爱相互对照的动力学。在这里,我只想把人的这两个对照组作为例子,阐明上面作出的一些结论。

存在爱能顺利进入意识,并且受到完全的喜爱。由于它是非占有的、最喜欢的而不是需要的,因此,它不会造成烦恼,实际上它总是提供愉快的。

存在爱从来不会被充分满足,它可能是没有尽头的喜爱。它总是无限增大,而不是消失。它是内在的快乐,它是目的而不是手段。

存在爱的体验经常被描绘成和美感体验或神秘体验相同的东西,并被描述成具有同样的作用。

体验存在爱的心理治疗作用和心理促进作用是非常深刻而广泛的。它的作用同健康母亲对婴儿的完全的爱,同一些神秘主义者所描绘的上帝的无私的爱,在性格上的作用是类似的。

超越了怀疑阴影的存在爱是比缺失爱(一切存在爱者对此以前也都体验过)更丰富、更高尚、更有价值的主观体验。这种优势也被我的年龄较大的研究对象报告过,他们之中的许多人以不同的结合同时体验着两种爱。

缺失爱能够满足。“满足”的概念则不适用于另一个可羡慕的、可爱的价值的羡慕爱。

存在爱中只有极少的焦虑、敌视,从对于人的实际效果来说,甚至可以认为它们是不存在的。当然,在这里可能是在为别人而焦虑,而在缺失爱中,则总是有一定程度的焦虑和敌视。

存在爱者彼此之间,是比较独立的、更多自主的、较少嫉妒和威胁的、较少需要的,是更独特的、更无私心的,但同时又是更热心于帮助别人自我实现的,更为别人的成就而感到高兴的,是更利他的、更慷慨的、更培育人的。

存在爱能够最真实、最深入地知觉别人,正如其中的情绪意动反应一样多。这一点是给人以深刻印象的,并且经常为其他人的晚期体验所证实，就是说，他们完全不同意“爱使人变成瞎子”这种粗俗的陈词滥调。我自己也认为不爱才使我们变成瞎子。

存在爱能创造合作者，存在爱给他一种自我意识，一种自我认可，一种爱的价值感，所有这些使他能够成长。没有存在爱，人不知还有无可能完善发展。

把本能等同于不可抗拒的力量，这种误解也许是推动文化论者攻击本能论的主要力量来源。任何一个人种学家的经验都同这种看法相抵触，所以攻击是可以理解的。

对生命本能理论的重新考察

重新考察本能理论的理由

我们通过基本需要理论的概述，有必要对本能理论进行重新审议，这不仅要求区分更基本和不太基本、更健康和不太健康、更自然和不太自然的需要，而且，还因为我们不应无限期地推迟对某些有关问题的重新考察，这样那样的一些基本需要的理论问题已经无法再回避下去了。例如，隐含的对文化相对论的排除的问题，隐含的关于体质给定价值的问题，以及条件反射作用范围的必然缩小等问题。

总之，有相当数量的其他理论的、临床的和实验的研究，它们都一致指出，本能理论需要重新审议，或者以某种形式恢复它。这些都使我们不得不怀疑当前心理学家、社会学家、人类学家对于人的可塑性、灵活性、适应性以及他们学习能力的过分强调。人似乎有远比现代心理学所估计的更强的自主和自我调节的能力。

例如，坎农的体内平衡概念，弗洛伊德的死亡本能理论；爱好，或自由选择，或自助餐厅的实验；利维的本能满足实验，以及他评论母亲过分溺爱孩子的著作。

各种心理分析研究发现，对孩子大小便训练的过分要求和急于给孩子断奶，对孩子的健康发展有负面影响。

大量的观察资料使主张循序渐进的教育家、幼儿园工作人员以及应用儿童心理学家，在接触儿童过程中倾向于实行一种更宽容的制度。

罗杰斯非指示疗法所依据的概念体系。

由动力论者、突生进化论者、现代实验胚胎学者以及像哥尔德斯坦这样的整体论者，提供的大量神经病学和生物学的资料，涉及机体在遭受损坏后自发的再调整。

所有已有的和正在进行的探讨，都极力坚持我们的机体有更强的自我保护、自我指导和自我控制能力，从而也比一般认可的更值得信赖。

此外，我们还可补充一点，各种正在的发展已表明，有必要从理论上假定机体内有某种积极生成或自我实现的倾向。这种倾向不同于机体内自我保存、自我平衡或体内平衡等，也不同于适应外界刺激的倾向。这种生长或自我实现的倾向，曾经由亚里士多德、伯格森和其他许多哲学家以多种模糊形式假定过。在精神病学家、心理分析家，以及心理学家中，哥尔德斯坦、兰克、荣格、霍尼、弗洛姆、梅、罗杰斯，也都感到有必要提出这种假设。

但是，心理治疗家的经验，特别是心理分析也许是对主张重新考察本能理论最重要的影响。在这一领域，尽管看起来各种事实有些模糊不清，但事实的必然联系是准确无误的。治疗者不得不把更基本的愿望同不太基本的愿望（或需要，或冲动）区别开来。原因很简单：某些需要遭受挫折会产生病态，而另一些却不会。某些需要的满足会产生健康，另一些却不会。这些更为基本的需要出乎意料地“顽固”，难以对付，它们反对所有的奉承、取代、贿赂和削弱，没有任何通融的余地，它们只要求适当的内部满足，人们总是有意无意地寻求满足这种需要。这些需要表现出恰如顽固的、不可削弱的、不能再分析的终极的事实，只能作为既定的事实或不容辩驳的基点。几乎精神病学、心理分析、临床心理学、社会工作或儿童治疗等各个学派，无论它们相互间有怎样的分歧，都假定了某种有关本能或似本能需要的学说，这一印象是极其深刻的。

这是种族的特性、素质、遗传，而不是肤浅的易于控制的习惯，这些经验告诉我们必须考虑。如果必须在这两难抉择中作出任何一种选择，治疗者总是宁肯选择本能来作为基石，而不是选择条件反射或习惯。这当然是不恰当的，因为我们将看到，有另外一些更恰当的可供选择的对象，从中我们可以作出更令人满意的选择。这就是说并非二者必居其一。

根据一般的动力论要求来看，本能理论，特别是麦克杜格尔和弗洛伊德提出的本能理论，具有某些当时并未被充分理解的优点。它们未被充分理解，这大概也是由于它们明显有很多错误。

本能论承认以下事实：人是自我促动的，人自己的本性和他所处的环境都有助于决定他的行为；人自己的本性给他提供先决的目的、目标或价值体系；在良好的条件下，为了避免疾病，他所意欲的常常就是他所需要的（对他是有益的东西）；全人类形成一个独一无二的生物族类；除非一个人理解其行为的动机和目标，否则行为就是盲目的。总的来说，机体依赖自身的资源，它经常显现出一种生物性的功能或智能，这一点必须说清楚。

本能理论的失误

我们的看法是：本能理论家的许多错误，虽然是顽固的，需要反驳的，但绝不是本质的或必然的；而且，不少错误连本能论者的批评者也同时具有。

语义上和逻辑上的错误最为明显。由于本能论者特意创造一些本能去解释他们不能理解或不能确定其本源的行为，他们的确做得很不恰当。不过我们自然加强警惕，也无须认为这些本能都是务实的，不必将名称与事实相混淆，也不必进行无效的三段推论，而且，我们对语义学已有极多的了解了。

粗陋的种族中心论、阶级中心论及庸俗化的社会达尔文主义都曾导致早期本能论者的失败。但我们现在显然能够避免这些，因为我们已有更多的人种学、社会学和遗传学的知识。

我们也必须清楚地认识到，本能论者当时从种族学的天真的行为中转得过于极端，过于彻底，以致这一行动本身造成了一个错误，即文化相对论。这一学说在过去很多年中曾有很大影响，并且得到广泛的认可，但现在却受到广泛的批评。的确，像本能论者以前做过的那样，寻求跨文化的种族的特性，是值得重新予以重视的。于是，我们必须既避免种族中心主义，又避免极端的文化相对论。例如，工具性行为（手段）与地方文化决定因素的关系比基本需要（目的）更密切，这一点是十分清楚的。

20 世纪 20 年代及 30 年代的大多数反本能论者，例如伯纳德、华生、郭任远等，批评本能论的根据是，本能不能根据特定的刺激反应概念来描述。简而言之，就是指责本能不符合简单的行为主义理论。这是真的，本能的确如此。然而，动力心理学家现在并不着重去指责这些。他们一致认为，仅仅用刺激反应概念是不能解释任何重要的人类完整品质或完整活动的。

这样一种企图只能引起混淆。把反射与标准的低等动物本能混淆起来就是一个典型的例子。前者是纯粹运动神经的动作；后者除此以外还有更多的特点，例如，先天性的冲动，表达性行为，应对性行为，对目的物的追求，以及情感色彩。

甚至仅仅从逻辑上来看，我们也没有理由一定得在完全的本能（各部分都充分发展的本能）与非本能之间进行取舍。为什么不能有残存的本能，不能有似本能的某种尚属行为的东西，不能有程度的不同，不能有不完全的本能呢？

有不少不负责任的作者不加区别地使用本能这个词代表需要、目的、能力、行为、知觉、表现、价值以及感情的伴随物，有时取其中单独一项的含义，有时代表几项的结合，其结果就形成了不精确用法的大杂烩，正如马莫尔和伯纳德指出的那样，几乎每一种已知的人类反应，都被某个作者描述为本能。

我们或许可以这样认为：人的欲望或基本需要是先天给定的，至少在某种可以察觉的程度上是这样。那些与此有关的行为或能力、认识或感情则不一定是先天的，而可能是（按我们的观点）经过学习或引导而获得的，或者是表现性的。当然，人的许多能力或智能完全为遗传所决定或由遗传提供可能，例如，色觉、发音能力等等，但它们与我们这里讨论的问题无关。这就是说，基本需要的遗传成分可以看成是简单的意动性缺乏，与任何固有的达到目的的行为无关，就像弗洛伊德的本我冲动的盲目、无定向的需求一样。我们将在下面看到，满足这些基本需要的因素，似乎也可以由某种方式确定为内在固有的。追求目的的行为（竞争行为）是必须依靠学习才能达到的。

考虑问题时仅用非此即彼的二歧法而不是按程度的差距是本能论者和他们的反对派的严重失误。一整套复杂的反应，怎么能够说要么完全是由遗传决定的，要么完全不是由遗传决定的呢？任何一个结构，无论怎样简单，不可能是只具有基因的决定因素，更不用说任何完整的反映了。即使是孟德尔的甜豌豆也需要空气、水以及养料。谈到这一点，可以说基因本身也需要一个环境，即邻近的基因。

在另一极端，同样明显的是，没有什么东西能够完全脱离遗传的影响，因为人也是一个生物族类。这一由遗传决定的事实，是任何人行为、能力、认识等的前提，也正因为他是人类的一员，他才能做人类所能做的各种事情。而这一人类成员的身份是一个基因问题。

在这一拙劣的两分法造成的混乱后果中出现了这样一种倾向：只要有任何学习的迹象显露时，就断言这是非本能的，或者相反，假如有了点遗传影响的证据，就判定这是本能的。既然对于大多数甚至全部冲动、能力或情感来说，证实这两种看法都是容易的,这样的争论必然永远存在下去。

本能论者和反本能论者都是极端主义者。当然,我们完全可以避免这样的错误。

动物的本能是本能论者常用的范例,各种错误也是因此而产生的。例如,不去寻找人类独有的本能。然而,从低等动物研究中得出的最有害的经验酿成了这样一个原理:本能是强大的、牢固的,是不可更改、不可控制、不可压抑的。但是,这对鲑、蛙、北极的旅鼠来说,也许是真实的,对人类却并不适用。

我们在凭观察寻找本能时,可以看出基本需要中的遗传基础,不过当它明显真正地独立于环境并强过全部的环境力量时,才认为它是本能,那么,我们就很可能犯大错误。为什么就不会有虽然似本能但仍然较容易受压抑或控制的需要呢?为什么就不会有容易被习惯、暗示、文化压力、内疚等掩饰、更改,甚至抑制的需要呢?换句话说,为什么就不会有弱本能呢?

把本能等同于不可抗拒的力量,这种误解也许是推动文化论者攻击本能论的主要力量来源。任何一个人种学家的经验都同这种看法相抵触,所以攻击是可以理解的。但是,假如我们对文化和生物两种因素都有恰当的尊重,并且,假如我们进一步考虑文化是比似本能的需要更强的力量,那么,下述的主张就不是谬论而是顺理成章的了:如果我们要使柔弱、微薄的似本能的需要不被更强、更有力的文化所吞没的话,就应该保护它们,而不是相反,它们很可能被吞没。尽管这些似本能的需要在另一种意义上说是强大的,亦即它们顽强地坚持要求获得满足,一旦受挫,就会产生严重的病态后果。

对这一论点很有帮助的是一个与一般见解对立的反论。我认为,揭露、顿悟和深度治疗——这种治疗实际上包括除催眠治疗和行为治疗之外的所有治疗——从某种意义来说是要揭露、恢复和加强我们那些被削弱了的和失去了的似本能倾向和本能残余、我们那些动物性的自身、我们的主观生物学。这一终极目的在所谓的个人成长实习班里表露得最明显。所有这些——治疗和实习班——都需要人们付出积极的、痛苦的、长时间的努力,这种努力需要人一生的斗争、耐心和坚忍不拔的精神,即使这样,最终还有可能遭到失败。但是,到底有多少只猫、狗或鸟需要帮助才能知道怎样去做一只猫、一条狗或一只鸟呢?它们由于冲动而发出的声音十分响亮、清晰和明确,而我们的声音却是微弱的、混淆不清和容易被忽略的,因此我们需要帮助才能听到那些声音。

所以,在自我实现者身上可清楚看到动物的自然性。而在神经病人或"一般病人"那里则表现得非常模糊。我甚至可以说,疾病经常意味着一个人的动物本性的丧失。这样,就出现了下面这一似乎矛盾的情况:在那些精神层次最高的、最有智慧的圣人身上,在那些最有理性的人身上,我们可以见到最明显的自然性或动物性。

另一个更严重的错误也是由注意动物的本能而引起的。某些令人费解的原因也许只有清醒的历史学家才能够解释,不过,西方文明普遍认为,我们身上的动物性是一种恶的动物性,我们大多数的原始冲动是邪恶的、贪婪的、自私的、敌意的。神学家把它叫作原罪或魔鬼;弗洛伊德主义者把它叫作本我;哲学家、经济学家以及教育家,也用各式各样的名称来称呼它。达尔文由于偏爱这种观点,以致他只看到了动物界的竞争,完全忽视了同样普遍存在的协作,没有注意到克鲁泡特金曾轻而易举地观察到了这一点。

有时也可以这样表达这种世界观,把我们的动物性看成与狼、老虎、猪、秃鹫或蛇的本性一样,而不是用稍好些或至少温顺些的动物,如鹿、象、狗或猩猩来比较。这种表达方式是将我们的内在本性解释为恶的动物性,但应指出,如果必须从动物类推到人的话,我们最好选择那些与我们最接近的动物,例如类人猿。总的说来,既然这些动物是令人愉快的、可爱的,同我们分享许多善良的特性,那么比较心理学也不会支持恶动物性这种说法。

当论及遗传特性不会变化、不可更改的假论时，我们还要注意另一种可能：纵然一种特性最初就被基因遗传所决定，但它仍然可能改变。如果我们在发现过程中运气不错，这种特性也许很容易改变和控制。如果我们假定癌有一个稳定的遗传基因，也没有必要阻止任何人寻求一种方法来控制它。假如仅根据演绎的理由，我们也得承认有可能证实智商既具有显著的遗传因素，同时又可以由教育或心理治疗加以改进。

我们与本能者的区别是，我们相信本能有更大的变异性。认识和理解的需要似乎只对聪明的个体而言才有明显的力量。对于低能者来说，它们似乎并不存在，至少发展不完全。利维已经证明，母性冲动在妇女中的差异是极大的，以致从某些妇女那里很难看到这种冲动。音乐、数学、艺术等方面的特殊天才，很可能具有基因的决定因素，而大多数人却没有这种基因的决定因素。

动物的本能永远存在，而动物本能的冲动则会永久性丧失。比方说，在变态人格身上，爱和被爱的需要已经丧失了，而且如我们目前所知，这是一种永久性的丧失，也就是说，这种变态人格是已知的任何精神治疗术医治不好的。我们还有更早的关于奥地利村庄失业（以及苏格兰失业研究）的例子，这些例子表明，长久的失业会严重地损伤心理，以致摧残一些需要。对有些人来讲，这些需要甚至在环境已经变好时仍不能恢复。从纳粹集中营里也获得了类似的材料。或许巴特森和米德关于巴厘人的观察是最具说服力的。成年的巴厘人不是我们西方意义上那种喜爱的人，他们也不必如此。在巴厘岛拍摄的电影表明，婴儿和儿童有对缺乏爱的抱怨和不满，我们由此只能推断出：这种爱的冲动的丧失是一种后天的丧失。

在种系的阶梯上，我们已发现本能和对新事物灵活适应和认知适应的能力往往是互相排斥的。我们对其中一个发现的越多,对另一个可能期待的就越少。这样一来,就产生了一个严重的甚至是悲剧性的错误(考虑到历史后果),这种错误把人类的本能性冲动与理解力截然分开。对于人类来说,本能性冲动和理解力可能都是似本能的;更重要的是,它们的结果或者隐含的目标可能是同一的、合作的,而不是排斥性的。绝大多数人都没有意识到这一点。

我们得到一个论点:认识或理解的冲动也许与归属感和友爱的需要一样,是意动的。

被错误认知的本能和理性在一般的本能理性两分法中是相互对抗的。如按照现代知识来正确地划分,它们就不会被看成是相互对立或对抗的。健康的理性与健康的似本能的冲动的重新定义,在健康人那里并不互相排斥,而是指向同一个方向;不过对不健康的人而言,它们可能是互相对立的。当前已获得的所有科学资料指出,保护、宽待、爱、尊重儿童,在精神病学上是合乎需要的。这也正是儿童(本能地)所希望的。正是在这种非常明确的、在科学上可检验的意义上,我们认定似本能的需要和理性是合作的而非敌对的,它们表面的对抗只注意病人表面的印象。假如这一论点成立,我们因此就将解决一个古老的难题:本能与理性,应该认谁为主?其实这就像另一个问题一样陈腐:在一个良好的婚姻关系中,应该是丈夫为主人还是妻子为主人?

许多具有最保守,甚至反民主性质的社会、经济和政治上的推论,都产生于本能理论得到理解的全盛时期。正如巴斯托尔在他对麦克杜格尔、桑戴克、荣格、弗洛伊德的分析中特别作出的总结性的推论那样。由于错误地将遗传与命运等同起来,把它们都看成是无情的、不可抗拒的、不可雕塑的,这就导致了这些推论的产生。

我们很容易就会发现这个结论的错误之处。柔弱的似本能需要一个慈善的文化孕育它们,使它们出现,并得到表现和满足。它们很容易被恶劣的文化环境所摧残。比如在我们的社会,必须有相当大的改进,柔弱的遗传性需要才能指望得到满足。

巴斯托尔把遗传与命运等同起来的各种关系,不管怎么说都表明是不固定的。研究表明,我们有必要使用两个而不是一个连续统一体来说明问题。甚至在科学的问题上,开放—保守连续统一体也已让位给社会主义—资本主义和民主—专制两个连续统一体。现在也许还有环境论—专制—社会主义,或者环境论—民主—社会主义,或者环境论—民主—资本主义。

总之,认为本能和社会、个人利益和社会利益之间存在着固有的对抗,是一个危险的未经证明的论断基础。它的主要借口是,病态的社会和个人非常倾向于这些对抗。但正如本尼迪克特所证明的那样,事情并非只能如此。在良好的社会中,至少在她所描述的那种社会中,这不可能是真实的。健康社会状况下的个人利益与社会利益是合作的而不是对抗的。对于对个人利益与社会利益的错误看法以及不正确的研究方法来说,只有在恶的个人环境和社会环境下它们才会存在。

本能理论的缺陷还在于,它忽略了冲动是在一个强度大小不同的层级序列里,而且能动地互相联系。如果孤立地对待每一个冲动,纷繁复杂的问题一定得不到解决,许多似是而非的问题就会产生。例如,动机生命在本质上的一元性或整体性被抹杀,形成了罗列动机的无法解决的问题。此外,价值或者选择原则也被忽略了,而它们恰是使我们决定一个需要比另一个需要更高级、更重要或者更基本的重要尺度。(与整体化相对的)动机生命元素化的最为重要的一个后果就是给本能敞开了通向涅槃、死亡、静寂、体内平衡、自满、稳定的大门,原因在于,孤立地看待需要所能做的唯一的事情,就是迫切要求满足,这就是说,要求它自身的湮灭。

在这里,一个明显的事实几乎被忽视了:任何一个需要的满足,随着它的逐渐满足,其他曾被挤到一旁的较弱需要就占据了需要层次论的突出位置,极力争取各自的要求。需求永不停息,一个需要的满足将导致另一个需要的产生。

在将本能解释为恶的动物本能的同时,人们认为,在精神错乱者、神经病患者、罪犯、低能者或孤注一掷者身上,这些恶的动物本能会表现得更为强烈。这种情况很自然就会产生这样的学说:良心、理性以及道德观,不过是一种后天的面具,与被掩盖的内容在性质上截然不同。前者于后者,恰如手铐与罪犯。这个误解使文明及其所有机构,包括学校、教堂、法庭、立法机关等都被说成是抑制恶的动物性的力量。

悲剧往往是由这个严重的错误酿成的。也许,从历史的重要性来看,可以将它与这样一些错误相比:崇信王权神圣,迷信某一宗教的唯一合法性,否认进化论,或者相信地球是平面的。任何一种使人们不信任自己和他人的想法,任何不现实地对人类各种可能性抱悲观态度的想法,都必须对每一场战争、每一次种族对抗、每一次宗教冲突负部分责任。

奇怪的是,本能论者以及反本能论者仍然坚持这种错误的人性论。那些希望人类有更光明的前景的乐观主义者、人道主义者、神论者、自由主义者、激进主义者和环境论者,大体上都带着畏惧反对本能理论,因为本能理论已被歪曲了,它似乎把人类宣判为非理性的,诅咒人类永远摆脱不了战争,摆脱不了充满分裂和对抗的弱肉强食的世界。

本能论者在人性问题上也作出了类似错误的解释,而且拒绝与不可回避的命运抗争,他们大多是在无所谓中放弃乐观主义的。当然,有些人对抛弃乐观主义是非常渴望的。

比如我们以那些迷恋于酒精麻醉的人为例,他们或许是嗜酒如命,或许是被迫应酬,但最后会得到相同的后果。难怪人们发现在许多问题上弗洛伊德与希特勒有很多相似甚至相同之处。难怪一种恶的动物本能论能迫使像桑戴克和麦克杜格尔这样的非凡人物转向汉密尔顿主义和反民主的阵营。

认清似本能的需要并不是恶的,而是中性的,甚至是有益处的,许多含混模糊的问题会因此而豁然开朗。

举例来说，对孩子的培养将会引发一场教育革命，在培养他们时甚至用不着说一句训斥的话。当我们意识到合理的动物需要时，会促使我们去满足这些需要，使我们更加宽容。

在传统的文化里，一个丧失了部分天真但尚未被彻底同化的儿童，即那些健康的动物性需要尚未被完全剥夺的儿童，总是以他自己创造的每一种方式不断地要求赞许，要求安全、自主、爱等等。复杂的成年人对此的一般反应是："喔，他不过是在卖弄、炫耀。"或者说："他只是想引起我们的注意。"于是，成年人就把孩子狠狠地批评一顿，也就是说，这种动物性需要通常被理解为一道禁令，不要满足孩子的追求，不要评论，不要赞许，不要喝彩。

然而，如果我们能慢慢地将这些对承诺、爱以及赞许的恳求视为合理的要求，就像孩子对待饥、渴、寒冷或疼痛的需要满足一样，我们就会自然而然地成为需要的满足者而不是需要的扼杀者。这样做的结果就是孩子和父母都得到了美妙的乐趣，在一起时更愉快，因而也就必然增进相互的爱和理解。

这种文化类型可以理解为无限度的、毫无区别的宽容，即通过培养使孩子获得适应外界文化环境的能力和习惯外表，将是必要的。在基本需要获得满足的情况下，这种人为制造的收获不应引起什么特别的麻烦。另外，吸毒的需要，习惯的需要，熟悉的需要，或其他任何非似本能的需要，是不能包容放纵的。最后，我们再次绕过有关挫折、灾难、不幸等有益的效果问题。

基本需要的重要地位，已经由对自我实现者进行的临床以及理论的研究证明得很清楚了。健康的生活取决于这些需要的满足而不是其他，并且，很容易看出，对于似本能假设所要求的满足，自我实现者是在接受冲动而不是控制冲动。

生命存在本能的基本需要

通过前面的思索促使我们提出这样的设想：从某种可以察觉的程度上说，基本需要有时会被发现是由体质或遗传决定的。目前（20 世纪五六十年代）不可能直接证明这个假设，因为遗传或神经学的技术尚未达到所需水平。其他分析形式，例如行为、家庭、社会、人种则大都被用来反驳而不是证实这个遗传假设，只有很明确的情况才是例外，而我们的假设又绝非是很明确的。

我们尽可能搜集并提出一些可以利用的资料和理论上的研究来支持似本能的假设。

旧理论的失败源于新假设的提出。本能论被环境论和行为论联合起来推翻了，这两种理论几乎完全依仗联合学习来作为基本的、几乎是全能的解释工具。

概括来讲，而且是可以肯定的，这种研究心理学的方法不能解决动力学问题，例如动机问题，动机的满足与挫折，以及由此引起的后果，如健康状况、心理病态、心理治疗等。

所以，为了证实某个结论而进行一次详细的辩论是没有必要的。只要注意以下这点就够了：临床心理学家、精神病医生、心理分析家、社会工作者以及所有其他临床工作者，几乎从不采用行为主义理论；他们固执地以一种特别的方法在并不充分的理论基础上营造一个庞大的实用结构；他们往往注重实践而不是注意理论。值得注意的是，就临床工作者所使用的理论而言，它总是一种粗糙的、非系统的动力论，其中本能总是扮演剧中的主角。这也是弗洛伊德的理论。

一般说来，在确定似本能的心理冲动方面，非临床心理学家意见一致。他们认为只有诸如饥、渴等心理冲动才算是似本能的。根据此点，他们又借助于条件作用，从而假定所有高级需要都是可以通过后天学习获得的。

那就是说，因为父母供给我们吃的和满足我们其他方面需要，所以我们要爱他们。根据这个理论，爱是满足或交易的副产品，或者正如那些广告所说的，是顾客的需要。

能成功地证明这种理论对于爱、安全、归属、尊重、理解等需要的解释是事实的实验还没有一个，它不过是没有进一步论证的假设。实际上，人们从未对这些理论作过严格的考察，这或许也正好能解释它为何能得以生存。

条件作用的论据当然不能证明这个假设，相反，这类需要表现得更像其最初赖以为基础的无条件的反应，而不像次级条件反应。

实际上，这种漏洞百出的理论，就连具有一般观察力的人也能够看穿。母亲为何如此热切地满足一切要求？她自己又能得到什么报酬呢？怀孕的损害和分娩的痛苦有何益处？如果这种关系本质上就是一种交易，那么母亲又为何要做赔本的买卖？再者，为什么临床工作者一致坚持说，婴儿不仅需要食物、温暖、良好的护理以及其他诸如此类的满足，而且也需要爱，这似乎说爱是这类满足以外的某种东西，难道爱是多余的东西吗？难道仅能满足孩子的要求吗？对孩子没有爱的母亲会比穷困但却慈祥的母亲能更多地为孩子所爱吗？

还有另外一些问题也需要澄清。到底什么是满足（包括生理上的满足）？我们不得不假定它是一种生理快感，因为该理论试图证明一切其他快感都来源于生理快感。但是得到温柔的拥抱、精心的呵护、不被突然摔在地上、不受惊吓等等，这些安全的满足难道是生理满足吗？为什么当对幼儿喃喃自语、温柔微笑，或把他抱在怀里，或对儿童表示关注、亲吻，以及拥抱他们时，他们会显得很快活呢？给予孩子、满足孩子、喂养孩子、为孩子牺牲，从何种意义上讲是有益于给予者吗？

越来越多的证据表明，满足的方式与满足本身具有同等价值，这对满足的概念有什么意义呢？喂养的定时与可靠满足了饥饿的需要吗？或者是一些其他因素？允诺所满足的又是指哪一种需要呢？尊重孩子的需要又是哪一种需要呢？当孩子需要时，对他断奶或进行大小便训练又是哪种需要呢？为什么收容所里的孩子无论受到多好的照顾，即生活上得到很好的满足，他们仍常常出现病态的发展呢？假如爱的饥饿最终是对食物的要求，为什么它不能被食物的满足所平息呢？

在这一点上，墨菲的疏通作用的概念是非常有用的。他指出任意的联系可以在无条件刺激和其他各种刺激之间发生，因为后一种任意的刺激只是一种信号，而不是满足物本身。当一个人要满足生理需要时（如饥饿），信号不能给予满足，而只有满足本身才具有实际意义（只有食物才能减轻饥饿）。在一个相当稳定的环境中，信号将产生像餐铃一样的作用。但更为重要的学习是疏通作用，而不仅仅是联系作用。也就是说，应了解哪些东西是适当的满足物，哪些不是，在这些满足物中，又由于某种原因哪些是最令人满意的或最值得选择的？

我所观察到的与论点有关的是：爱的需要、尊重的需要、理解的需要，以及其他诸如此类需要的健康满足，是由于疏通作用，亦即内在的适当的满足，而不是任意的联系。凡是任意联系出现的地方，我们就认为是神经病态，是病态的需要，例如恋物。

在这方面，哈洛和同事们在威斯康星的灵长目动物实验所进行了非常重要的实验。在一个著名的实验中，让一群猴婴离开它们的母亲，代之以一个用金属做成的但可以喂奶的母猴和另一个不能喂奶但裹了一层毛圈织物的母猴。猴婴宁肯选择可以拥抱和依恋的后者作为母亲的代理者，而不是前一个即使可以得到食物的“金属母亲”。这些没有母亲的猴婴虽然喂养得很好，但在各方面成长极不正常，包括完全失去了它们自己的母性的“本能”。很明显，即使对于猴子，仅有食物和保护也是远远不够的。

不能奢望常规的生物学标准给我们提供帮助，不仅因为我们缺乏材料，也因为我们现在也在不由自主地怀疑这些标准本身。

由此我们得出结论，不重视人种与其他物种的本质区别，却过分强调人与动物相关联的部分，是早期本能论者的严重错误。我们至今还可以在他们的著作里看到这种自信的倾向：在一般动物的意义上来解释和罗列本能，以便使每一种本能都适应于任何一种动物。由于这个原因，任何只在人身上有的而在动物身上没有的冲动都被认为是非本能的。当然，任何在人和其他动物身上发现的冲动或需要都因此被证实为本能的，无须进一步论证。但是，这并不能否定这样一种可能性：一些似本能的需要只有人才有，或者由人与动物界中的黑猩猩所共有，如爱的冲动。信鸽、鲑、猫等等，都有自己特殊的不同于其他物种的本能，为什么人种不能有自己特殊的本能呢？

以改进了的学习、思考以及交际能力为基础的适应性，可以取代人类进入种系高级需要阶段时的逐渐消退的本能，这是流行理论的推论。假如我们用低级动物标准来解释本能，把它说成是由先天决定的冲动、感知的冲动、工具行为和技能，以及目标对象（甚至还有表达感情时的伴随物，如果我们能细心观察的话）构成的混合物，那么，这种理论似乎是真实的。根据这种解释，在白鼠中，我们发现了性本能、母性本能、喂养本能以及其他本能。在猴子那里，母性本能仍然存在，喂养本能已经改变并可继续更改，性本能则已消失，只剩下似本能的欲望。猴子要选择性配偶，有效地完成性行为必须通过学习。人类没有留下这些(或其他)本能中的任何一种。性和喂养欲望保留下来,甚至大概还有母性欲望,尽管很微弱。但是工具行为、技能、选择性知觉、目标对象等必须通过学习才能获得(主要是在疏通意义上的学习)。人类没有本能,只有本能痕迹。

随着这种进化的发展,当我们的研究种系升级时,我们可能会逐渐发现新的(更高级的)欲望,发现另一种本能,它在本质上是似本能的,即在强弱程度上由机体结构和作用所决定。虽然我们大胆提出了我们的假设,但实际上,对低于人类的动物身上的高级欲望我们还只能是猜测。这给未来留下了一个难题,即确定在什么程度和意义上,老鼠、狗、猫以及猴子显示出对安全、归属、爱、尊重、自主、自信、好奇、理解或美的欲望。再次提请大家注意,我们这儿论述的是似本能的冲动或欲望,而不是先定的工具行为、能力或满足方式,即不是本能的。

有一组实验表明,这是一个可验证的假设。我与克劳福德、耶基斯已证明,幼小的黑猩猩是一种利他的、非控制欲的、友好的、有抚爱能力的动物。这也是所有同他们一起工作的人的印象。沃尔夫在罗猴、猕猴身上重复了克劳福德的这一实验,发现它们不是这样。因此,我们目前只能说,在动物界的所有物种之中,只有人与黑猩猩才有利他、友好、爱等这类行为(也许根据普通的观察,狗应该包括在内)。其他的需要,即在人那里比在其他动物那里更强烈的需要,是对信息、对理解、对美的需要,或者是对于对称、秩序、完美的需要等。当然,所有人都必须承认,这些欲望在人身上是向高峰发展,而不是趋向废退。人是所有动物中最富有科学、哲学、神学以及艺术精神的。而且,完全可以肯定,至少对某些人来说,这些都是像安全、爱等一样的需要。不过,它们是本能的原基,而不是本能的残余。

不过遗憾的是,关于这些需要,虽然它们显然是很重要的,但实际上我们没有实验的或临床上的资料。

可以根据演绎理由假定：这些欲望的外在的、后天的决定因素虽然是确切存在的，但也同样无疑是很脆弱的。大多数理论家认为或假定，爱的需要是以生理需要的满足为基础，并通过条件作用形成的。例如，我们学着去爱，是因为我们爱的人过去是食物、温暖、保障的给予者。这样，这种派生需要论就必须坚持这样的主张：知识、理解和美的需要是以生理需要的满足为基础，并通过条件作用形成的，即它们过去和现在都是代替食物的信号，可是通常的经验几乎根本不支持这种论点。不难看出，它比类似的爱的后天获得论更站不住脚。

本能的文化标准（我们现在说到的这种反应是独立于文化的吗？）是一种决定性的标准，但不幸的是，我们还没有明确的资料。我个人的看法是，就其本身而言，它们支持我们考虑的理论，或者与我们的思路一样。然而，必须承认，换一个人审阅同样的材料，可以得出完全相反的结论。

由于我的现场经验仅限于与一群印第安人有过短期接触，而且由于问题取决于人类学家未来的发现而不是心理学家的发现，在这里我们将不再对这一问题作进一步考察。

基本需要本质上是似本能的原因我们早已谈过了，并且上文还提到了其中一个重要的原因。这些需要受挫会导致精神疾病，这是所有临床工作者都同意的。然而，对于神经质的需要，对于习惯、吸毒、对熟悉事物的偏爱以及对于工具性需要来说，这不是事实，只是在某种特殊的意义上，这对完成行动的需要和表达能力的需要来说才是事实。至少，对于这些形形色色的需要能够根据实用或实效来区别，并且应该基于理论和实践的原因来加以区别。

假如价值观造就会创造的人，并使人接受它们，那么，为什么某些价值观念在受到挫折时会导致精神疾病？我们学会一日三餐，学会道谢，学会使用叉匙、桌椅，我们穿着衣服、鞋子，夜晚睡在床上，说英语，我们吃牛肉、羊肉，而不吃狗肉、猫肉，我们保持清洁，为等级竞争，对金钱挖空心思、绞尽脑汁，然而，这一切强大的习惯在受到挫折时可以没有痛苦，甚至还有积极的结果。在某些情况下，例如在泛舟或野营时，我们通过轻舒一口气抛开这一切，承认它们的非本质性质，但对于爱、安全或尊重，却绝对做不到这一点。

很显然，在特殊心理学和生物学中，基本需要占有重要地位。它们有与众不同的地方。基本需要必须得到满足，否则我们就要得病，谁要是否认这一点，就得拿出证据说明它们不属于似本能的需要。

基本需要的满足会导致各种各样的后果：产生有益的、良好的、健康的、自我实现的效应。有益与良好这两个词是从生物学的意义而不是先定的意义上来说的，可以用操作来给它们下定义。只要条件允许，健康的机体本身就倾向于选择并努力获取这些结果。

在论及基本需要的满足问题时，我们已经概述过这些心理上和身体上的结果，这里没有必要继续考察下去，只是仍需要指出，这一评判标准并无奥秘、荒谬之处。可以很容易地以实验甚至工程为根据来验证这个标准，我们只需记住，这与为一辆汽车选择合适的汽油是一样的道理。假如一辆汽车使用了某种汽油发动得更好，这种汽油对于这辆汽车就比别的汽油更适用。普遍的临床发现，当安全、爱以及尊重得到满足时，机体就发挥得更好，感觉更敏锐，智力使用得更充分，更能使思维正确而缜密，更有效地消化食物，更少患各种疾病，等等。

将基本需要满足物与其他需要的满足物区别开来的是它们自身的必需性。出于本性，机体自己指明了满足因素的固有范围，这是不能由他物替换的，而这对于习惯需要，甚至神经质需要却是可能的。也正由于基本需要满足物的必需性，最终将需要与满足物联系在一起的是疏导作用而不是任意的联系。

对我们的目的而言，心理治疗的效果是相当有利的，似乎所有主要的心理治疗方式都培育、促进、巩固了我们称为基本的、似本能的需要，同时削弱或彻底消除了所谓神经质的需要，直到它们取得心理上的成就感。

例如在罗杰斯、弗洛姆、霍尼等人的疗法中，这些重要的事实可以使他们直接宣称自己能使患者恢复自己内在本质。因为这意味着，人格本身具有某种固有的本质，它不是由治疗家新创造的，而是由他挖掘出来的，以便按它自己的风格成长、发展。如果顿悟和压抑的解除会使反应消失，那么就可以认为这个反应是异质的，不是内在固有的。反之，如果顿悟使反应更强烈，我们就可以认为它是本质的。同样如霍尼所推论的，假如解除焦虑使患者变得更富有感情或更少怨恨。对于人的本性来说，这就表明爱是基本的，而仇恨则不是基本的。

关于动机、自我实现、价值、学习、一般认知、人与人之间的关系，文化适应与反文化适应等理论，从原理上讲有一批宝贵的资料。遗憾的是，这些关于治疗转变的有意义的资料还没有系统地积累起来。

基本需要的重要地位，已经由对自我实现者进行的临床以及理论的研究证明得很清楚了。健康的生活取决于这些需要的满足而不是其他，并且，很容易看出，对于似本能假设所要求的满足，自我实现者是在接受冲动而不是控制冲动。总之，我们还必须深入下去，就像研究治疗效果一样。

研究现场调查的工作者们最先表现了对人类学中文化相对论的指责。他们感觉到，文化相对论把民族与民族之间的差异夸大了，把这种差异说成是相互敌对和不可调和的，实际情况却并非如此。我在一次旅行中获得的第一个重要的经验就是，印第安人首先是人、个体、人类，然后才是印第安黑脚族人。虽然区别的存在不容置疑，但与共同点相比，差异是表面的。不仅印第安人，而且记录文献中描述的所有种族几乎都有自豪感，愿意受人喜爱，追求尊重和地位，回避焦虑。另外，我们自己文化中可观察到的素质上的差异，在全世界都普遍存在，如智力的高低，意志的强弱，积极性或惰性,沉静或激动等等。

甚至在区别很明显的地方,也可以证实这种人类共性。因为这些区别往往可以马上为人所理解,并被认为是任何人在同样情况下都会有的反应,与对失败、焦虑、沮丧、胜利以及临近死亡的反应一样。

这种感情有点模糊不清,无法肯定是科学的,然而,如果我们考虑到上文已经提出和下文还要提出的假说,例如:似本能需要的微弱声音;自我实现的人的不同寻常的超然与自主力,以及他们对文化习俗的反抗;健康概念和适应概念的区别,等等。那么,重新考察文化与人格的关系,从而更加重视机体内部力量的决定权,看起来就是成效卓著的,至少对于较健康者是这样。

假如一个人在成长时并不考虑这一结构,他的确不会摔坏腿脚,也不会立即出现明显的病态。然而,得到大家一致公认的是,或迟或早,或隐或显,病态将会出现;可以引用普通成年人的神经病作为说明早期对机体内在(虽很微弱)需求挫折造成有害后果的例子。显而易见这是确切的。

人为了维护自己的独立人格和品质不被破坏而与文化习俗抗争,则应该是心理学和社会学中一个很有意义的、值得研究的课题。很快就能顺从于自己文化中的摧残力量的人,即适应性强的人,也许还不如那些违法者、罪犯、神经病患者健康,这些人也许正是以自身的反应显示了他们有足够的勇气反抗折断自己精神支柱的文化。而且,思考这一理论的同时还出现了一个乍看起来似乎是荒谬之极的反论。教育、文明、理性、宗教、法律、政府统统被大多数人解释为本质上约束本能的压制力量,但是,假如本能惧怕文明比文明惧怕本能更加严重,假如我们仍希望产生更完善的人、更完善的社会,我们就应从对立的角度看待这个问题:教育、法律、宗教等至少应起保护、促进、鼓励安全、爱、自尊、自我实现等似本能需要的表达和满足。

似本能的基本需要有助于解决和超越许多哲学中早已提

出的矛盾,例如自然性与社会性、先天与后天、主观与客观、独特性与普遍性之间的矛盾。之所以这么说,是因为揭露治疗、自我寻求治疗、个人成长、“灵魂寻求”技术都是一条发现自己的客观生物本性、动物性和神经性,即自我价值的道路。

不管是哪一个学派,它的大多数心理治疗学家都认为,当透过神经病症深入到那个原本存在,但却被疾病的表层所覆盖、掩藏和抑制的核心的时候,他们是在揭露或释放某种更基本的、更真实的、更实在的人格。当霍尼谈到透过虚假自我深入到真实自我这一问题时,她的这一论述很清楚地表明了这一点。关于自我实现的论述也迫使一个人内心的状态变得真实或实际,虽然是以一种潜在的形式。对认同的追求与“成为自己真正是的那个人”一样,也是同样的意思。使自己成为“充分发挥作用”或具有充分的独特性的和具有真正自我的人含义也是一样。

中心任务显然就是要意识到自己真正是的那个人是在生物上、气质上和素质上作为一个特殊族类。这正是花样繁多的心理分析所要做的事,即帮助人们意识到自己的需要、冲动、情感、快乐和痛苦。但这是一种个人自己内在的生物性、动物性和种族性的现象学,它通过体验生物性而去发现生物性,我们可以把这种生物性称为主观生物性、内省生物性、体验生物性等等。

但是,这就等于是对客观性的主观发现,即对种族所特有的人性特征的发现。它还等于是对一般的和普通的事物的个人的发现,是对不受个人影响的超越个人的(甚至超越人类)的东西的个人的发现。一句话,我们可以通过“灵魂探索”,通过科学家的大量的外部观察去从主观和客观两方面研究似本能。生物学不仅是一门客观的科学,也是一门主观的科学。

如果我把麦克利什的那首诗略加释义,我可以说:

一个人并不想要成为什么,
他本来就是这样。

我曾沿着心理病理发生学的路线进行探索，从成年人的病态进行分析追溯到它的早期起源。我的问题是，使人患神经症的原因何在？神经症从哪里来？我不断提出新问题，品格纷扰和价值畸变从哪里来？同样，人性丰满的、心理上健康的人从哪里来？这也是很有教育意义的。或者，更进一步，人类能达到的最完美境界是什么？妨碍他达到高峰体验的原因何在？

判断需要类似本能的标准

就像弗洛伊德那样，而不是动物行为论者那样，对人类最深刻的希望冲动和需要的发现进行研究。我曾沿着心理病理发生学的路线进行探索，从成年人的病态进行分析追溯到它的早期起源。我的问题是，使人患神经症的原因何在？神经症从哪里来？我不断提出新问题，品格纷扰和价值畸变从哪里来？同样，人性丰满的、心理上健康的人从哪里来？这也是很有教育意义的。或者，更进一步，人类能达到的最完美境界是什么？妨碍他达到高峰体验的原因何在？

我的结论大致是这样的：神经症也像其他心理病态一样，主要是由于缺乏某些满足（客观上和主观上可觉察的需要或希望的满足）。我认为这些基本需要是似本能的，因为它们必须得到满足，不然病态（人性的萎缩，即那些规定人性的特征有某些丧失）就会出现。这表示，神经症要比早期意义上的更接近于缺失性病症。进一步的假设是：基本需要的满足是健康的必要而不充分的条件，但缺少了它，是不可能有健康的。

在生物学和医学中，这一改造生物学方法的历史是令人尊敬的。例如，它曾被用来搜寻隐匿的生物性需要，如营养学家，他们曾发现我们对维生素、矿物质等的“类似本能”的需要。在这里，溯源也是从面对一种疾病（如软骨病或坏血症）开始的，病的起因可以追溯到一种缺失，它于是被称为一种“需要”、一种对“维生素C的需要”，表示它对于达到健康和避免疾病是一种必要的条件。这能进一步核实，假说也能用其他有控制的实验印证，例如，用预防控制、替代控制等测验，这些方法同样也能应用于基本的心理需要。

概括地说，我提出的主要论点是：

人的机体有它自身的本性，要比过去我们所了解的更值得信赖并更有自我管理的能力。

我们有充分的理由假设，人有一种天生的趋向自我实现的成长倾向。

大多数心理治疗专家都承认有某些类似本能的需要，它们的受挫会导致心理病态。

这些需要为他提供了一种现成的达到生物性终点、目标或价值的基础框架。

早期我曾列出旧时本能理论的错误，并认真考虑过这些错误能否避免的问题。那时得出的结论是：

试图用行为的概念说服人的本能是难以成功的。行为（在人类中）可能是而且往往是针对冲动的一种防御，它表现的不单是冲动，而且是多种冲动合成的行动，是对这些冲动的控制及其表达，是意动因素，是驱力或需要。在某种意义和某种程度上来讲，这也有可能是先天的。

在人类中没有发现类似于动物的原始的本能。在人类中似乎只有动物本能的部分残余，例如，只有驱力，或只有能力。

无法说明为什么人不应该具有人类特有的需要或能力，而且，实际上，已有某些临床证据表明，人确实具有一些动机（可能是先天的），那是人类所独有的。

人类中类似本能的驱力一般是较弱的，不像动物本能那样强烈。这些驱力很容易受文化、学习、防御过程的克制和压抑。精神分析可以看作是恢复这些似本能需要的冗长、费力的过程，直至它们能成长壮大到足以抵抗畏惧和习惯的压制。那就是说，它们需要帮助才能出现。

在大多数关于人类似本能需要的讨论中一直隐藏着这样一种信念：人体内在的动物性是邪恶的，我们最原始的冲动仅仅是贪婪、坏念头、自私、破坏。很显然，这是错误的。

由于长期废置不用，人类中的似本能冲动可能会完全消失。

本能不应该因与学习、理性有区别而二歧化。理智本身也是意动的。往往，在优秀人品中冲动和理智倾向于协同而不是敌对。而且，似本能的驱力能非常迅速地纳入手段行为和趋向目的的渠道，即它们会变成“情操”。

我认为，许多有关本能和遗传的混乱看法都来自一种无意识的和错误的设想；遗传论者必然在政治上是保守的或反动的，而环境论者必然是开明的或进步的。虽然曾经是这样，但并不存在着必然性。这是由于错误的认知而造成的。

据调查，在精神错乱者、神经质者、酗酒的人、低能的人、儿童及动物身上，深层驱力表现得最明显。这是一种误解。这些驱力也许在最健康的、最进化的和最成熟的人身上才能表现得最明显；在这样的人身上，能看到这些最深层的驱动力和需要可以“下降”也可以“升高”，例如，探索真理，审美的需要，等等。

用来判断一种需要具有类似本能性质的概率的种种标准陆续提出。我现在要讨论的正是这些标准，并连带谈一谈可以附加的修改意见。我还想就每种标准对几种需要的适用性进行比较：首先，是对维生素需要的适用程度；其次，是对爱和归属需要；再次，是对好奇需要；最后，是对神经质需要。你将看到在维生素需要和爱的需要之间各项标准的适合程度非常接近。否认其一，也许就必须否认其二。好奇或认知需要，是我称之为一种成长性的需要（或超越性需要或存在价值），是和缺失性需要相对照而区分开的，因为它在性质上虽然是类似本能的,但和基本需要仍有明显不同。至于神经质需要,并不符合这些标准,因而不能说是类似本能的。嗜好需要和由于习惯而形成的需要与此类似。

如果一种需要是类似本能的,那么它应该符合以下标准:

满足的长期缺乏会引起病态,特别是这种缺乏在早年生活中发生时。但不容忽视的是,满足的短期缺乏也能引起一定程度的效应,如,食欲,挫折忍受,健康性延迟的能力,自制,等等。

维生素:符合标准。

爱:符合标准。

好奇:符合标准。

神经质需要:满足的缺乏引起焦虑和其他症状但并不引起品格病态;相反,某种神经质需要的满足剥夺可能引起心理健康的增进。

关键期的剥夺能引起有关欲望和(或)需要的完全而长久的丧失,很可能永远不会再学到或复原;个人从而会长久萎缩,并由此而丧失人类的一项标志性特征:他不再具有丰满的人性。

维生素:我们的所知还不足以说明它的正确性。各种维生素的剥夺会引起不同的后果,我们对此了解得很少。

爱:符合标准(由心理变态者所表明的)。

好奇:对此我们也没有足够的证据能使我们作出可靠的判断,但文化的资料和临床的证据相当明显地表明,在生活程序化的孩子中,自身可能丧失甚至长久丧失好奇,例如,早期好奇得不到满足的孩子,会弄得愚钝,满足于无知,呆滞,蒙昧主义,迷信,等等。

神经质需要:标准不适用。直接剥夺的影响,例如,罗森茨威格所说明的。

维生素:维生素缺乏症,等等。

爱:渴望爱和情人,D. M. 莱维所说的"亲吻迷"。

好奇:强烈的好奇,不由自主的好奇,好奇的持续不绝,视淫,等等。

神经质需要:神经质满足的缺乏能引起焦虑,冲突,敌意,等等;但也能导致冲突缓解,焦虑缓解,等等。

人性的萎缩;人性标志性特征的丧失,本质的丧失,倒退,向自我实现成长的障碍。

维生素:符合标准(有沿基本需要层次倒退的趋向,向任何一种遭受挫折的优势需要倒退)。

爱:符合标准。

好奇:不符合标准。

神经质需要:不符合标准。

品格、价值系统和世界观的畸形,为达目的不择手段和病态化。为了和这种缺乏打交道,机体发展出一种应付系统。

维生素:不确定。

爱:符合标准。

好奇:符合标准(犬儒主义,虚无主义,厌烦,猜疑,抛弃价值,等等)。

神经质需要:不符合标准。

各种不同的情绪反应,不论急性的或慢性的,例如,焦虑,威胁,愤怒,忧郁,等等。

维生素:符合标准。

爱:符合标准。

好奇:符合标准。

神经质需要:混合的、矛盾的、冲突的情绪。

缺失满足物的复得如果及时的话,能使健康恢复(或多或少)并使疾病得到治疗(或多或少),只要病态是可逆转的,即复位控制,情感依附治疗。

维生素:符合标准。

爱:符合标准。

好奇:符合标准。

神经质需要：不符合标准。

该需要有内在固有的满足物，这些满足物确实能满足该需要而且是唯一的满足物，疏通学习而不是联想学习或专断学习。没有什么完全令人满意的升华或替代是可能的。

维生素：符合标准。

爱：符合标准。

好奇：符合标准。

神经质需要：不符合标准。

基本需要的神经症化，例如，它变得难以自制，不能满足，自我异化，僵化，固定不变，强迫的，不加区分的，选择不当的对象，伴随焦虑，等等；对于需要的态度变得自相矛盾，充满畏惧，迟疑心理，否认事实，需要变成危险的了。

维生素：不适用。

爱：符合标准。

好奇：不确定（视淫？）。

神经质需要：不符合标准。

适当得到某一“真正的”满足物在一生中都能避免病态，即预防控制。

维生素：符合标准。

爱：符合标准。

好奇：符合标准。

神经质需要：不符合标准。

“真正的”满足物是在真正自由选择情境中受到健康机体偏爱而选定的。个人越健康，偏爱越强烈，他也更有可能成为一位“优秀的选择者”。或者说，在个人心理健康和他将偏爱和选择他所需要的真正满足物而不是虚假满足物的这种可能性之间，有一种很强的实际内在联系。

维生素：不符合标准（但有某些综合物质如糖精能欺骗机体）。

爱：符合标准。

好奇：符合标准。

神经质需要：不符合标准。

“真正的”满足物味道良好，或者说至少比虚假的满足物味道更好，在特定的方式和现象学上可以这样描述，例如，真正的满足物留下一种充实的、满意的或愉快的感受，甚至是高峰体验或神秘体验（即使是没有感觉到的需要也一样，如在某些贫困的人那里，在真正的满足物到来之前，告诉他说他有多么需要它，或告诉他说这就是他这一生都缺失的东西，等等）。

这就是为什么对“需要”或“欲望”等下最后定义这么困难。即有时会有一种情况，这时一个人会不知道他缺少的是什么，他的不安没有什么对象，但在他体验过某一“满足”以后，他却知道得非常清楚，什么是他曾经想要的，渴望的，或需要的。

维生素：符合标准（但糖精，带甜味的盐类，又是例外，这些物质能愚弄机体）。

爱：符合标准。

好奇：符合标准。

神经质需要：不确定。神经质需要的满足味道可以很好，但这似乎不那么经常，不会长久持续，似乎混杂着其他感受，更容易引起懊悔，在回顾时感觉相反，等等。

需要能得到长久满足的人（健康人）没有渴求的表现；他的需要处于理想水平。他能控制或延迟满足或有一段时间没有满足也能适应；他比一般人更能忍受长时期没有满足；他能公开地承认需要并欢迎需要；对需要不设防。需要是可以满足的，正如神经质需要是不可满足的。

维生素：符合标准。

爱：符合标准。

好奇：不符合标准。好奇的满足常常促进好奇的增强而不是减弱。

神经质需要：不符合标准（神经质需要得到神经质满足对于渴求没有影响，除非是瞬时影响。）

在个人的生命早期(学龄前)生活中往往有公开的需要表露。在不能用文化认识事物以前,或在学习开始以前,需要或某种欲望的任何表露一般地说能增强一种假设,认为这种需要是类似本能的。

维生素:符合标准。

爱:符合标准。

好奇:符合标准。

神经质需要:不符合标准

它(需要)能用顿悟疗法、揭露疗法(或由于一般健康的增进),或由于社会中的良好条件——即解除防御、控制、畏惧的疗法——揭示出来,给予承认、肯定和加强。

维生素:符合标准(很可能如此)。

爱:符合标准。

好奇:符合标准。

神经质需要:不符合标准。

有易于学习的、适宜的手段行为,有易于疏通的、适宜的目的对象和目的状态,等等。需要本身在其开端时必须被认为是潜在的而不是外露,因为它必须被运用、演习、训练,被某一文化代表"拖出来"才能实现。这或许可以称为是一种学习,但我认为这样一种说法会引起混淆。"学习"一词已经被赋予太多含义。

维生素:符合标准。

爱:符合标准。

好奇:符合标准。

神经质需要:不符合标准。

对于真正的满足物的偏爱随着任何身心或社会健康的进步而增强。

维生素:符合标准(很可能如此)。

爱:符合标准。

好奇:符合标准。

神经质需要:不符合标准。

需要是跨文化,跨阶级,跨等级的。它和全人类的普遍性越接近,它也越有可能是类似本能的(这不是一个绝对的证明,因为所有人类文化都能提供某些经验。否则必须拿出事实根据说明,需要已经永远被扼杀,或暂时受到压抑)。

维生素:符合标准。

爱:符合标准。

神经质需要:不符合标准。

基本需要能够由那些可靠的健康的或协同的文化或亚文化或工作环境来充分满足,而极少有安全感。所有不可靠的、病态,或低协同的文化、亚文化,或工作环境都不能满足某些基本需要,构成对它们的威胁,对于它们的满足索取的代价太高,使它们的满足难免会和其他基本需要的满足发生冲突,等等。

维生素:符合标准。

爱:符合标准。

好奇:符合标准。

神经质需要:不符合标准。

需要显示出一种持久的动力,像弗洛伊德曾描述过的那样(除非在生活早期即被扼杀)。

维生素:符合标准。

爱:符合标准。

好奇:不确定。

神经质需要:不符合标准。

神经症患者在寻求这些需要满足时被发现是虚伪的,畏惧的,妥协的,胆怯的,间接的。

维生素:不确定。

爱:符合标准。

好奇:符合标准。

神经质需要:不符合标准。

需要的跨物种表现当然会增强需要是类似本能的可能性,但这不是一种必需的标准或充分的标准,因为在一切物种中都有它们特有的“本能”，包括人类在内也是如此。

维生素：符合标准。

爱：符合标准。

好奇：符合标准。

神经质需要：不符合标准。

这种需要最终是自我协调的（意思是说，假如它不是如此，它能由揭露疗法弄成如此）。

维生素：符合标准。

爱：符合标准。

好奇：符合标准。

神经质需要：不符合标准（对此，相反的说法才是正确的，这种需要绝大多数时候觉得是自我疏离或不协调的）。

假如人人都喜欢这种需要及其满足，它就更有可能是基本的和类似本能的。神经质的、有瘾的和习惯的需要只有某些人才喜欢。

维生素：符合标准。

爱：符合标准。

好奇：符合标准。

神经质需要：不符合标准。

最后，作为一种无法证明的未来可能性，我建议想一想由于致幻药物的利用而得出的种种发现，或许还有其他解除抑制的药物也一样，例如，酒精，或许抑制最高控制中枢，像酒精的作用那样，会使人格更内在生物的和非文化的方面即更深层的内核自我得到解放。我从 LSD（一种麻醉药物）的作用探查到某些这样的可能性。这不是弗洛伊德的超我，超我宁可说是把一套武断的社会控制施加于生物的或本来的机体之上，它抑制了机体自身的作用。

我没有提到两项别人早已用过的标准，因为我确信它们似乎不能成功地把生物性需要和神经质需要、习得需要或有瘾需要区分开，它们是为了相关的满足情愿承受其他痛苦或不适；是受到挫伤而引起好斗和焦虑。

我在此只讨论了人类范围内的似本能特征，实际上先天特异的个体特性虽然没有谈到，但它理应得到心理治疗师和人格理论家的重视。虽然心理治疗的直接目标可能是人性的恢复，健康动物性的恢复，我们仍须了解，心理治疗还有一个基本的长远的目标，那就是个人同一性的恢复，真实自我、确实性、个体特性、自我确认的重新发现。那是一种努力，目的是要发现个人的自然倾向，他的先天个体特性，他的价值观，这些答案是由他的体质、他的气质、他的神经系统、他的内分泌系统等以微妙的方式向他暗示的（不是强迫命令的），用一句话说，这些答案来自他的身体和他的身体所偏爱的作用方式，来自他的“生物定数”，来自能够找到他的最大和最易得的幸福的方位。在这里，我们所关心的不只是天才式的特殊天赋和能力，而且是更普通的人的特殊才能问题。例如，职业向导最终涉及的就是对某个人特有的先天禀赋问题，如果在实践中还不能做到，至少在理论上先要明确这一点。

我们依靠的临床自觉知识在缺乏更好的理论证据时，也许将来会被更值得信赖的方法得到验证和系统化处理。作为医师，我们试图发现，什么是某人更容易做的，什么最适合他的本性，最舒适地符合他的需要（像鞋子跟脚或不跟脚），什么使他觉得“恰好”，什么使他最少受到压迫，他最适于做什么，什么最符合他的个性。这些哥尔德斯坦曾称之为“偏爱的行为”，我们也可以向实验家提出同样的问题。我们已经知道如何才能最有效地就不同品种的狗提出这一类问题，如在杰克逊实验室中所做的那样。也许有一天，我们对于人类也能这样做。

而且，我在考虑时为了使我要探讨的主题更加集中而略去了所有更直观的生物学结论，包括人类遗传学家（双生子研究，基因的直接微观研究，等等）、实验胚胎学家和神经生理学家（电极埋置研究，等等）的技术，也略去了有关动物行为、儿童和发展心理学的文献。

一方面是生物学、行为学、生态学的资料，另一方面是心理动力学的资料。为了这样的整合，迫切需要把两大套资料联结起来，两者彼此是很少接触的，但我坚信能够完成这一任务。就我所知，我们至少已经有了一项这样的尝试，即考尔特兰德的精彩专著。

我在本文中提出的一切论述大都是以临床证据和经验为依据的，因而不像来自有控制实验的证据那样可靠。然而，这大多是以容易得到实验证实或检测的形式呈现的。

个性更伟大、更坚强、更真实的趋向是由高级需要的追求与满足造成的。生活在高级需要层次意味着更多的爱和趋同,即更多的社会化。不管是否符合逻辑,它却是以经验为根据的现实。实际上,生活在自我实现层次的人既是最爱人类的人,又是个人特质发展得最充分的人。

认同有机体自身的价值等级

所谓的“高级的”与“低级的”需要之间存在的真正心理上以及实践中的差异必须得到重点探讨。这样做是为了证实有机体自己规定了价值的不同等级,这是科学的观察者的记录,不是他们的创造。但是,许多人仍旧认为,价值不过是我根据自己的趣味、偏爱、直觉,未经证实或不可证实的假设所作的任意论断,因此,很有必要论证清楚这一问题。

抛弃心理学中的价值,不仅把心理学削弱了——其全面发展受到阻碍,而且把人类引入超自然主义和道德相对论的误区。但如果能证实有机体在先与后、强与弱、高级与低级之间进行着选择,就不能认为一件好事与任何其他好事价值相同,或者在任何恒久的基础上进行选择是不可能的。选择原则,基本需要在潜力相对原理的基础上按相当确定的等级排列。这样,安全需要比友爱的需要更强烈,因为当两种需要都受到挫折时,安全需要在各种可证实的方面支配有机体。在这个意义上。生理需要(它们被安排在更低的一个层次)强于安全需要,安全需要强于爱的需要,爱的需要又强于尊重的需要,而后者又强于个人特质的需要——我们称之为自我实现的需要。

这是选择或者说优先的顺序,但同时也是各种其他意义上的由低级至高级的顺序。

高级需要在种系上或进化上发展较迟。我们和一切生物共同具有食物的需要，也许与高级类人猿共有爱的需要，而自我实现的需要（须借助创造力）是人类特有的。越是高级的需要，就越为人类所特有。

高级需要是较迟的个体发育的产物。任何个体一出生就显出有生理的需要，也许，还有安全需要。比如，它可能会受到恐吓或惊吓，当它依靠的世界提供足够的规律与秩序时，它也许会发育得更好。只有在几个月以后，婴儿才初次表现出有与人亲近的迹象以及有选择的喜爱感。再后来，我们可以相当清楚地测到，除对安全以及父母爱的需要外，婴儿还表现出对独立、自主、尊重以及表扬的要求。至于自我实现，天才式的儿童甚至也要等到三四岁。

越是高级的需要，就越能忍受维持纯粹的生存需求，其满足也就越能更长久地推迟，并且，这种需要也就越容易永远消失。高级需要不大善于支配、组织以及求助于自主性反应和有机体的其他能力。例如，人们对于安全的需要比对于尊重的需要更偏执、更迫切，剥夺高级需要不像剥夺低级需要那样能引起如此疯狂的抵御和紧急的反应。与食物、安全相比，尊重是一种非必需的奢侈。

生活在高级需要的水平上，意味着更大的生物效能，更长的寿命，更少的疾病，更好的睡眠、食欲，等等。人体研究者多次证实，焦虑、害怕、爱和优势的缺乏等等，除促成不良的心理后果外，往往还造成不良的生理后果。

从主观上讲，高级需要不像其他需要一样迫切。它们较难被察觉，容易被搞错，容易由于暗示、模仿或者错误的信念和习惯而与其他需要混淆。能够了解自己的需要——知道自己真正想要什么，是一个重要的心理成就，对于高级需要更是如此。

高级需要的满足能引起更理想的主观效果，即更深刻的幸福感、宁静感以及内心生活的丰富感。安全需要的满足最多只产生一种绝处逢生的感觉。无论如何，它们不能产生像爱的满足那样的幸福的狂热与心醉神迷或宁静、高尚等效果。

追求和满足高级需要代表了一种普遍的健康趋势，一种脱离心理病态的趋势。

高级需要的满足有更多的低级满足为基础。遗传占优势的需要必须在高级需要的满足之前得到满足，仅此一点就足以说明这一问题。因此，友爱的需要在意识中的显露要比安全需要的出现依赖于更多的满足。更通俗一点说，在高级需要的层次上，生活更复杂了。寻求尊重、地位与寻求友爱相比，涉及更多的人，需要有更大的舞台，更长的过程，更多的手段和各等级的目标，以及更多的从属步骤和预备步骤。友爱的需要与安全需要相比较，同样存在上述差异。

高级需要的实现要求有更好的外部条件。要让人们彼此相爱，而不仅是免予相互残杀，需要有更好的环境条件（家庭、经济、政治、教育等等）。

两种需要都满足过的人们通常认为，高级需要比低级需要更有价值。他们愿为高级需要的满足牺牲更多的东西，而且更容易忍受低级需要满足的丧失。例如，他们比较容易适应禁欲生活，比较容易为了原则而抵挡危险，为了自我实现而放弃钱财和名声。能充分理解两种需要的人，普遍地认为自我尊重是比填满肚子更高、更有价值的主观体验。

需要的层次越高，爱的趋同范围就越广，也可以这样说，受爱的趋同作用影响的人数越多，爱的趋同度也就越高。在原则上，我们可以把爱的趋同解释为，两个或更多的人的需要融合为一个单一需要的优势层次。当然，这是程度问题。两个相爱甚笃的人会不加区别地对待彼此的需要，对方的需要的确就是他自己的需要。

高级需要的追求与满足对公众和社会也很有益处。在一定程度上，需要越高级，就越少自私。饥饿是以自我为中心的，它唯一的满足方式就是让自己得到满足，但是，对爱以及尊重的追求却必然涉及他人，而且涉及他人的满足。已得到足够的基本满足继而寻求友爱的尊重（而不是仅仅寻找食物和安全）的人们，倾向于发展诸如忠诚、友爱以及公民意识等品质，并成为更好的父母、配偶、教师、公仆等等。

高级需要的满足比低级需要的满足更接近自我实现。假如我们承认自我实现的理论，就可用来作为一个重要的区别。除此之外，它还意味着对于那些在高级需要层次上生活的人，我可以期望发现他们有更多更高的趋向自我实现的品质。

个性更伟大、更坚强、更真实的趋向是由高级需要的追求与满足造成的。生活在高级需要层次意味着更多的爱和趋同，即更多的社会化，不管是否符合逻辑，它都是以经验为根据的现实。实际上，生活在自我实现层次的人既是最爱人类的人，又是个人特质发展得最充分的人。这完全支持弗洛姆的论点——自爱（或不如说是自尊）与爱他人是协同性的而不是对抗性的，他关于自发性、自动性的见解也是中肯的。

需要的层次越高，心理治疗就越容易，并且越有效。而在最低的需要层级上，心理治疗几乎不起任何作用。例如，心理治疗不能止住饥饿。

低级需要比高级需要更具体、更可感知，也更有限度。与饥和渴相比，爱的躯体感要明显得多，而友爱则依次远比尊重更带有躯体性。另外，低级需要的满足远比高级需要的满足更可感知或更可观察。而且，低级需要之所以更有限度，是因为它们只需一定数量的满足物就可平息这种需要。我们只需吃这么一点食物就能满足饥饿，然而友爱、尊重以及认识的满足几乎是无限的。

很明显，我们需要做的，就是观察和探索。人性自身就具有对这些问题的答案：我怎样才能完善？我怎样才能幸福？我怎样才能富有成就？当由于患病这些价值被剥夺时，机体就告诉我们它需要什么，从而也就告诉我们要珍惜什么。

如何完善自身的人性

高级需要和低级需要具有不同的性质，而且这样的高级需要与低级需要必须归入基本的和给定的人性储备中（而不是不同或相反）。这一定会在心理学和哲学理论上引起许多革命性后果。大多数文明同它们的政治、教育、宗教等理论，始终是建立在与这一信念正好对立的观点之上的。总的看来，它们假定人性原始的以及动物的方面严格地限制在对食物、性之类的生理需要上。追求真理、爱、美的高级冲动，被假定为在内在性质上不同于这些动物性的需要。而且，这些兴趣被假定为相互对抗、排斥，为了优势地位而不断发生冲突。人们是从站在高级需要一边而反对低级需要这个角度来看待所有文化及其工具的，所以，文化必然是一种控制因素和阻挠因素，顶多是一种不幸的必需品。

认识到高级需要恰如对食物的需要一样，是类似本能的和动物性的，这必然具有很多影响。

也许，最重要的是明白认知和意动的二歧式是错误的，是必须予以澄清的。对知识的需要，对理解的需要，对哲学沉思生活的需要，对理论参照系统的需要，对价值系统的需要，这些本身都是意动的，是我们原始的动物本性的一部分（我们是非常特殊的动物）。

既然我们也了解我们的需要并不完全是盲目的，了解它们为文化、现实以及可能性所更改，那就可以进一步推出，认识在它们的发展中扮演了一个很重要的角色。约翰·杜威主张,需要的真实存在和界限是依靠对现实、对满足的可能和不可能的认识而定的。

如果意动在本质上也是认知的,或者认知在本质上也是意动的,那么它们的分歧就没有什么意思了,并且必须抛弃。

这些古老的哲学难题,有些甚至可以看成是因为对人类动机生活的误解而产生的假难题。例如,自私和不自私的一般区别的问题,假如我们类似本能的爱的冲动,使我们从注视我们的孩子吃好吃的东西,比我们自己吃能得到更多的个人的"自私的"愉快,那么,我们应该怎样解释"自私",怎样把它与"不自私"相区别呢?假如对真理的需要与对食物的需要更具有动物性,那么,为真理而冒生命危险的人比为食物而冒生命危险的人更少一些"自私"吗?

假如从食物、性、真理、爱或尊重的满足中能同等地得到动物性快感、自私的愉快和个人的愉快,那么,显然需要重新更正快感理论。这意味着高级需要的快感在低级需要快感衰落的地方很可能坚持下去。

古典浪漫主义的酒神与太阳神的对立必定能得到解决。至少就它的某些形式来说,它同样是建立在动物的低级需要与反动物的高级需要的分裂之上的,但这显然是不合理的。与此同时,我们也必然要对理性与非理性的概念,理性与冲动之间的对比,以及作为与本能生活对立的理性生活的一般概念,作很大的修正。

通过对人的动机生活的严密审查,可以得到伦理哲学家需要的许多东西。假如我们最高尚的冲动不是被看作勒马的缰绳,而是被看作马本身,或者相反。假如我们的动物性需要被看作具有与我们最高的需要一样的性质,它们之间明晰的分歧又怎么能够存在下去呢?我们又如何确定它们可以有不同的来源呢?

进一步说,假如我们清醒而明确地意识到这些高尚而美好的冲动的存在和日益强大。从根本上说,首先,是满足更迫切的动物性需要的结果，我们当然应该更少谈到自我控制、禁止、法律等等，更多地谈到自发性、满足以及宽容等等。在责任的沉重感与享受的放松感之间，对立似乎比我们预料的要少得多。

本尼迪克特的"协同作用"理论是我们的文化概念和关于人与文化的关系的概念改变的方向。文化显然是，或者至少应该是满足需要的，而不是禁止需要的。其次，它不仅是为人类的需要而创造的，而且也是由人类的需要创造的。文化与个体的分歧需要重新审查，应该更少强调它们的对抗，更多强调它们的合作。

人的最好的冲动显然是内在固有的，而不是偶然的和相对的，认识到这一点对于价值理论一定包含着极大的意义。比如，它意味着根据逻辑来推断价值，或试图从历史和假设中找到它们，都不再是必要的或合乎需要的。很明显，我们需要做的，就是观察和探索。人性自身就具有对这些问题的答案：我怎样才能完善？我怎样才能幸福？我怎样才能富有成就？当由于患病这些价值被剥夺时，机体就告诉我们它需要什么，从而也就告诉我们要珍惜什么。

从一个明显的性质考虑，这些基本需要从一个明显的性质上是类似本能的，但它们更多地表现在区别于我们熟知的低级动物的本能。所有区别中最重要的是一个意外的发现，即与本能是强大的、令人厌恶和不可改变的这样一个古老假定相反，我们的基本需要虽是似本能的，却是较弱的。作为意识到的冲动，了解我们真正渴望得到尊重、知识、哲理、自我实现等等，从心理学角度来看，这是一个难得的心理成就。不仅如此，基本需要层次越高，它们就越弱，越容易被改变和压制。最后，它们不是坏的，而是中性的或好的。我们用一个反论来概括：我们人类的本能是如此弱，以致它们需要克服文化、教育、学习的干扰，一句话，需要保护并防止改变。

我们必须改变对心理治疗（以及教育、抚养孩子、一般意义上良好性格的塑造）的目标的理解。对于许多人，它们仍然难免受到一整套对固有冲动的禁止和控制。纪律、控制、镇压是一些管理制度的口号。但是，如果我们的治疗意味着一种旨在打破控制和禁戒的力量，那么，我们新的关键的词语将是自发性、释放、自然真实、自我认可、对冲动的觉知、满足、容许。如果我们的本能冲动不是被理解为洪水猛兽而是和煦春风，如果我们的本能冲动与其说是掠夺性的不如说是友爱性的，与其说是使人怨恨的，不如说是令人赞美的，我们当然应给它们以自由，让它们充分表现自己，而不是将它们拘控在用于犯人或疯子的约束之内。

假如本能是较弱的，高级需要在性质上是类似本能的；假如文化比本能冲动更强，而不是更弱；假如人的原始冲动最终被证明是好的，而不是坏的；那么，人性的改进也许可以通过对类似本能的倾向的培养来实现，或者通过促进社会改革来实现。的确，改善文化的意义就在于为人们内在的生物倾向提供一个更好地实现自身的机会。

由于发现高级需要层次上的生活可以相对地摆脱低级需要满足的支配（甚至不受高级需要满足匮乏的限制），我们就可能想出办法来解决神学家们的古老难题。他们总是感到有必要努力调和肉体和精神，天使与魔鬼，人类有机体上高级和低级的东西，却没有一个人找到过满意的方法。高级需要生活的机能自主似乎就是答案，高级需要的发展只有建立在低级需要的基础上，但最后一旦牢固建立，就可以相对地独立于低级需要。

除了达尔文的生存价值外，我们现在还可以提出“成长价值”。对于个体来说，不仅生存是好的，努力去发展完美的人性，使人的潜力得到发挥，追求更大的幸福、更深的宁静以及高峰体验，走向超越，获得对现实更丰富、更准确的认识，而且这一切也是有益的。我们不再以生存的可能性作为证明贫穷、战争、独裁、残忍的丑恶的唯一证据。在我们眼里，这些现象的丑恶还在于它们降低了生命、人格、意识以及智慧的质量。

也就是说，仍然有谈论一张受挫折的嘴、一个受挫折的胃，或是一种受挫折的需要的倾向。我们必须清楚地知道，受挫折的只能是一个完整的人，绝不会是一个人的某一部分。

战胜致病挫折的途径

动机概念包含着精神病病因以及挫折、冲突、威胁等性质的一些重要启示。

挫折和冲突的概念促进了精神病病因的引发以及持续理论的揭示。某些挫折的确导致病态，另一些并非如此；某种冲突也同样导致病态，另一些却也并非如此。要想解开这个谜，则必须求助于基本需要理论。

在讨论挫折时，很容易错误地将人分割开。也就是说，仍然有谈论一张受挫折的嘴、一个受挫折的胃，或是一种受挫折的需要的倾向。我们必须清楚地知道，受挫折的只能是一个完整的人，绝不会是一个人的某一部分。

搞清楚这一点，就理所当然明白了剥夺和对人格的威胁之间的重要区别。挫折的通常定义只不过是得不到所渴望的东西、一个愿望没有实现或一种满足受到妨碍等。这样一个定义未能区分开两种不同的剥夺：一种对于机体并不重要（很容易被替换，极少导致严重的后果）；另一种则同时是对于人格，也就是说，对于个人的基本需要——他的生活目标，他的防御系统，他的自尊心，他的自我实现——的一种威胁。我们的论点是：只有威胁性的剥夺才有类似于一般意义上挫折的许许多多后果（通常是让人反感的后果）。

一个目标物对于个体来说可以有两种意义：首先，它有着内在的意义；其次，它也可以有一种延伸的、象征性的价值意义。这样，某个被剥夺了想要吃冰淇淋卷的孩子可能只是失去了一个冰淇淋卷；但另一个受到同样待遇的孩子，就可能不光是丧失了一次感官上的满足，而且还会觉得被剥夺了母亲的爱，因为她拒绝给他买冰淇淋卷。对于第二个孩子来说，冰淇淋卷不光有着自然物质上的价值，而且还可能承载着心理价值。对于一个健康人来说，被剥夺了作为冰淇淋的冰淇淋，很可能是无所谓的；这种情况甚至连是否可以用挫折——其他具有更大威胁性的剥夺为特征的挫折——来称呼都有待探讨。只有当目标物代表着爱、名望、尊重或其他基本需要时，将它剥夺才会产生通常挫折的种种恶果。

在一定情况下，在某些各类的动物中能清楚地证明这种个体的双重意义。例如，当两只猴子处于一种支配与从属的关系时，一块食物既是充饥物，同时也象征着一种支配地位。这样，如果处于从属地位的动物试图捡起食物，它立刻就会受到处于支配地位的动物的攻击。然而，如果它能解除食物的象征性支配价值，那么，它的支配者就会允许它食用。这一点，它通过一个顺从的姿势可以很容易地办到，即在接近食物时做顺从性表演，这仿佛是说："我只想要这块食物充饥，我不想向你的支配地位挑战。我甘愿服从你的支配。"同样，我们也可以用两种不同的方式来对待朋友的批评。通常，一类人觉得受到了攻击和威胁（这也是有道理的，因为批评常常都是一种攻击），于是他的反应便是怒火中烧，暴跳如雷。但另一类确信这一批评不是一种攻击，也不是对他的排斥，而是友爱的帮助，他就不仅会倾听批评，而且甚至可能会对它心存感激。这样，如果他已经有许多证据来表明他的朋友爱他、尊重他，批评便只代表批评，它并不会同时代表着一种攻击或威胁。

忽略这一区别就会造成精神病学界很多意外的混乱。一个经常出现的问题是：挫折的许多后果，如寻衅和升华等，全都是或者有些是由性剥夺所引起的。大家都知道，在许多情形中，独身生活并不会带来精神病理上的后果。然而，在另外的许多情形中，它却有不少恶果，什么因素决定将出现什么结果呢？对精神正常者的临床检验提供了一个明确的答案：性剥夺只有在被个体认为是代表着异性的拒绝、低贱、缺乏价值、缺乏尊敬、孤立或者其他对基本需要的阻挠时，才会成为病因。对于那些并不认为它有这种含义的人来说，则可以比较轻松地承受性剥夺。当然，很可能会有罗森茨威格所说的需要的坚持性反应，但这些反应虽然令人烦恼，却不一定是病理性的。

幼儿时期经常遭受的剥夺往往也具有挫折性，例如，断奶，限制排泄，学走路。实际上，每一个新的调整层次，都被认为是通过对孩子的强制而实现的。在这里，单纯的剥夺和对人格的威胁之间的区分再一次提醒我们小心对待。观察那些完全信赖父母的爱和关注的孩子可知，他们有时可以令人惊异地对各种剥夺、纪律和惩罚看得无足轻重。如果一个孩子并不把这些剥夺看成是对他的基本人格、主要生活目标和需要的威胁，那么它们就会很少起挫折作用。

利用这个观点会顺利推出这样一个结论：威胁性挫折这个现象同其他威胁性情况的联系，要比同单纯剥夺的联系紧密得多。也可以看到，挫折的典型后果经常是由其他类型的威胁所引起的。例如，创伤，冲突，身体损伤，严重疾病，现实的人身威胁，死亡的临近，屈辱，或巨大的痛苦。

这将印证我们的最终假设：也许挫折作为一个单独的概念不如在它身上交错的那两个概念有用。对于非基本需要的剥夺，和对于人格剥夺，即对于基本需要或同这些需要有关的各种各样的威胁。剥夺的含义比挫折这一概念的通常含义要少得多，剥夺并不是精神病病因，而威胁是。

威胁性冲突仍然是一个选择问题，但却是在两个不同的目标之间进行选择，而且这两个目标都很重要。在这里，一个选择的反应通常并不能解决冲突，因为这种决定意味着放弃某些几乎是同被选择物一样重要的东西。

客观解决威胁生存的冲突

冲突这一单独的概念同样与威胁的概念交错。单纯的选择是最简单意义上的冲突，每个人的日常生活充满着无数这样的选择。如果我们在通向同一个目标的两条道路中进行选择，这一目标对有机体相对来说并不重要。对于这样一个选择情况的心理反应几乎从来也不是病理性的。实际上，在绝大部分情况下，主观上根本就没有冲突的感觉。在这种情况下，目标本身对于有机体来说是重要的，但却有两种到达这一目标的途径可供选择。目标本身并没有受到威胁。目标重要与否，当然要视每一个个别的有机体而定。对一个有机体来说是重要的，对另一个就可能不然。

例如，一位妇女参加一个社交晚会时，试图决定是穿这双鞋还是那双鞋，是穿这件衣服还是那件衣服，因为这一社交场合对她来说是重要的，所以她希望能留下一个好印象。在作出决定后，冲突的明显感觉一般会消失。然而，当一位妇女不是在两件衣服中进行选择，而是在两个人之中选择一个来做自己的丈夫，这种冲突就确实可能变得极其激烈。这使我们再一次想起了罗森茨威格对需要的坚持性效应和自我的防御性效应之间所作的区分。

威胁性冲突仍然是一个选择问题，但却是在两个不同的目标之间进行选择，而且这两个目标都很重要。在这里，一个选择的反应通常并不能解决冲突，因为这种决定意味着放弃某些几乎是同被选择物一样重要的东西。放弃一个必要的目标或对需要的满足使人感到一种威胁,即使在作出选择之后,威胁也依然存在。总之,这种选择最终只会导致对于一种基本需要的长期妨碍,这就很容易导致病态。

灾难性冲突是一种没有抉择或选择可能性的纯威胁。就其后果来说,所有的选择都同样是灾难性或威胁性的,不然,也只有一种灾难性的威胁。这样一种情况,只有把那个词的意义延伸,才可以被称为冲突。举两个例子就可以很容易地看到这一点:一个例子是一位在几分钟内就要被处决的人,另一个是他必须面对明知带有灾难性的动物。在作决定时,所有逃避、进攻或替换行为的可能性都被杜绝——这正是许多动物神经病实验中的情况。

我们所能得出的结论只能和我们精神病理学观点分析挫折之后所得出的结论一样。一般说来,有两种冲突的情况或冲突的反应,一种有威胁性,另一种无威胁性。无威胁性的冲突并不重要,因为它们通常是不致病的;带有威胁性的冲突种类是重要的,因为它们往往是致病的。威胁并非总是致病的;对于威胁既有健康的应付方式,也有精神病或神经病的解决办法。此外,一种明显的威胁情况在一个特定的人身上,可能导致也可能并不导致在心理上受威胁的感觉。一次轰炸或对生命本身的威胁,其威胁的程度可能还不如受人嘲笑,被人冷落,被抛弃,自己的孩子生病,或者受一位陌生人的凌辱。而且,威胁也可能起到使人坚强起来的作用。同样,如果我们将一种冲突的感觉作为病症的缘由来谈论,我们最好还是来分析一下威胁或威胁性冲突,因为某些种类的冲突并不能引起病态,有一些实际上还会强化有机体。

我们可以对精神病病因这一综合领域的各种概念进行重新分类。我们可以首先讨论剥夺,然后则是选择,可以假设这两者都是不致病的,因此对精神病理学的研究来说是次要的概念。重要的概念既不是冲突也不是挫折,而是两者的基本致病因素——威胁实际上对有机体的基本需要或自我实现有阻挠作用。

妨碍基本需要和高级需要（包括自我实现）以及它们赖以存在的条件的危险和事实，是对生命本身的威胁，对于有机体的完整人格的威胁，对于有机体整合状态的威胁，对于有机体掌握世界的威胁，以及对于终极价值的威胁。

生存威胁的本质特征

威胁这一概念包括一些既不能归于通常意义上的冲突，又不能归于通常意义上的挫折的现象。某种类型的严重疾病能引起精神病，经历了一次严重的心脏病发作的人往往在行动时心有余悸。儿童得病或住院的经验常常带来直接的威胁作用，且不说伴随的各种冲突。

一般性的威胁在另一种病人身上也得到了证明，这就是盖尔卜、哥尔德斯坦、史勒以及其他一些人所研究过的脑损伤病人。最终理解这些病人的唯一方法就是假设他们感受到了威胁。也许可以认为，不管什么类型的有机性精神病患者都感受到基本的威胁。在这些病人身上，只有用两种观点来研究症状才可能将它们搞明白：首先，功能的损伤或任何种类的功能丧失（丧失效用）对有机体的直接影响；其次，人格对这些威胁性丧失（威胁效用）的动力反应。

从卡顿诺研究创伤性神经病的专著中，我们发现可以将最基本和最严重创伤的后果加进我们所列出的既不是冲突也不是挫折的各种威胁性后果的行列。必须再一次指出，一种受创伤的遭遇同受创伤的感觉并不一样，也就是说，一种受创伤的遭遇可能会造成心理上的威胁，但却不一定非造成这种威胁不可。如果处理得当，它的确可以给人教益，使人坚强。据卡顿诺说，这些创伤性神经病是对于生活本身最基本的行为功能——行走、奖金、交谈、进食——所发生的一种基本威胁的后果。我们可以这样来叙述一下其论点的大意：经历过一桩极其严重事变的人可能会得出这样的结论，他不是自己命运的主人，死亡一直在他的门外守候。面对着这样一个无比强大、极富威胁性的世界，一些人似乎丧失了对自己能力的信任，哪怕是最微不足道的能力，其他一些比较轻微的创伤威胁当然也就更小一些。另外，某种性格结构使一些人易于受威胁左右，在有这种性格结构的人身上，这种反应则更经常地发生。

不论什么原因，死亡的临近都可能使我们失去基本的信心而处于感到受威胁的状态。当我们再也无法应付这一情况时，当世界使我们无法忍受时，当我们主宰不了自己的命运时，当我们再也控制不了这个世界或者控制不了我们自己时，我们当然会有各种威胁的感觉。其他“我们无能为力”的情况有时也会被觉得是一种威胁。也许在这一类中还应该加上严重的痛苦，这当然更是我们无能为力的一件事。

或者还能扩充一下这一概念的内容，把通常包含在其他种类中的各种现象也包含进来。例如，我们可以提到的有突然的强烈刺激，没有预防便被摔落、摔倒，任何未被解释或陌生的事情，某种对儿童产生威胁而不仅仅是引起激动，更是对他们日常生活习惯或节奏的打乱。

我们当然不能忽略威胁的最核心方面，即直接的剥夺，或对基本需要的妨碍或威胁性屈辱，遗弃，孤立，丧失威信，丧失力量，这些都有直接的威胁性。此外，滥用或不用各种才能间接地威胁着自我实现。最后，对于高级需要或存在价值的威胁可以对高度成熟的人产生威胁。

一般说来，下面的几点都被觉得有我们所谈意义上的威胁性：妨碍基本需要和高级需要（包括自我实现）以及它们赖以存在的条件的危险和事实，是对生命本身的威胁，对于有机体的完整人格的威胁，对于有机体整合状态的威胁，对于有机体掌握世界的威胁，以及对于终极价值的威胁。

不管我们对威胁下怎样的定义，有一方面我们必须提到:一个最终的定义,不管包括其他什么内容,当然必须涉及有机体的基本目标、价值或需要。这意味着任何关于精神病病因的理论也必然要直接依赖动机理论。

界定威胁的必要性,可以从一般动力学理论和各种具体的实验结果中表现出来。也就是说,我们最终界定一种情况或威胁时,不能只着眼于整个种类都有的基本需要,还要着眼于面临着特殊问题的个别有机体。这样,挫折和冲突二者的定义常常都是单纯依照外部的情况,而不是依照有机体对这些外部情况的内在反应和理解而界定的。最坚持这种错误观点的是一些所谓动物神经病的研究者。

我们该如何确定某一特定情况在什么时候才会被有机体理解为一种威胁呢?对于人类来说,这可以轻易地由足以描述整体人格的方法作出判断,如精神分析法。这些方法可以告诉我们一个人需要什么,缺乏什么,什么在威胁他。但对于动物来说,事情就不是那么简单,在这里我们陷入了循环定义。当动物受到威胁的症状作出反应时,我们才会知道那是一种有威胁的情况。这就是说,情况是根据反应来界定的,反应又是根据情况来界定的。循环定义的名声通常是不太好,但我们应该知道,随着一般动力心理学的出现,所谓循环定义的名声也必定好转。无论如何,对于实验室的实际工作来说,这当然并非一个高不可越的障碍。

动力理论所必然得出的最后一点是:我们必须始终把威胁感本身看作是一种对于其他反应的动力性刺激。如果我们不同时知道这种威胁会导致什么,会使个体做什么,有机体会如何对它作出反应,那么对于任何有机体内的威胁,也不可能进行完整的描述。当然,在神经病理论中,既有必要了解威胁感的性质,又有必要了解有机体对这种感觉的反应。

动物研究中的威胁概念

在动物行为紊乱方面的研究中很容易得出,对它们的研究一般是针对外界环境方面而非动力方面。外界的实验安排或情况一旦被稳定下来,就以为完成了对心理情况的控制,这已经不是什么新鲜错误了。当然,最终具有心理上的重要性的,只有有机体觉察到或因此作出反应,或以某种方式受其影响的事物。

这一事实,以及每一个有机体都与其他有机体不同这一事实,不光应该得到口头认可,还应该承认它影响着我们的实验安排以及最终的结果。例如,巴甫洛夫已经证明,动物必须具有某种类型的生理气质,否则外部冲突就不会导致任何内部冲突,而且我们所感兴趣的,当然并不是各种冲突情况,而是有机体内部的冲突感。

我们还应认识到,个别动物的独特历史使动物们对于一个特定外部情况的个别反应各不相同,例如在戈恩特和李得尔及其合作者的研究中正是如此。我们通过对白鼠的研究已经证明,在某些例子中,有机体的特性对于决定是否会因为相同外部情况而衰竭是至关紧要的。不同种类会以不同的方式来对于外部情况进行观察,作出反应、感到受威胁或是不受威胁。当然,在许多类似的实验中,冲突和挫折的概念用得并不精确。此外,由于忽略了对有机体所受威胁的性质应该个别界定,便似乎难以理解各种动物对于同一情况所作出的反应的差异性。

比通常用在这类文献中的说法更确切一些,这是个很好的概念,因为它涉及了已知的所有动物研究,但我们还应该使它的某些含义更清楚一点,例如,从动物那里夺走它看重的东西,可以导致同要求有机体做它不能做的事情所引起的一样的病理反应。

在人身上,除了已经提到的因素外,这一概念还应该包括某些疾病和某些对有机体整体人格的损害的威胁性质等因素,它使一个动物能够面对某个要求它做一些难以做的事情的情况;它仅仅通过对这一情况毫不在乎,对它无动于衷,甚至不屑对它进行察觉,便可以以一种非病态的方式对它作出反应。也许这一比较鲜明的特点可以部分地通过在史勒的说法上加一个强烈动机的说法来获得:"当有机体面临一个非常想解决或者必须解决但却无法解决或对付的任务或情况时,便会出现病态反应。"当然,甚至连这也是不够的,因为它没有包括已经提到的现象。然而,它是为实验目的而对威胁理论所作的一种有实际意义的叙述,这是它的优点。

另外,动物的行为前后表现得并不一致。这是由于忽略了区分动物在面临非威胁性或威胁性选择以及威胁和非威胁性挫折中的情况。如果设想动物正处于迷宫中一个选择点上的冲突情况,那它为什么不经常地崩溃呢?如果设想剥夺食物 24 小时是对于老鼠的挫折,那这种动物为什么不崩溃呢?显然,假设或概念都需要改变一下。一个忽略区别的例子不能区分两种选择:动物在一种选择中放弃了某些事物,在另一种选择中则什么也没放弃,在这种选择中目标保持不变并不受威胁,但动物却有两条或者更多的途径来实现这同一个得到了保障的目标。如果一个动物又渴又饿,而且食物和水之间二者不可兼得时,它就可能又受到了威胁的感觉。

我们绝不能就其本身来界定一种情况或一个刺激物,而是必须把它看作是已被对象(动物或人)所结合——以动力的方式,通过它对实验所涉及的特别对象的心理含义。

一生经历中的威胁

普通的或有神经病的成年人所受一般外界情况的威胁,要比健康成年人多。我们应该再一次想起,尽管成年的健康产生于童年的没受威胁,或是对威胁的顺利克服,而且随着岁月的流逝,它越来越不受威胁的影响;举例说吧,一个人如果对自己极有信心,他的男性气质便不容易受到威胁。一个人如果一生中一直被人深爱着,并感到自己值得爱或可爱,那么,即使你不再爱他了,对他也没有太大的威胁,必须再一次依靠功能性原则。

精神病病因如果是单一的而不是复合的，那么疾病的各种单独的症候群又是从哪里来的呢？也许不光病因，精神病理学也可能是单元的。

威胁对自我实现的妨碍

威胁的大部分特殊例子都归在“对最终自我实现的发展有着实际的妨碍或威胁”，这是很有可能的，哥尔德斯坦也曾这样做过。这样强调将来的以及当时的损害，有许多严重的后果。我们可以引用弗洛姆“人本主义的良心”这一革命性概念作为已经觉察到偏离了成长或自我实现道路的例子，这一概念同弗洛伊德超自我概念的相对性和由此而来的缺陷形成了鲜明的对比。

我们还应明白一点，将“威胁”和“对成长的妨碍”搞成同义词，造成了在当时从主观上来说是没有威胁的，但在将来则是有威胁的或对成长是有妨碍的。孩子现在可能会希望得到一种让他高兴、安静、感激的满足，但这种满足却不利于他成长。例如，父母过于满足孩子，从而产生溺爱引起的精神变态。

疾病的单元性

另一个由精神病的单元性质所引起的难题是由于它和不很完善的发展相提并论而引发。我的意思是，所有的或者大部分疾病都来自同一个根源。也就是说，精神病病因如果是单一的而不是复合的，那么疾病的各种单独的症候群又是从哪里来的呢？也许不光病因，精神病理学也可能是单元的。也许我们现在所说的医学模式上的各种单独疾病实体，实际上是对一种深层的一般性疾病的特殊反应，正如霍尼所声称的那样。我关于安全感与缺乏安全感的实验正是建立于这样一个基本的假设之上，而且到目前为止，在辨别出有一般心理疾病而不是臆想病或忧虑症等特殊神经病的患者方面卓有成效。

我没有进一步探讨这些假说，因为它们都是由这种关于精神病理、病因的理论引发的，而这也是我最想说明的。有必要做的只不过是强调一下它的各种统一化、简单化的可能性。

> 在人类总体中只有一少部分达到同一性、个性、丰满人性、自我实现等等。这是我们最大的难题。既然我们有倾向人性充分发展的冲动，那么，为什么不能更经常地发生？是什么阻碍了它？

个人生命成长的一种失败

20世纪中期普遍承认的理论认为，神经症是一种可以描述的病理状态，它是那时存在着的、医学模型上的一种疾患或病症。但我们已经学会用辩证的方式看它，认为它同时也是一种向前的运动，一种趋向健康和丰满人性的向前的困难摸索，在畏缩而不是在勇气的庇护下胆怯而软弱地前进，而这过程既包含着现在也包含着未来。

我们得到的一切证据（大都是临床证据，也有某些其他研究的证据）都表明，几乎每一个人甚至几乎每一个新生物，都有一种倾向健康的积极意愿，一种倾向成长或倾向人的潜能的实现的冲动。但很遗憾的是，几乎没有人这样做。在人类总体中只有一少部分达到同一性、个性、丰满人性、自我实现等等，这是我们最大的难题。既然我们有倾向人性充分发展的冲动，那么，为什么不能更经常地发生？是什么阻碍了它？

既预料到它有很大的可能性，但又失望于这种可能性实现的罕见，这是我们研究人性的新方法。不论何种现状，这种态度和“现实主义的”何种现状都接受的态度是对立的，后者认为现状是常规，例如电视的民意测验。此时此刻，无论是从描述观点看，还是从没有价值观念的科学观看，这一常态或一般状态是我们能够期望的最佳状态，因此，我们应该为此而感到满足。常态宁可说是一种疾病或残废或瘫痪，那是我们和其他每一个人所共有的，因而未加注意。我想起我在大学时代用过的一本陈旧的异常心理学教科书，内容其实糟透了，但卷首插画非常精彩：下半部是一列孩子，苹果脸，甜蜜的微笑，兴高采烈，天真无邪，非常可爱；上部是地铁车厢中的许多乘客，愁闷，灰溜溜，绷着脸，似乎很生气。下面的解说词非常简单："怎么啦？"这正是我要谈论的问题。

另外，我一直在进行的工作一部分是关于研究工作的战略和策略问题，是为研究工作进行铺垫，是试图说明所有临床经验和个人主观经验，我们力求能够在一种科学的方式中更好地理解这些经验，即核对、检验、使结果更精确，并观察它是否真实，直觉是否正确，等等。为了这样的目的，也为了那些对哲学问题感兴趣的人，我简单地提出几个和下文有关的理论观点。这是一个古老的问题——事实和价值之间、是和应该之间、行为和规范之间的关系问题，一个哲学家们一筹莫展的问题，自有哲学家以来，他们就一直在讨论着这个问题，但进展却很小。我愿提供某些思考，在解答这一古老的哲学难题中这些思考对我是有帮助的，也可以这么说，是突破两难困境的第三只角。

熔接词是一个一般的结论，部分来自临床和心理治疗经验，部分来自格式塔心理学家。在某种哲学方式中，事实往往有一定的指向，或者说，它们是有矢量的。事实并不是躺在那里，像一块锅饼，什么事也不做；它们在一定程度上是路标，能告诉你该怎么办，向你提出建议，引导你向某一方向而不是相反方向前进。它们"呐喊着"，它们具有需求性，甚至具有如克勒所说的"必需性"。我常有这样的感受，只要我们有足够的充分认识，我们便知道该怎么办；当我们必须决定到底该怎样做时，充分的知识常常能帮助我们作出道德和伦理的选择。例如，我们在治疗中都有这样的经验，当人们的"认知"越来越有意识时，他们的解决、他们的抉择也越来越容易，越来越自主。

这就是说，有的事实或词的本身兼有两种作用——规范和描述。我暂且称它们为"熔接词"，表示事实与价值的一种熔化和连接。除此以外,我不得不力求解决“是”和“应该”这一问题。

正像我认为所有人在这类工作中都会这样做一样,在我谈论的开始,是在一种坦率的规范方式中前进。我提出的问题是:什么是正常,什么是健康?我先前的哲学教授仍然像长辈那样非常亲切地对待我,我也像晚辈那样尊敬他。有一次他写给我一封担忧的信,善意地责备我不该以傲慢的方式处理这些古老的哲学问题,信中有这么一句话:“你知道你做了些什么吗?在这一问题的背后有两千年的思想,而你却在这层薄冰上那么随意和漫不经心地滑行。”我回信解释说:“这一类的事正是一个科学家的作用方式,这也是他的研究战略的一部分,即滑过哲学的难题越快越好。”我记得有一次我给他的信写道:“我从战略考虑,在推进知识中不得不采取这样一种态度,只要涉及哲学问题,就应该是坚决的天真。”我认为这就是我们在这里所采取的态度。我曾觉得,谈论正常与健康,什么是好,什么是坏,这是有启发的,因此我常常对于这个问题有些任性。我曾做过一项研究,用一些优等的画和一些劣等的画作为测试材料,我在注脚中直接写道:“优等的画在这里的定义是我所喜欢的画。”我的目的是看我是否能跳到我的结论,并证明这并不是一个坏的战略。在研究健康人、自我实现者时,一直有一种从公开规范的和坦率个人的稳定运动,一步一步地趋向越来越形象的、客观的词,直到有了一个标准化的自我实现测验。现在已能在操作上对自我实现作出定义,像智力通常的定义一样,即自我实现也是可以用测验测试的。它和各种外部变量密切相关,并继续积累着相关的意义。作为一种结果,我深受启发,觉得从“坚决的天真”出发是正确的。我用直觉的、直接的、个人的方式所看到的,现在大都正在由数字、表格和曲线进行验证。

很明显，熔接词是高于较纯规范词的一种科学的进展，同时也避开了更坏的陷阱——科学只能是无价值观念和非规范的，或超人类的。

脱离医学模式的生命激进运动

“丰满人性”与“自我实现”概念相较，这是一个更富有描述性和客观性而又保留着我们所需要的一切规范含义的概念。我们希望能以这样的方式从直觉的启发式的开端逐步向越来越高的确定性、越来越大的可靠性、越来越客观的外部证实运动，这又意味着这一概念越来越具有科学的和理论的效用。这种说法和这种思维方式是我以前由罗伯特·哈特曼的价值论著述那里受到启发而形成的，他把“善”定义为实现一件事物的规定性或概念的程度。这使我认为，或许把人性概念理解为一种数量的概念是为了研究的目的。例如，丰满人性可以用分类的方式说明，即丰满人性是抽象的能力，运用合乎文法的语言的能力，爱的能力，有一种特殊性质的价值观，能超越自己，等等。我们甚至还可以把这种全面分类的规定用明细表描述出来，如果需要这样做的话。对于这种想法我们可能会感到很惊讶，但它非常有用，只要能向进行研究的科学家在理论上阐明就行。这个概念能成为描述性的和定量的，但也是规范的，比如说这人比那人更接近于丰满人性。甚至我们能说：这人比那人更多人性。它确实是描述客观，因为它和我的愿望与旨趣、我的个性、我的神经症无关；而从丰满人性概念中排除我的无意识的愿望、畏惧、焦虑、希冀要比从心理健康概念中排除容易得多。

在研究过心理健康或任何别的类型的健康之后，你将会发现，它是如此具有诱惑，使你不禁要投射你自己的价值观念，并使这个概念弄成一种自我描述，也许是一种关于你想成为什么样子,或你认为人们应该成为什么样子的描述,等等。你会不得不长时间支持这种倾向,并且你将发现,虽然在这样的工作中有可能成为客观的,但肯定很难做到。即使这时你也不敢绝对肯定。归根结底,假如你选择研究对象是以你个人的判断和诊断为基础,这样的选样错误的概率会比你依据某种非个人的标准进行选样时多。

很明显,熔接词是高于较纯规范词的一种科学的进展,同时也避开了更坏的陷阱——科学只能是无价值观念和非规范的,或超人类的。熔接概念和熔接词使我们有可能参与科学和知识的正常发展,从它的现象学和经验的开端向更可靠、更有效、更确信、更准确、更能与他人分享和取得一致的目标前进。

其他常用的熔接词有:成熟的,演化的,发展的,发育受阻的,残缺的,充分发挥作用的,优美的,笨拙的,愚蠢的,等等。还有许多许多词是不太明显的规范与描述相熔接的词。我们可能终有一天不得不认为熔接词是可以作为范例的,是正常的、通常的和核心的。那时,较纯描述词和较纯规范词会被认为是边缘词和新生词。我相信,这将成为人本主义世界观的一部分,这一世界观现在正迅速进化为一种有结构的形态。

首先,这些概念太绝对地外离于心理了,不能充分说明意识的性质,心理内部的或主观的能力,例如,欣赏音乐,沉思和冥想,分辨韵味,对个人内在呼声的敏感,等等,能够在个人内部世界融洽生活,可能和胜任社会生活或胜任现实生活同等重要。但从理论的精致和研究的战略观点看,这些概念不如一张构成人性概念的能力的清单那么客观和直观。

我认为这些模式没有一个是和医学模式对立的,它们彼此没有必要二歧化。医学上的疾病能削弱人,因而它也处在从较多人性到较少人性的连续系统上。当然,对脂肪瘤、细菌侵入、癌等而言,医学的疾病概念尽管是必需的,而对神经病的、性格的或精神失调而言,却又肯定是不充分的。

说“丰满人性”而不说“心理健康”，因此可以相应地说“人性萎缩”而不说“神经症”。但这又是一个没一点真实意义的词。这里的关键概念是人的能力和可能性的丧失或缺乏，显然这也是一个程度和数量的问题。再者，这更接近于能在外部观察到，更接近于外现行为，这自然使它比焦虑、强迫症或压抑等更易于研究。它也把一切标准的精神病学的范畴纳入同一个连续系统中，包括来自贫困、剥削、不适当的教育、奴役等所有发育受阻、残缺和抑制，也包括来自经济上有特权的人的那些新型的价值病态、存在性紊乱、性格紊乱，并非常细致地论述了来自吸毒、精神病态、专制主义、犯罪等种种萎缩，以及来自另外不能在同样医学意义上称为“疾病”（如脑瘤）的种种萎缩。

这是一种长久被忽略且脱离医学模式的激进运动。严格地说，神经症意味着一种神经性的疾病，我们现在不用这个陈旧的说法也照样行得通。此外，用“心理疾病”会把神经症置入和溃疡、损伤、细菌侵袭、骨折或肿瘤相同的论题范围。但现在我们已经明白了，最好设想神经症和精神紊乱有关，和意义的丧失、对生活目的的怀疑、失恋的痛苦和愤怒、对未来的失望、对自己的厌恶、认识到自己的生命正在流逝、或和失去幸福或爱的可能等有关。

这些都是抛开丰满人性、脱离人的盛开之花的凋零。它们是人曾有的和也许还会有的可能的丧失。物理和化学方面的卫生术和预防法在这一心理病源学的领域内必然也会有点用处，但和更为强有力的社会的、经济的、政治的、宗教的、教育的、哲学的、价值论的，和家庭的决定因素相比，简直不值一提。

如果一个人不首先是个人自己的身体、个人自己的体质、个人自己的机能、个人自己的种性，他又能真正是什么呢？

人怎样向丰满人性成长

我们可以从心理、哲学、教育、精神方面的转移倾向中赢得某些好处。在我看来，这一转移鼓励了对生物基础和体质基础的正确理解。在任何有关同一性或真实自我、成长、揭示疗法、丰满人性或人性萎缩、自我超越或任何其他这一类问题的讨论中，都不能不涉及潜在的生物因素和体质因素。简短地说，我认为，要帮助一个人向丰满人性运动，不可避免地要通过他对自身同一性等的认识。这一工作极重要的一部分是要意识到自己是什么，作为人类的一员在生物学上、气质上、体质上是怎样的，意识到自己的能力、愿望、需要，也意识到自己的使命，自己适合做什么，自己的命运是怎样的。

可以毫不畏惧地说，关于个人自己内部的生物学的现象学认识，关于我称为“似本能”的本性、关于个人动物本性和种性的认识，这才是对自我觉知至关重要的方面。这当然是精神分析要努力做到的事情，即帮助一个人意识到自身的动物冲动、需要、紧张、抑郁、爱好、焦虑，这也是霍尼在真实自我和虚假自我之间进行区分的目的，这也正是个人对于自己真正是什么的一种主观的意识判断。如果一个人不首先是个人自己的身体、个人自己的体质、个人自己的机能、个人自己的种性，他又能真正是什么呢？

这一范式可以一直延伸到个人发展的最高水平，甚至延伸到个人自我超越的水平，我对此深信不疑。我完全有理由接受一个人的最高价值的似本能特性，或可称为精神生活或哲学生活的似本能特性。我甚至觉得这种个人发现的价值论也能纳入“个人似本能性的现象学”范畴，或纳入“主体的生物学”或“体验的生物学”等范畴。

这一人性程度或量度的单一连续系统在理论上和科学上具有重大意义。这一连续系统不仅包括精神病学家和医师谈论的各种疾病，而且也包括存在主义者、哲学家、宗教思想家和社会改革家所关注的一切问题。不仅如此，我们还能把我们所知的各种健康和各种程度的健康纳入这同一个单一的连续系统，甚至加上自我超越的、神秘融合的“健康以外的健康”以及未来可能揭示的任何更高的人性可能性。

在相同的意义上，萎缩也能导致一些后果和过程的出现。就简单描述方式看，它仅仅在极少的情况下才是一种完成或终结。

抵制神经症的“特效药”

我至少从这种思路中获得一项特殊的好处——我的注意力可以敏锐地转向我称为“内部信号”或内部暗示或刺激的东西。我起初未能充分认识到，在多数神经症以及许多其他身心障碍中，内部信号会变得微弱或甚至完全消失（如在严重强迫性神经症中），或“听”不到或不能被“听”到。在极端的例子中，我们看到过一些没有什么体验的人，例如行尸走肉、内部空空的人。恢复自我必须知道自己喜欢什么，不喜欢什么，喜欢谁，不喜欢谁，知道什么是愉快的和什么不是愉快的，什么时候应该吃、睡、解手、休息等。作为绝对必需的条件，当然包括恢复拥有和认知这些内部信号的能力。

没有什么体验的人，因为自身不能发出明确的指令或真情呼唤而只看好外面的情形而动。例如，吃饭要看钟点而不是顺从他的食欲。他靠时钟指引自己，靠常规、日历、日程表、议程表、他人的提示指引自己的生活。

不管怎样，我认为神经症是由于个人成长的幼稚的解释，当然已具有很明确的特定意义。它是未能达到的但从生物学的观点看一个人本来能够达到，甚至我们可以说，一个人本来应该达到的目标，即他在未受阻挠的方式中成长和发展就能达到的目标。个人的可能性已经丧失。世界被弄得很狭隘，意识变得很局促，能力受到抑制。例如，优秀的钢琴家不能在众多听众面前演奏，或恐惧症患者被强制回避高处或人群。不能学习、不能测试、不能吃多种食物的人肯定已受到削弱，正如一个双目失明的人一样，认知性的损失，失去的快乐、欢欣和狂喜，不能胜任，不能放松，意志的消沉，怕负责任，所有这些都是人性的萎缩。

用更实际的、外观的和定量的人性丰满或萎缩的概念来取代心理疾病和健康的概念，正如我曾提到的那样。我认为，人性概念在生物学上和哲学上也是较健全的，萎缩是可逆的或不可逆的。例如，我们对于妄想狂人要比对于一个友好的、可爱的歇斯底里的人会感到失望得多。萎缩自然也是动力型的、弗洛伊德式的。弗洛伊德独创的方式谈到一种存在于冲动和对冲动的防御之间的辩证关系。在相同的意义上，萎缩也能导致一些后果和过程的出现。就简单描述方式看，它仅仅在极少的情况下才是一种完成或终结。这些丧失在多数人中不仅引导到弗洛伊德和其他精神分析团体已经阐明的各种防御过程，例如，引导到压抑、否认、冲突，等等。它们也引导到我曾强调过的抗争反应。

冲突本身自然也是比较健康的标志，假如你曾遇到过真正冷漠的人，真正绝望的人，已经放弃希望、奋斗和抗争的人，你就会对此深信不疑。神经症对照地看是一种非常有希望的事态。它表明，一个受到惊吓的人，不信赖自己、轻视自己的人，仍然力争达到人类的传统和每一个人都有权利得到的作为人的基本满足。或许也可以这样说，这是一种胆怯的和无效的、趋向自我实现、趋向丰满人性的努力。

萎缩自然也可能是可逆的。常见的情况是，只要满足了需要就能解决问题，特别是在儿童中。对于一个缺乏爱的儿童，显然最好的办法是给他充足的爱抚，把爱洒遍他全身。临床的和一般的经验都表明这是很有益的。我没有统计数字，但我猜测十之八九是如此。同样，尊重对于抵制无价值也是一种特效药。于是这使我们得出一个明显的结论：假如我们认为医学模式上的“健康与疾病”在这里是过时的，那么医学的“治疗”和“治愈”概念和权威医师的概念也必须被清除和取代。

我们所有的人都有一种改善自身的冲动，一种趋向更多实现自身潜能、趋向自我实现或丰满人性或人的实现（或你喜欢用的任何名称）的冲动。假设真的如此，那么，是什么使我们停顿，什么阻碍了我们呢？

防御逃避畏惧的方式

我们所有的人都有一种改善自身的冲动，一种趋向更多实现自身潜能、趋向自我实现或丰满人性或人的实现（或你喜欢用的任何名称）的冲动。假设真的如此，那么，是什么使我们停顿，什么阻碍了我们呢？

在这一类对成长的防御中，我特别谈一点——因为它还没有引起很大的注意——我称之为约那情意综。

在我自己的笔记中，我最初称这种防御为"对自身特有的畏惧"或"逃避自己的命运"或"躲开自己的最佳天才"。我曾想尽量坦率和尖锐地强调一个不同于弗洛伊德的观点，即我们害怕我们的至善正如害怕我们的至恶一样，尽管方式有所不同。就我们大多数的情况而言，我们肯定都要比我们的实际表现更杰出。我们都有尚未运用的潜能或尚未充分发展的潜能。我们许多人都在逃避我们体质上提示的天职事业、命运，生命的任务、使命。我们常常逃避责任，那是自然、命运，有时甚至是偶然事件命令（或宁可说是提示）的，正如约那力图徒劳地逃避他的命运一样。

我们害怕仔细设想我们最高的可能性（正如害怕最低的一样）。我们一般怕变成我在最完美的时刻、在最完善的条件下、以最大的勇气所能设想的样子。我们对于在这种高峰时刻在我们自己眼中看到的神一般的可能性感到愉快甚至激动。但我们同时又带着软弱、敬畏和恐惧的心情在这些可能性面前颤抖。

我发现很容易就能向我的学生证明这一点。只要问他们:“你们中有谁希望成为最伟大的小说家,或成为一位参议员、州长,总统？或一位伟大的作曲家？谁想当联合国的秘书长？谁企望当圣人？你们中间谁愿成为一位伟大的领袖?”通常,人人都突然咯咯地笑起来,羞愧而不安,直到我再问:“假如你不干,那么谁来干?”这自然是真理。当我以这种方式推动我的毕业生趋向这些更高的抱负水平时,我又说:“你们现在秘密计划要写的伟大著作是什么?”这时他们常常显得手足无措,并支支吾吾,设法避开我。但为什么我不应该那样问？除心理学者以外还有谁更有能力写心理学著作？这样我就能再问:“你不打算当心理学家吗?”“当然想。”“你受的训练是要当一名缄默的或不活跃的心理学家吗？那样有什么好处吗？那不是一条通向自我实现的正确途径。不,你应该想当第一流的心理学家,当你力所能及的最佳的心理学家。假如你犹豫彷徨只打算做较次于你力所能及的事业,我就要警告你,在你的余生你将深感遗憾。你将逃避你自己的能力,你自己的可能性。”

这种矛盾心理不仅存在于我们对自己的最高可能性设想中,而且我们对于特殊人性中和一般人性中这些同样的最高可能性也抱有一种持久的、相当普遍的,甚至必然的冲突感和矛盾心理。当然,我们敬佩并羡慕优秀人物,圣贤,忠诚的、德高的、纯洁的人。但是,任何深入观察过人性底蕴的人难道没有意识到我们对圣洁人物所怀有的混杂情感和往往更倾向敌对的情感吗？或者对非常美的女人和男人,对伟大的创始者,对我们的智力天才,不也同样如此吗？不需要成为心理治疗专家就能看出这一现象——被我们称之为“对抗评价”。只要读点历史就能发现许多这样的事例,甚至我可以说,可能在全部人类史或任何历史的探寻中也找不出一个例外。我们爱慕那些体现了真、善、美、公正、完善,最终取得成功的人。但他们也使我们不安、焦虑、困惑,也许还有点妒忌和羡慕，有点自卑、自惭。他们往往使我们失去自信、自制和自重。

因此，我们得到了第一个暗示：大人物仅仅凭借他们的存在和他们的伟大就足以使我们体味到自己的渺小，不管他们是否有意要造成这样的影响。假如这是一种无意识的作用，而我们并不清楚为什么他们一出现我们就会自惭形秽，那么我们会很容易以主观投射作出反应，我们会认为他们极力想贬低我们，像是特意针对我们的。于是敌意便顺理成章地产生了。因此，我认为自觉的意识能削弱这种敌意。假如你愿意对你自己的对抗评价、对你的畏惧和敌意加强自我意识和自我分析，你将很可能不再对他们怀有恶意。我因而也愿意这样推断、猜测，假如你能学会更纯洁地喜爱他人中的最高价值，这也许会使你也喜爱你自身的这些特性而从此消除畏惧。

鲁道尔夫·奥托曾精辟地概括说明，对崇高事物的敬畏与这一动力紧密相连。把这一点和爱利亚德对神圣化和去圣化的洞察结合起来。我们对于直接面对神或神圣事物引起畏惧的普遍性就能更深刻认识了。在某些宗教中，死亡被视为不可避免的后果。大多数文字前的社会也有一些地点和物体是禁忌的，因为它们太神圣因而太危险。我也曾从科学和医学中提供过一些去圣化和再圣化的例子，并力图解释这些过程的动力学。归根到底，它们大都来自在崇高和至善面前的敬畏，而且这一敬畏是内在的、有理由的、正确的、合适的，而不是某种疾病或无法“治疗”的绝症。

但我又觉得，这些敬畏和畏惧不单单是消极的或使我们逃遁或畏缩的东西，它们也是合乎需要的、愉快的情感，能把我们引到最高的欢乐点、自觉的意识、洞察和“彻底的作用”。这是我所知的最好的途径，通向对我们最高能力的接受，通向我们可能已经掩藏起来或避开的不论任何伟大或善良或智慧或天才的因素。

我在试图理解为什么高峰体验通常都很短暂，结果得到了一个很有价值的启示：我们不过是不够坚强，所以不能承受过多！它太震撼、太耗损人了。因此，处于这种极乐时刻的人往往说，“不能再多了”，或“我受不了啦”，或“我简直要死了”。当我得到这样的说明时，我有时会觉得，他们可以死了。令人发狂的幸福不可能长久承受，正如我们的机体太弱不能承受长时间的性高潮一样。

“高峰体验”一词比我起初认识到的所有含义更恰当。剧烈的情绪必然是极点的和暂时的，它必然逊于非极乐的宁静，较平和的幸福，对至善清晰、深沉认知的内在喜悦。极点的情绪不能长久持续，但存在认知能长久持续。这难道不能帮助我们理解约那情意综吗？它在某种程度上是一种怕被摧毁、怕失去控制、怕垮掉、怕瓦解甚至怕被那种体验杀死的合理畏惧。伟大的情绪最终能在实际上湮没我们。怕沉湎于这样一种体验的情感，一种使我们想起一切能在性感缺失中发现的类似畏惧的畏惧，我认为能通过心理动力学、深蕴心理学以及情绪的心理生理学和心身医学等文献得到更好的理解。

我在探索自我实现何以失败时曾遇到过另一方面的心理过程。对成长的逃避也能由对妄想的畏惧发动。自然，这一点曾在较普通的方式中被谈到过。普罗米修斯和浮士德的传奇文学几乎在任何文化中都能发现。例如，希腊人称它是对自大的畏惧。它被称为“有罪的傲慢”，这当然是人的一个永恒的问题。对自己这样说——“是的，我要成为一个伟大的哲学家，我要质疑柏拉图并胜过柏拉图”——的人必然迟早要被他的自以为是和骄矜弄得麻木不仁，特别是在他比较脆弱的时刻，他将对自己说：“谁？我？”并认为那是一种疯狂的想入非非，甚至惧怕那是妄想狂。他把他对自身内在自我及其一切弱点、彷徨和缺陷的认识和他所知的柏拉图的光辉、完美而无瑕疵的形象相比，于是，他自然会觉得自己太放肆、太自大。可他没有认识到，柏拉图在内省时必然也会有与他同样的感觉，但柏拉图终于前进了，越过了他对自己的怀疑。

就某些人来说,这种对自身成长的逃避,只见于低水平的抱负,怕做自己所能做的事,自甘摧残、假装的愚蠢、狡诈的谦卑,实际上是对自以为是、对骄矜、对有罪的傲慢和自大的防御。有些人不能掌握谦逊和自豪之间的优美整合,而这对于创造性的工作是绝对必要的。要发明或创造,你必须拥有“创造的傲慢”,许多研究者曾指出过这一点。但是,假如你只有傲慢而无谦逊,那么你实际上是在妄想。你必须意识到自身的神一般的可能性,而且也要意识到人的存在的限度,你必须能够同时嘲笑你自己和人的一切矫饰。假如你能对毛毛虫想当神仙感到有趣,那么实际上你便有可能继续尝试并满怀自豪而不再担心自己是否妄想,或会不会招致冷嘲热讽。这是一个绝佳的方法。

我在阿尔都斯·赫胥黎身上看到了它的最佳利用。他肯定是我所说的那种伟大人物,一位能够接受自己的天才并加以充分利用的人。他能做到这一点因为他永远对每一件事情的精彩和迷人深感惊奇,能像一个纯真的孩子一样,对事物的奇观惊叹不已,能经常说:“妙极啦!妙极啦!”他能用开阔的视线观察外界,用毫不掩饰的纯真、敬畏和迷恋进行观察,这是一种对自己渺小的承认,一种谦逊的形式,然后安详地前进并对他为自己树立的伟大任务毫不畏惧。

最后,我是想说明这些终极价值(我认为它们也是最高的需要,或超越性需要)和所有的基本需要一样,都能落入弗洛伊德关于冲动和对冲动的防御所制定的模式。因此,说我们需要真理,爱真理,追求真理,这肯定是有根有据的。不过,也同样容易证明我们也惧怕认识真理。例如,某些真理伴随着一定的责任,可能会引起焦虑。直接地回避对真理的意识是逃避责任和焦虑的有效途径。

我设想,我们一定会找到每一种内在的存在价值的辩证关系。我曾模糊地想到,讨论如“对美的爱和因美而不安”、“对好人的爱和因他而激怒”、“对卓越的寻求和毁灭卓越的倾向”等问题，当然，这些对抗价值在神经过敏的人中表现得更强烈，但据我看我们所有的人似乎都应该冷静对待我们自身中的这些无谓的冲动，自始至终我都这样认为。最好的对待办法是通过有意识的洞察和彻底的研究，把妒忌、猜疑、不祥的预感和龌龊的想法转化为谦恭的钦慕、感激、欣赏、崇敬甚至崇拜。这条道路是自感渺小、软弱、无价值并接受这些感受而不必以一概而论的办法来保护一个假造的高度自尊。

我又认为，理解这一基本的存在性问题，应该有助于我们欢迎他人中的存在价值，而且也欢迎我们自身中的存在价值，这将有助于解开约那情意综。

破坏或伤害是一种继发性的或派生性的行为，并不是一种原发性动机。换句话来说，人的那些敌对行为或破坏行为实际上总是有一定原因的，都是对另一事态的反应，都是某种产物而非初始的源泉。

破坏性不是生命的本能决定

基本需要（动机、冲动、驱力）从表面上看并非邪恶或是有罪。一个人需要食物、安全、归属、爱、社会认可、自我认可和自我实现，这是无可厚非的。事实上，绝大多数文化中的绝大多数人都认为这些是他们渴望满足的愿望，是值得称赞的。即使是为了科学上的谨慎起见，我们也必须说，这些愿望是中性的而不是邪恶的。这种情况也同样适用于我们所知道的绝大多数或全部的人类能力（进行抽象活动的能力、讲合乎语法的语言的能力、创立哲学的能力，等等），而且也适用于人在素质上的差异（主动活动或被动活动较高或较低的能量水平，等等）。至于渴求真、善、美、合法、质朴的那些超越性需要，在我们所了解的大多数文化中，把它们说成本质上是坏的、邪恶的或有罪的，这实际上是一种误解。

所以，在我们的世界中、在人类的历史上和在我们自己的个性中，那些很明显的大量邪恶并不能由关于人性和人类的那些原始材料来解释。诚然，我们有足够的事实把大量所谓的邪恶归咎于身体上的疾病和人格上的缺陷，归咎于人的无知和愚蠢，归咎于人的不成熟，归咎于败坏的社会机构和日益败坏的世风。但是我们却没有足够的事实来证明到底有多少邪恶可以归纳到这些因素上去。众所周知，邪恶可以通过健康和治疗、知识和智慧、年龄上和心理上的成熟、良好的政治、经济以及其他健全的社会习俗和体制而逐日减少，但到底减少了多少呢？这些措施能把邪恶减少到零吗？的确可以保证，我们有足够的知识拒绝这样一种看法，即认为人的本性就其本质而言，从生物学根本意义上来看，主要是邪恶、有罪、刻薄、残忍、暴虐、凶狠的。但我们却不敢肯定在人的本性中没有一点邪恶行为的似本能倾向。很显然，我们对各种情况仍然知之甚少，因而不能毫无根据地作出这样的断言，至少我们手头有些证据是与这种断言互相抵触的。但无论如何，这类情况毫无疑问是完全有可能获得的，而且这些问题也完全能够由一种经过适当扩充的人本主义科学来加以解答。

我原本想将这个所谓善与恶的范畴中的关键问题用经验来阐明。虽然我们并不想给出一个定论，但我们想提醒人们注意，我们对于破坏性的认识即使没有达到最完善的地步，但却有了很大的进展。

首先，从一些动物中可以看到那种类似于原发性的进攻性。虽然并不是在所有动物身上，甚至也不是在很多动物身上，但确实在某些动物身上可以看到这种进攻性。有些动物看上去好像是为杀死别的动物而杀死别的动物的，它们并不是出于某种突出的外在动机而表现出进攻性的。一只狐狸跑到鸡窝里大开杀戒，它所杀死的鸡是它完全吃不了的；猫追老鼠更是尽人皆知的；牡鹿处于发情期会主动寻衅斗殴，有时甚至不惜残害自己的同伴。许多动物，甚至一些高等动物，它们一旦步入老年，由于明显的素质方面的原因，会变得愈加恶毒；以前比较温顺的动物这时会狂躁残暴。对许多不同的动物来说，杀戮并不仅仅是为了获取食物。

研究者曾对老鼠做过实验。研究结果表明，在老鼠身上完全有可能培养起野性、进攻性和残暴性，正如人们可以在它们身上培养起解剖学特征一样。至少在老鼠这种动物那里，实施暴虐的倾向有可能是原发性的，由遗传得来的，它对老鼠的行为起着主导作用。类似的情形也可能发生在别的动物种类那里。实验还普遍证明，野蛮残暴的老鼠与温和柔顺的老鼠比较起来,其肾上腺显然要大得多。这一发现使以上情况显得更为真实可信。当然,遗传学家们也可以朝着相反的方向驯化其他种类的。在动物身上培养起温和柔顺的性情,使它们一点也不残暴。正是这样一些例子和观察使我们能够更进一步,接受在所有可能的解释中那种最为简单的一个,也就是说,我们在此所讨论的行为都来自特定的动机,而在此之前,这一特殊的行为还是被一种遗传冲动所激发起来的。

再进一步细致分析可知,动物中其他许多表面看来是原发性的暴行,并不完全像它们所表现出来的那样。在动物身上,如同在人身上一样,进攻行为能够通过许多方式,由许多情景激发出来。例如,有一个因素称为领土性,我们可以以在地上筑巢的鸟儿为例来对这一因素进行一番描述。我们可以看到,当一群鸟为自己选择好了繁殖的处所之后,别的鸟儿要进入这片范围就会遭到攻击。但是这群鸟仅仅进攻那些贸然闯入的不速之客,而不会进攻别的鸟。它们并非见着别的鸟就不分青红皂白地对其发起进攻,有些种类的动物见着别的动物就要进攻,甚至连它们的同类也不例外,只要这些动物没有它们这一特殊族类的气味和外表。例如吼猴常常组成一个紧密的群体,任何别的吼猴如果想要加入这一群体,就会遭到毫不留情的攻击。但是如果这只猴子能够忍过足够长的时间,它最终就会成为这一群体中的一员并且又去进攻那些闯入这一群体中的后来者。

在研究高等动物时发现,统治地位是进攻行为的导火索。这些研究十分复杂,我们不可能在此详加引证,但我们可以说,这种统治地位,以及时而从它那里发展出来的进攻性,对动物来说确实具有实用的价值或者求生的价值。动物在等级森严的统治集团中的地位取决于它进攻的成功与否,而它在这个集团中的地位又决定着是否能获取充足的食物、它是否能够获得配偶,以及其他生物方面的满足。实际上,在这些动物身上表现出的所有残暴行为,只有当必须使统治地位合法化的时候，只有当必须在统治地位方面实行一场革命的时候才会发生。这一点到底在多大程度上也适用于别的动物种类，我还不敢确定。但是我预测，领土现象、进攻陌生动物的现象、满心嫉妒保护母兽的现象以及其他常常用本能的进攻和残暴来加以解释的现象，通常都是由争夺统治地位而引起的，而不是由那种为进攻而进攻的特殊动机引起的。这种进攻是手段行为而不是目的行为。

通过研究类人猿，人们发现进攻很少是原发性的，更多则是派生性、反应性和功能性的，是对一种动机整体、社会力量整体和直接的环境因素所作的合理的、可以理解的反应。像黑猩猩这种与人类最相似的动物，我们无法设想它的某一行为是为进攻而进攻的，这样的行为绝不存在。这些动物特别是在幼小的时候都极其可爱，极富合作精神，非常友好。以至于在某些群体中我们几乎看不到任何形式的、不管是何种原因而采取的残暴的进攻行为。大猩猩也有类似的地方。

因此对关于从动物到人的整个论据加以不定期置疑是很有必要的。但是，如果我们为了论述起见才接受这样的论据。如果我们把与人类关系最近的动物作为起点开始我们的推论，那么我们就必须作出如下结论：这些动物的行为与人们通常认为的恰好相反。如果说人有来自动物方面的遗传因素，那么多半都是来自类人猿的，但事实证明，与其说类人猿富于进攻性，倒不如说它更富于合作精神。

能够十分恰当地描绘成不合逻辑的动物中心主义的伪科学思维是造成这一错误的决定因素。人们犯这种错误的步骤通常是这样的：首先，他们建立一套理论，或者树立一种偏见，然后再从整个进化领域中选取那种最能说明这一论点的动物；其次，他们故意对所有不适宜于这一理论的动物行为视而不见，如果某人想要证明本能的破坏性，他就毫不犹豫地选取狼，而将兔子抛置身后；最后，他们都忽略了这样一个事实——如果一个人对从低级到高级的整个线系等级进行研究，而不是去选取某些他所喜爱的动物种类，那么他就能够表现出明显的发展趋势。例如动物越是向着高等发展，食欲就变得越来越起作用，而纯粹的饥饿则变得越来越不重要。而且，动物的可变性也越来越强烈，从受精到成年这段时间也越来越长（当然不排除某些例外），或许更为重要的是，反射、荷尔蒙和本能的决定作用越来越小，并且日益被智力、学习和社会的决定作用所取代。

动物中心实验的最终结论如下：第一，从动物到人的讨论从来都是一项谨慎细微的工作，因此在讨论时必须一丝不苟；第二，原发性的和由遗传得来的趋于破坏性或残暴进攻的倾向在某些动物种类那里确有其事，但这类动物可能比大多数人所相信的要少一些，在某些动物种类那里，这种倾向完全不存在；第三，如果我们对动物表现出来的某些特殊的进攻行为进行仔细的分析，我们就会发现，这些行为都是对各种刺激物所作的继发性的和派生性的反应，而不仅仅是某种为进攻而进攻的本能的表现；第四，动物的等级越高，它的纯粹原发性的进攻本能就变得越来越微弱，到了猿人阶层，似乎根本就找不到关于这种本能的证据；第五，如果人们细致入微地研究猿人这一在所有动物中与人类关系最近的动物，那么，有关原发性的恶意进攻的证据几乎完全找不到，相反，我们却能找到大量有关友爱、合作精神甚至利他主义的证据。最后一点来自这样一个倾向，即当我们除行为以外一无所知的时候，我们通常都设想出一些动机来。研究动物行为的学者们也都普遍认为，多数食肉动物杀死它们的猎物都纯粹是为了获取食物，而并不是为了施虐。如同我们取得牛排是为了食物而不是出于戕杀的欲望一样。所有这一切最终都意味着，任何认为人的动物性驱使他为进攻而进攻、为破坏而破坏的进化观点都应该加以怀疑或拒绝。

对儿童的观察、实验研究及其发现类似于投射方法或罗夏测试的墨迹，成年人的敌对都可以投射到上面去。我们常常听到人们大谈儿童的天生的自私和破坏性，与关于儿童的自私和破坏性的论文相比，关于他们的合作、友爱、同情等的论文少得可怜，而且后者在数量不多的情况下还常常遭到忽视。心理学家和精神分析家们经常把小孩看成是“小鬼”，天生就带着原罪，内心深藏着仇恨。毫无疑问，这一幅未经冲淡的图画是虚假的。令人遗憾的是，在这一领域内实在是缺少科学的材料。我的论点只是建立在少数几篇有关儿童同情的出色论文（特别是墨菲的论文）、我自己与儿童相处的经验，最后还有某些理论考虑的基础之上的。但是，在我看来，即便是这些有待补充的证据也足以使人对下面的结论产生怀疑，即儿童主要是些充满破坏性、进攻性和敌对性的小动物，人们必须用纪律和惩罚来约束他们，这样在他们身上才会出现少许的善性。

正常的儿童实验和观察到的事实似乎表明，他们经常都是怀着敌意的、具有破坏性的和自私的。但是有的时候，也许同样表现为慷慨的、富有合作精神的和无私的。决定这两类行为出现的相对频率的主要原则似乎是，当他在安全需要、爱的需要、归属需要和自尊需要方面受到根本阻碍和威胁的时候，他就会更多地表现出自私、仇恨、进攻性和破坏性；在那些基本上受到父母的爱和尊重的儿童身上，破坏性则要少一些。而且事实上，现有的一切证据都表明破坏性确实越来越少。这意味着，儿童的敌意都是反应性的、手段性的或防御性的。

如果我们观察一个一岁左右的健康的、得到充足爱和关心的儿童，那么我们就不可能看到任何可被称为邪恶、原罪、施虐狂、把快乐建立在别人的痛苦之上、破坏性、敌对或者故意实施暴行的情况。恰恰相反，细致和持久的观察之下往往证明了相反的情况。实际上，我们在自我实现者身上看到的每一种人格特征、所有可爱的、令人钦佩和羡慕的品质都可以在这样的婴儿身上见到，当然不包括知识、经验和智慧。人们之所以如此喜爱儿童，一个主要原因就是，儿童在他们生命开始的一两年完全没有明显的邪恶、仇恨或恶意。

在正常健康儿童身上，我不相信破坏性会简单直接地表现为主要的破坏驱力。在考察得更加仔细的前提下，许多表面的破坏行为都可以从动力学观点加以分析。儿童把一只钟拆得支离破碎，这在他心目中并不是要毁坏钟，他只是想对钟进行一番内部检查。如果在此我们硬要用原发性驱力来解释儿童的行为，那么比破坏性更为明智的观点是好奇心。其他许多在心情不安的母亲看来是破坏性的行为，实际上不仅表现了儿童的好奇心，而且还是一种活动、游戏，儿童是在运用他日益成熟的能力和技巧，甚至是在进行实际的创造，例如儿童在父亲精心打印出来的名片上涂画一些漂亮的线条。人们常常认为儿童纯粹是为了从恶毒的破坏中取得乐趣而去进行破坏的，对此我不敢苟同。也许在病理学病例中，例如在癫痫症、脑炎后遗症中会出现某些例外，但即便是在这些病例中，至今还无法知晓儿童的破坏行为是否完全没有可能是反应性的，是对这种或那种威胁的反应。

亲族敌对却是一种特殊的、令人费解的情况。一个两岁的儿童对他刚出生的弟弟会做出某种危险的进攻行为，有时他的敌意还表现得十分天真和直率。对此，合理的解释就是，两岁的儿童只是不能想象他的母亲能够同时爱两个小孩。他并不纯粹是为了伤害而伤害，而是为了继续独占他母亲的爱。

心理变态人格是另一种非常特殊的情况，具有这种人格的人所采取的许多进攻行为经常看来都是没有动机驱使的。也就是说，他是为进攻而进攻的。我认为在这里需要有一个原则，本尼迪克特在试图解释安全的社会何以参与战争时明确地表述了这一原则。安全、健康的人们对那些广义上是他们兄弟的人，那些他们与之可以彼此认同的人并无敌意，对这些人也并不表现出某种进攻性，他们是友好、充满爱和健康的。但如果他们认为某些人根本就不应该是人，于是他们就要起来消灭这些人，如同他们为获取食物而杀死扰攘不休的昆虫或屠宰动物一样，这是无罪的。我在理解心理时发现，由于这些人与他人没有爱的认同，因此就有可能轻易地伤害他们，甚至杀害他们，而在他们这样做时，却并无仇恨或者快乐，正如他们杀死那些有害的动物一样。有些看上去十分恶毒的幼稚反应可能也是由于这种认同的缺乏，也就是说，儿童这时还不够成熟，还不能加入到人际关系中去。

最后，在我看来，这还关系到某些相当重要的语义方面的考虑。说得尽可能简明扼要一些，这就是说，进攻、敌对和破坏性都是成年人的词语。这些概念对成年人意味着的那些意义对儿童完全不适用，因此在使用这些词语时必须对它们有所限定，或者重新作出界定。

例如，儿童在他们出生的第二年，经常在同一个地方玩耍，而且是彼此独立地玩耍，彼此互不干扰。即使在这些儿童中间出现了某些自私的或进攻性的相互干扰，这也绝不同于发生在10岁儿童之间的那种人际关系，因为他们彼此都没有意识到对方。如果一个儿童从另一个儿童那里将一个玩具硬抢过来，这种行为与其说像成年人的自私的进攻，还不如说像一个拼命从一个盖得紧紧的盒子中把某样东西掏出来。

一个1岁大的幼儿发现母亲的乳房从他嘴里拽出来，于是拼命大喊大叫；一个3岁的儿童还击打惩罚他的母亲；一个5岁的小孩大声高叫："我真巴不得你死。"一个2岁的儿童仇视他刚出生的弟弟；但这些都是与上面的情况相同，我们都不能把小孩当作成年人来对待，我们也不应该像解释成年人的反应一样来解释他的反应。

如果将大多数这类行为用动力学行为放到儿童的参照系数中加以解释的话，可以接受的可能都必须看做反应性行为。这就是说，这些行为都极有可能出于失望、遭到拒绝、孤独以及那种害怕失去尊重和保护的心理，换句话说，都是由于他们的基本需要受到阻碍，或者由于他们感到了这种受阻所带来的威胁，而不是由于他们生来就有一种仇恨或伤害的冲动。这种用反应来对行为进行的解释是否说明了所有破坏性行为，而不仅仅是大多数这样的行为，我至今所拥有的知识——或者确切说我们知识的缺乏——还不允许我立刻作出判定。

对各种材料进行的比较研究可以借助于民俗学而得以扩充。我可以毫不犹豫地说,对民俗学哪怕只是匆匆的一瞥,就会向有兴趣的读者证明,在各种文化中,敌对、进攻或破坏行为的数量是不定的,从0—100%几乎不等。像阿拉伯西这样的部落就十分温和、友好,从不表现出进攻性,以至于他们必须采取极端的措施才能找到一个愿意抛头露面的人来主持他们的仪式。但是在另一个极端上,我们也可以看到像恰克亲人和多杜人,他们内心充满了仇恨,以至于人们不知道采用什么方法才能阻止他们的互相残杀。当然,这里所描述的都是从外部观察到的行为,我们还可以进一步探究作为这些行为的基础的各种无意识冲动,所有这一切很可能与我们所能见到的大相径庭。

我之所以在这点上有发言权,是因为我曾直接了解过印第安的北布拉克福特部落。我对这个部落的了解尽管还不很充分,但却足以直接使人确信这样一个基本事实,即破坏行为的多寡在很大程度上是由文化决定的。这个部落的固定人口是800人,在过去的15年里他们仅仅发生过5次打架斗殴的事件。我是用我掌握的所有人类学手段和精神病学手段去寻找他们社会内部的各种敌对的行为,这些敌对的行为与我们更大的社会比较起来确实是微乎其微的。他们在气质上都是友好的,而不是恶毒的,他们平常的闲聊起着传播新闻的作用,从不说三道四或谩骂诽谤。魔床、巫术和宗教几乎无一不是为整个部落的利益服务的,都是用于治病救人,而从不用于破坏、进攻或复仇。我在这个部落逗留期间从来没有看到他们对我有丝毫恶意或者敌对的表现。儿童很少在肉体上受到惩罚,这个部落里的人都蔑视那些残酷对待自己的小孩和同伴的白人。他们即便在喝酒之后也较少表现出进攻性来,借着酒劲,那些年老的北布拉克福特人往往变得更加快活、纯真,对所有人都更加友好,从不撒酒疯或与人斗殴。这一部落里的人一点也不软弱，北布拉克福特的印第安人都有着强烈的自尊心，他们只是把进攻看成是错误、可怜或疯狂的罢了。

根据人类学方面的证据，我们完全有理由把人性情感的破坏性以及那些恶毒或残酷的行为看成是基本需要受到挫折或威胁而产生的继发性和反应性的后果。

我对人破坏性的一个普遍看法就是，破坏或伤害是一种继发性的或派生性的行为，并不是一种原发性动机。换句话来说，人的那些敌对行为或破坏行为实际上总是有一定原因的，都是对另一事态的反应，都是某种产物而非初始的源泉。与此相反的观点则认为，破坏行为整个或部分是某种破坏性本能的直接的和最初的产物。

本能与行为之间的区别是我们在任何讨论中能够作出的最重要的区别。行为是由许多力量共同决定的，内部动机只是其中一种。可以简略地说，任何关于行为决定的理论都必须包括以下至少三方面决定因素的研究：性格结构、文化压力、直接的情景或领域。换一句话来说，对内部动机的研究只是任何对行为的主要因素的研究所涉及的三个领域中的一部分。有了这样一些考虑，我就可以把我的问题重新表述如下：第一，破坏行为是如何被决定的？第二，破坏行为的唯一决定因素是某种遗传的、先天的和特定的动机吗？这些问题当然仅仅在一个经验的基础上才能得到回答。所有可能的动机合在一起，本身都不能决定进攻或破坏的发生，更不用说某种特殊的本能了。必须跨过文化的总体因素，必须考虑行为发生于其间的直接的情景或领域。

我们还可以采取另外一种方式来陈述这一问题。人的破坏行为有如此多的来源，以至于孤立地谈论破坏驱力都是不现实的。这一点可以用几个例子来说明。

当某人为了达到某一目的而扫除道路上的障碍时，难免会带来另一方面的破坏行为。正如婴儿在努力拿到远处的玩具时往往不会注意到他正踩着别的玩具一样。

破坏行为可以作为对基本威胁的伴随反应之一。因而，任何使基本需要受挫的威胁，任何对防御或应付系统的威胁，任何对一般生活方式的威胁都容易引起焦虑——敌对的反应，这意味着在这类反应中会经常发生敌对的、进攻性的或破坏性的行为。这归根到底是防御行为，是某种反应，而不是为进攻而进攻。

对有机体的任何损害、对有机体退化的任何察觉都有可能在不安全的人心中引起类似受到威胁的情绪，因此都有可能引起破坏行为。在病人大脑受损的许多病例中也是如此，在这些病例中，病人疯狂地努力通过各种极端的措施来支持他那摇摆不安的自尊的需要。

有一个造成破坏行为的原因通常都被忽略了，或者即使没有被忽略，也往往被表述得很模糊。这就是对生活采取的独裁主义的态度。如果一个人不可避免地生活在森林中，而在这森林中动物被分成两群，其中一群动物能够吃掉他，而他却又能吃掉另一群动物，那么进攻就成了明智和理所当然的事情。那些被描绘为独裁的人肯定都经常无意识地倾向于把世界看成是这样一座森林。这些人遵循的最好的防御原则就是痛快地进攻，因而就会莫名其妙地对人拳打脚踢，对东西进行打砸抢摔，而这整个反应看上去是毫无意义的，只有当人们明白这一切只是为了预防他人的进攻时，整个反应的意义才会显露出来。除此之外，还有许多其他防御性敌对的很普遍的形式。

至此，施虐与受虐的动力学已经分析得相当透彻了。人们普遍认为，某种看上去十分简单的进攻行为的背后实际上隐藏着十分复杂的动力因素。这些动力因素使得那种诉诸某种纯粹的敌对本能的做法看起来过于简单化了。这种情况同样也适合于那种妄图支配他人的无法抑制的冲动。霍尼和其他人所进行的分析清楚地表明，在这个领域内，求助于本能分析是没有必要的。第二次世界大战给我们的一个教训就是，强盗们凶残暴虐的攻击和正义之士义愤填膺的防御从心理上来说是有区别的。

这个例子充分表明，破坏行为常常都是一种征兆，都是一种源于许多因素的行为。如果一个人想持一种动力学观点，他就必须小心谨慎地对待这样一个事实，即尽管这些行为源于不同的因素，但表面上却有可能是完全一样的。动力心理学家并不是一架照相机或一台机械的留声机，他不仅想知道什么事情发生了，而且想知道为什么发生这样的事情。

心理疗法的文献中所记载的通常的经验就是，实际每个人身上都存在着暴力、愤怒、仇恨、破坏欲、复仇冲动，等等，即使不是明显外露的，也是掩藏在表面底下的。或许有人会声称自己从来没有感到过仇恨，但任何一个有经验的病理学家对此都不会信以为真。他会理直气壮地断言这个人只是抑制或压抑了他的仇恨，他坚信在每个人身上都会发现这种仇恨的情感。

但是，自由地谈论一个人的暴力冲动（而非把这些冲动实施出来）往往能够起到一种净化疏泻的作用，能够降低减缓这些冲动的频率，清除掉其中的神经质的、不现实的因素，这种经验也是心理疗法中常有的经验。成功疗法（或者成功的成长与成熟）的一般效果总是大致相当于我们在自我实现的人身上所看到的那种情形：他们远不像一般人那样经常地体验到敌对、仇恨、暴力、恶意和破坏性进攻；他们并没有失去他们的愤怒或进攻，但这种愤怒或进攻的性质却常常转化成正义、自尊、勇敢对被剥削利用的抵抗和对非正义的愤怒，也就是说，从不健康的进攻转化成健康的进攻；比较健康的人似乎都远远不是那么害怕自己的愤怒和进攻。因此当他们表现自己的愤怒和进攻的时候，就会表现得更加淋漓尽致。暴力有着对立的两极，而不仅仅具有一个方面。暴力的反面可以是不那么强烈的暴力，或者是对暴力的控制，或者是努力不做暴力的事情，或者我们可以说在暴力中存在着健康与不健康的两极对立。

不过这些材料却并未解决我们的问题。弗洛伊德及其忠实的追随者认为暴力是出自本能的，而弗洛姆、霍尼及其他新弗洛伊德主义者则认为暴力完全不是出自于本能。了解一下这两种对立的观点是很有帮助的。

如果一个人想把存在的关于暴力来源的一切材料都会聚起来，也必须去挖掘内分泌学家们所积累起来的材料。这种情况在低等动物那里相对说来又是比较简单的。很显然，性激素和肾上腺以及大脑垂体激素明显地对进攻性、支配性、被动性和野蛮性起着决定的作用。不过因为所有内分泌腺都共同地起着决定作用，所以这些材料中的某些部分就变得非常复杂了，需要专门的知识才能处理。但这些材料却绝对不能忽略。有证据表明，雄性激素与自我肯定、搏斗的意愿和能力等有关。另外还有些证据表明，不同的个体分泌出不同比例的肾上腺和非肾上腺激素，这些化学物质与个体的搏斗而不是与临阵逃脱的趋向有关。关于这一问题，心理内分泌学这一交叉学科显然会为我们提供大量的依据。

破坏性这一问题显然与来自遗传学的材料，来自染色体和基因的材料有着特殊的关联。有人发现，具有双重男性染色体（双重男性遗传基因）的男子几乎都无法控制自己的暴烈。这一发现本身就使得纯粹的环境主义成为不可能的了。在最和平的社会里，在最完善的社会和经济条件下，有些人仅仅由于自身的遗传因素而变得十分暴烈。这一发现当然会使人重新注意到下面这一已经讨论得很多了但却始终没有得到解决的问题，即男性特别是青年时期的男性是否热衷于一些暴力呢？是否需要某种动物或人来与之搏斗、与之发生冲突呢？有一些证据表明，这种情况有可能发生，不仅成年人如此，甚至婴儿以及幼小的猴子也是如此。这种情况到底在多大程度上是由内在因素决定的，或者到底在多大程度上没有被内在因素决定，只有留待进一步的研究了。

我还可以列举出来自历史学、社会学、管理学、语义学、各种病理学、政治学、神话学、心理药理学以及其他方面的材料。但我们无须更多的材料就可以作出结论。刚开始时提出的问题都是经验的问题，因此我们完全有理由相信，这些问题通过进一步的研究是可以得到解决的。当然来自许多领域的材料也使得各方面学者有可能，甚至有必要通力合作，共同进行研究。无论如何，上面这一随便取来的材料标本已经告诉我们要摒弃那种非此即彼的极端观点，告诉我们不要把破坏性完全归之于本能、遗传和生物命运，或者完全归之于环境、社会力量和学习。遗传论和环境论之间的争端早就应该结束了，但却始终没有定论。决定破坏性的因素显然是多元的，在这些决定因素中我们必须把文化、学习和环境都包括进去，这是非常明显的。另外，下面这一点尽管还不很确定，但也是完全有可能的：生物方面的决定因素也起着基本的作用。虽然我们还没有把握确定它们到底起的是什么作用，但我们必须承认，暴力之所以不可避免，其中一部分原因就在于人的本质，即使人的基本需要时刻都会受挫，我们也不能否认这一事实。我们知道人类是以这样一种方式构造出来的，即暴力、愤怒、报复是基本需要受挫所产生的必然后果。

我们并不一定非在全能的本能和全能的文化之间进行选择。而是超越这种二歧式，并且使之成为不必要的。遗传或其他生物方面的因素既非唯一的决定因素，也非丝毫不起作用；这是一个程度的问题，是一个或多或少的问题。就人而言，绝大多数证据都表明，确实存在一些生物或遗传方面的决定因素，但在多数人身上，这种决定因素却是很不明显的，而且还是零星片断的，是一些残余和碎片，而不是在低等动物身上可以看到的那种完整的本能。人是没有本能的，但表面上却的确有着本能的残余、“似本能需要、内在的能力和潜力”，而且临床的和人格学的经验都表明，这些微弱的似本能倾向是好的、人们所期望的、健康的，而不是邪恶的。人们把它们从濒临灭绝的境地中拯救出来的巨大努力是伟大的和有价值的，而且这的确是健全文化的一个主要功能。

尊重是个人、家庭和民族的幸福所必不可少的。没有它，不管是人与人之间，还是人与神之间，就不会有信用，不会有真诚，不会有信任，也就是不会有社会的太平和社会的进步。

如何把握正确的生活原则

生活的意义，除了要诚实之外，还必须受到正确原则的激发，必须不偏离正道地、坚持不懈地追求真理、正直和忠诚。一个人没有原则，就会像一艘在大海中失去了航舵或方向的大船，随风飘荡，任意东西，他就会成为一个没有法律、没有规则、没有秩序、没有政府的人。

力量如果不与正直和善良的灵魂结合在一起，它可能只是邪恶的原则的化身。洛瓦利斯在他的《论道德》一书中指出，道德最危险的敌人是一个假想的最大的野蛮人，他拥有最大的力量和最充沛的精力，如果再赋予他以狂妄自大、野心勃勃和自私自利的品性，他就成了一个十足的魔鬼。

人群中具有这些特点的人可以说是世界的最大的灾难和最大的躁动者——这些被高深莫测的上帝造就出来的无赖，上帝派他们到这个世界上来的使命就是要毁灭这个世界。

由高尚的情操激发出充沛的精力的人是大不相同的，他的行动受着正直的品格和生活的责任等原则的制约。不管是在商务活动、集体活动，还是在家庭生活中，他都是公平和正直的。他懂得：在治理家务中，公平和在治理国家中同样重要。在任何事情中他都诚实守信——包括他的言论和工作。对待反对者，就像对待比自己弱小的人一样，他总是宽厚仁慈。

人的品格就是良心。他把自己的良心置于他的工作之中、言语之中和每一行动之中。

人的品格也是出于尊重。这种品格是一个最高贵和最高尚的男人和女人的标志:他(她)尊重代代相传的东西——包括崇高的目标、纯洁的思想和高尚的动机——包括以往时代的一切传人,也包括同代人中具有纯洁心灵的工人。尊重是个人、家庭和民族的幸福所必不可少的。没有它,不管是人与人之间,还是人与神之间,就不会有信用,不会有真诚,不会有信任,也就是不会有社会的太平和社会的进步。

具有崇高精神的人,把以往发生的所有事情都转化为经验,然后把这种经验和他的理性联姻,产生的结果就是他的行动。他是为情所动,而不是为了讨人欢心;他珍视荣誉,蔑视耻辱;出于为别人考虑,他善于控制并且给人情面。他明白不能游手好闲的事理,他是掌握自己命运的舵手。真理就是他的女神,他要尽一切努力得到她,而不是要看着像她。对于人类社会来说,他就是太阳,他要用自己的明净指引他们正常运转。他是智者的朋友,平凡人的榜样,邪恶者的解毒剂。因此,他并不感到时间流逝,而是感到自己与时间同在。他感觉年岁渐大,与其说是通过体力衰弱,不如说是通过心灵的力量日渐强大。因此,他没有丝毫的痛苦,而是像尊重那些想帮他解去镣铐、脱离监狱的朋友那样,尊重所发生的一切诸如此类的事情。

每一次行动、每一种思想和每一种感情，都可以归因于你所受的教养、你的习惯和你的理解力，而且，它们必然会对你将来生活的所有行动产生影响。因此，个性处于不断地变化之中。一方面，它可以通过改进变得更好；另一方面，它也可能堕落而变得更坏。

自我创造的人生价值

品格是在各种各样的环境中，在个人或多或少的调节和控制下形成的。一个人如果没有追求正义或邪恶的原则，日子是一天也无法过下去的。一个动作，不管它多么微不足道，它也是训练出来的结果；这就如同一根头发，不管它多么细小，它都会留下投影。不管多么微不足道的事情，都不要屈从于它；否则，尽管你可以藐视它，实际上你却处于它的统治之中。

每一次行动、每一种思想和每一种感情，都可以归因于你所受的教养、你的习惯和你的理解力，而且，它们必然会对你将来生活的所有行动产生影响。因此，个性处于不断地变化之中。一方面，它可以通过改进变得更好；另一方面，它也可能堕落而变得更坏。

物理学中的规律，作用力和反作用力大小相等，这也同样适用于道德领域。善行会对行为者发生作用和反作用，恶行也同样如此。不仅如此，由于榜样的影响作用，一个人的行为还会对他的国民产生影响。不过，人不仅仅是环境的产物，他也是环境的创造者。人的性格是由环境造成的。人的力量是通过他的创造能力来衡量的。使用同一种材料，一个人可能会建造宫殿，另一个人可能会筑成茅舍，一个人建成仓库，另一个人建成别墅。同样是红砖和灰泥，建筑师却可以把它们制成其他东西。因此,在同一个家庭里,在同一种环境中,一个人可能持之以恒建成大厦,他的兄弟却可能三心二意而且力不从心,只能永远生活在废墟中。一块巨石会成为弱者生活中的绊脚石,但它却是强者继续前进的垫脚石。通过自由意志的选择,他可以把自己的行动引向善行,而不是导向邪恶。

然而,不经过一番努力,最好的品格也不会自发形成的。它需要经过不断的自我审视、自我约束、自我节制的训练。在这过程中,可能会有许多的踌躇、羁绊和暂时性的失败;有许多困难和诱惑要抵制和克服;但是,如果意志坚强并且心地正直,每个人都用不着灰心丧气,最终会取得成功的。正是这种不断进步的努力——力图超越现有的品格水平——使人感到振奋,令人心旷神怡。即使我们达不到预期的目的,在前进的路途中,我们每一次诚实的努力都会得到回报,使我们的品格得到升华。

在光辉的榜样——人类的最优秀的代表——的指引下,每个人不仅仅是无可非议的,而且在尽职尽责方面,必然使自己的品格上升到一个新的高度:他在物质方面虽然不是最富有的,但在精神上他是最富有的;在社会地位上虽然不是最高的,但在荣誉上是最高的;在智力上他不是最好的,但在德行上是最好的;他虽然不是最有权势和最有影响的人,但他是最真诚、最正直、最诚实的人。

品格要通过在原则、正直和实际才智的引导和鼓励下的行动来展现自己。它是最高形式,是在宗教、道德和理性的影响下表现出来的个人意志。它经过慎重考虑来选择自己的方式,然后坚定不移地去实现自己的目标,它对职责的尊重高于对声誉的考虑,对良心的遵从高于对世俗荣誉的追求。它在尊重别人的人格的同时,保持自己的个性和独立。虽然在道义上的诚实可能并不是时尚,它却有勇气这样做,把这些交给时间和经验去检验。

虽然榜样的力量往往会对品格的形成产生极其巨大的

影响，但是，个人精神的自我创造力和坚持不懈的努力更为根本。仅仅靠后者就足以支撑生活，给个体以独立和力量。没有一种一定程度的实际有效的力量——这种力量由作为品格根基的意志和作为品格主干的智慧组成——那么，生活就是漂泊不定和漫无目的的——就像一潭死水，而不会像急流奔腾，做着有益的工作和保持着一个地区的机器正常运转。

当性格的各种要素通过一定的意志发生作用，并且受到崇高目标的影响时，人便开始投身于自己的职责之中，并且会不屈不挠、坚持不懈，不管他付出了多少世俗的代价，可以说他达到了人之为人的最高价值。这时，他向人们展示了自己英勇无畏的性格，体现了果敢坚毅的最高信念。这个人的行为就会在生活中反复出现，并且会变成他人的行为。他的言语铭刻在别人心中并且会转化成行动。

我们每个人都必须在自己的生活范围内完成自己的职责。只有职责才是真实的,除了完成生活的职责,世界上再也不存在任何真正的行动。

活着是否值得

生活,如果只有晴空丽日而没有阴雨笼罩,如果只有幸福而没有悲哀,如果只有欢乐而没有痛苦,那么,这样的生活根本就不是生活——至少不是人的生活,因为世界上只有坟墓中的居民才不会再有喜怒哀乐。所有的幸福就像是一团缠结不清的纱线,它是由悲伤和喜悦构成的,而喜悦正是因为有了悲伤才是可爱的。生活的舞台上,不幸和幸运,前后相随,鱼贯而出,使我们依次体味悲伤和快乐。即使是死亡本身也会使生活更为可爱,它让我们在现实的世界中关系更为亲密。死,也是通向更充实的生的道路,因此,死亡是人类幸福必不可少的条件。

毫无疑问,我们欣赏那些以胜利者的姿态、以喜悦的心态面对的人生所必须面对的一切的人们,他们在日常生活的斗争中无所畏惧,他们凡事希望,凡事相信;他们胜不骄,败不馁;在工作中任劳任怨,不遗余力;他们在苦难中不是怨天尤人,而是以微笑面对生活,怀着一份感激而生活,只有这些征服了命运的英雄才真正配称伟大。

生活的不如意谁也不能逃脱。我们会在内心里流泪,温馨的家会变得凄凉,和睦的家庭有时会被拆散,彼此之间的误解会让亲密的朋友各奔东西,恶意的诽谤会让人心痛,柔软的枕头会变得僵硬,生存竞争紧张而持久。我们听到的不是乐园中鸟儿的歌唱,而是模仿鸟的令人毛骨悚然的不祥的声音。太阳藏起了那张笑脸,天空变得黑暗可怕。雷声隆隆,闪电霹雳,大雨倾盆。为什么会发生这些可怕的事情呢?

曾经有人说过，解释一张笑脸容易，但是，说明眼角的泪滴难；解释成功容易，但是，说明失败难；解释幸运容易，但是，说明灾难难。

确实，苦难所引起的第一件事是在我们心中提出一系列的问题。如，我为什么会遭受痛苦？世界上为什么会存在这些痛苦？其实，我们不该提出这样一些问题，因为正是我们提出了这样的一些问题，增加了我们克服痛苦的难度。真正能够解决苦难问题的，不是贫乏的理论，而是关心痛苦的实践。只有以一种正确的方式去对待痛苦的时候，我们才能找到一种对痛苦的满意的解释。

在现实生活中，如果我们能以一种正确的方式对待痛苦，那么，痛苦就不是一种无意义的残酷，而是我们的一种生活方式。生活正是通过痛苦来改变或者说锻造我们，痛苦只不过是为我们的生活服务，用来提升我们的品格的手段。只有经受了生活的苦难，我们才能获得隐藏其中的善，才会去思考生活，解释苦难。

人们对待生活和世界有三种不同的态度，这就是：悲观主义、社会向善论和乐观主义。第一种态度认为，世界从整体上来说，是糟糕透顶，无聊之极。这可能是最不好的一种态度。这也是对我们所经常提出的一个问题“活着是否值得？人生是否有意义”的消极的回答。这种悲观主义哲学认为在现实生活中获得任何有价值的东西是根本不可能的，因为世界的本质就是冲突、无常、衰败、毁灭。现实生活都只是幻觉，生活的意义和目的也是幻想。人类的最大的幻觉是认为自己来到人世是为了享受生活。

持这种生活态度的人，往往放弃个人的努力和奋斗，得过且过，听任命运的安排与摆布，以各种借口自欺欺人。这样的人是生活中的懦夫。

第二种态度是持社会向善论的社会改良主义者。这是一种最近才产生的理论，并开始成为一种哲学观点，它比悲观主义大大前进了一步。它在承认悲观主义的大部分观点的基础上，认为世界正在变得越来越美好，而且生活也在不断地提高。总的来说，世界并不是糟糕透顶。现实情况可能不是太好。我们对大自然了解得越多，我们对人生的多重意义看得越透彻，我们就越来越倾向于相信造物主的智慧和人生的深刻的意义和目的。即使是牙痛，可能也是对人很有好处的。不管怎么说，在人类生活中，欢乐总是比痛苦多，幸福总是比不幸多，否定人生的目的和意义，是缺乏理性的。因为在某一方面我们失去了，在另一方面我们会得到，我们会获得满足。一点不错，世界是美好的，生活是有意义的，而且，这两方面的状况越来越好。

第三种也就是最后一种人生态度是乐观主义。这种学说认为，世界已经是非常美好。它指出，不管从哪一方面来看——人们的身体状况、社会状况、道德状况，都已经非常不错。乐观主义者认为，尽管世界上还有邪恶的东西存在，任何事物的发展还是与我们追求完美的理想是和谐一致的，世界上存在着真善美。人们正是通过邪恶去发现和选择美好的东西的，人们也正是通过遭受痛苦和作出艰苦的努力来达到最高的幸福的。

只有在现实世界中，我们才能发现法律、社会统一、团结一致的意义。世界的公正不是在假想之中，而是在可经验的事实之中；不是在理想之中，而是在现实生活之中。有足够的事实可以说明，生活正因为它的实在性与潜在性，充满着希望而又令人振奋，它才有意义。所以，在现实生活中的乐观主义态度，正是体现了对生活、对世界的勇敢精神和生命的意义所在。

有这样一则古老的寓言，或许它会给我们的生活一些启发。在一个春光明媚的早晨，有一只漂亮的鸟儿，站在一枝来回摆动的树枝上放声歌唱，树林里到处回荡着它甜美的歌声。一只田鼠正在树脚下的草皮里掘洞，它把鼻子从草皮底下伸出来，大声喊道：“鸟儿，闭上你的嘴，为什么要发出这种可怕的声音？”这只歌唱的鸟儿回答说：“哦，先生，我总是忍不住要歌唱。你看,空气是多么新鲜,春天是多么美好,树叶绿得多么可爱,阳光是多么灿烂,世界是多么可爱;我的心中充满了甜蜜的歌儿,我无法不歌唱。”

“是吗?”田鼠睁大眼睛不解地问道:“这个世界美丽可爱吗? 这根本不可能,你完全是胡扯! 世界上的任何事情都是毫无意义的。我已经在这儿生活了这么多年,我了解得很清楚。我曾经从各个方向挖掘,我不停地挖啊挖啊,但是,我可以告诉你,我只发现了两样东西,也就是草根和蚯蚓,再没有发现过其他东西,真的,没有任何可爱的东西。”

快活的鸟儿反驳说:“田鼠先生,你自己上来看看吧。从草皮底下爬上来,到阳光中来吧。你上来看看太阳,看看森林,看看这美丽可爱的世界,呼吸一下新鲜空气。要是这样,你也会忍不住流泪。上来吧,让我们一起放声歌唱!”

同样,我们也可以对那些悲观主义者说:“出来看看吧,先生! 看看这明媚的阳光,看看这可爱的世界,你会感觉到一切都是美好的。”这样,你就会懂得生活的意义,懂得生活中各种烦恼和痛苦对于人生的意义,你就会懂得眼泪的真正内涵。每一种逆境都蕴涵着等量价值的种子。生活中的痛苦经验、我们所遭受的各种挫折、所付出的代价,帮助我们更好地去感受世界的吸引力和神奇。它使得我们对虚无缥纱的来世作更多的、更深的思考。

悲惨的事情和痛苦的境况是一所培养美德的学校。它会使人神志清醒,遇事慎重;会使人改变举止轻浮,冒失逞能和太过于自信的恶习。

没有经受过任何苦难的人是世界上生活得最悲惨的人,不管他是好是坏,他没有经受过磨炼。任何以美德的荣耀,能力和素质与他无缘,因为任何德行都是付出了代价的回报。

他们自身的顺心如意和成绩不能称之为幸福。实际上,在生活中小小的成绩便带来极为巨大的、真正的欢乐,这样的事情也是常有的。如此看来,难道我们不能说,追求完美的幸福不只是一种幻想吗?

最大的困难往往是在我们所没有想到和发现的地方。令人痛苦的事情的出现,或许是为了考验和检验我们的实力。如果我们能坚定不移,经受住了考验,那么我们就会获得心灵的平静,为我们完成了相应的职责而感到心满意足。最野蛮的战争是日常生活中那些令人痛苦的战争,它们的伟大就是我们的伟大,它们的悲哀就是我们的悲哀,它们的胜利和失败就是我们的胜利和失败,正像它们有荣耀、失败和胜利一样,我们也是如此。

经受磨难是接受道德原则的最好的学校。当遭遇困难已是不可避免时,我们要有勇气而且要愉快地面对它们。亚里士多德不是说过幸福与其说是在于我们的目标之中不如说是在我们的精神之中吗?与困难搏斗是战而胜之的最可靠方法。实现某一目标的决心实际上就是相信自己能够完成这一目标的信心。我们的才智通过我们的需要得到磨炼。个人就是在遇到和克服困难的过程中前进的。

那些因愚蠢而失去了自己的机会的人,他们的回忆录将会是令人痛苦而又难忘的篇章,但是却充满这个世界的启示。一个人只要忠实于自己,只要他强壮健康,他就不会被世界所遗忘。人类很不容易获得成功,成功需要一系列的失败作为铺垫。人们一开始便遭受到失败,接下来又是一次又一次的失败,直到最后,一切困难才逃得无影无踪,人们才取得了成功。

又想获得成功却又不愿承担获得成功的代价,这是软弱和懒惰的最明显的标志。要得到任何值得欣赏和拥有的东西都必须愉快地付出劳动,这就是实践中力量的奥秘所在。一个人或许宁愿辛勤劳动,也不愿游手好闲,因为游手好闲使得一个人的全部才华都没有得到运用和发挥,而是使它们处于一种昏睡和迟钝状态。从长远来看,我们会发现,自身才能的运用本身就是真正的幸福的源泉,随之而来的收获比当下的直接所得要大得多。

一个理智、达观的人会渐渐地懂得,对生活不要期望太高。当他运用有效的方法力求成功时,他做好了失败的准备。他时时渴望幸福的降临,但他耐心地忍受各种苦难。在生活中,怨天尤人、悲号哀鸣是毫无用处的,唯有愉快而不懈地工作,才能有真实的收获。

理智而达观的人对自己身边的人也不会期望太多。只要能与别人和平相处,他就会容忍和克制。而且,即使是世界上最为优秀的人,他也会有性格上的弱点,需要人们容忍、同情甚至怜悯。有谁敢说自己是完美无缺的呢?谁没有令人苦恼的事情呢?谁不需要别人的宽大、容忍和谅解呢?

现在,可以得出结论,每一个人的素质取决于他们内在的体质和幼年时的生活环境,取决于把他们培养成人的家庭幸福与否,取决于他们经遗传得来的性格,取决于他们的生活中所见到的榜样的好坏。考虑这些因素,我们就应该学会对任何人都要仁慈和宽容。

同时,在很大程度上,生活往往是我们自己创造的。每一个心灵都会给自己创造一个小天地。喜悦的心灵会使这个小世界充满快乐,不知足的心灵会使这个小天地充满哀愁。一个人可能是他心灵的国王,另一个人可能是他心灵的奴仆。生活在很大程度上只不过是个体自我的一面镜子。我们的心灵在任何情境下、在任何财富状况下,都会反映出自己真实的个性。对于好人来说,世界是美好的;对于坏人来说,世界是腐败的。如果我们的生活观念得到升华——如果我们认为生活中的应有之义是:不懈的努力,高尚的品德,高境界的思想,为自己谋利益的同时也为别人谋利益——那么,生活就将充满欢乐、充满希望,生活也就会幸福。相反地,如果我们把生活看做是自我表现、追求感官快乐和扩大权势的机会,那么,生活就将充满阴谋、充满焦虑和令人沮丧。

我们每个人都必须在自己的生活范围内完成自己的职责。只有职责才是真实的,除了完成生活的职责,世界上再也不存在任何真正的行动。职责是生活的最高目标和目的，在一切快乐中，最真正的快乐来源于对生活职责业已完成的意识，而且，这种快乐是最令人满足的，是最不可能让人后悔和失望的。

当我们完成了尘世间的一切工作——包括那些必不可少的、劳动方面的、爱情方面的或职责方面的工作——就像蚕结成了小茧以后死去，我们也要离去。虽然我们的生命短暂，但是，每一个人必须不遗余力地完成这些伟大的目标和目的。当这些工作都已经完成，我们就会感受到肉体的不幸，但是，最终我们走向了精神的不朽。

一个人如果不听从灵性世界和沉默者的忠告，那么他就永远不会有真实的可见性，也不会听到真实的语言。

真正的工作是值得崇拜的

一份劳动，一份收获，这是一个绝对不能拒绝的要求！货币工资应足够维持你的工人的生活，使他继续工作下去。除非你想要干脆把你的工人从这个世界消灭掉，对于最高贵的劳动者和最不高贵的劳动者，这样的工资都是必不可少的。

我在这里只想说一点，这特别关系到前一类劳动者，即高贵的和最高贵的劳动者，但也有助于解决一切其他类劳动者和工资这个难题。

而且，归根到底，你需要任何报酬吗？难道你的目的和生活目标，就是要用英雄行为去享受快乐，去过一种豪华舒适的生活，成为众人所称之为的这个世界或另一个世界的“幸福”的人吗？我替你郑重其事地回答“不”，时代的整个精神秘密就在这里，就在于你能以完全清醒的心智替自己郑重地回答“不”。

勇敢的人必须把生命舍出去。把生命舍出去吧，你总不希望为了相当的价格就把生命都出卖了吧。比如说，多高的价格才能满足你？对于你来说，你的生命的合理价格就是整个的空间宇宙，整个无垠的时间，以及时间和空间所包含的一切，这才是能满足你的价格，如果你是正直的人，你的价格就是一切，一点也不能比这少。这一切都是你的，你会因此而享有一切。你永远不会把你的生命，或生命的任何部分很圆满地出卖掉。

把它舍出去吧，像一个高贵的灵魂，不要求任何价格。这样做，在某种意义上，你就会因此得到一切。在一切时代和情况中,英雄的人就是这样做的,无论是在最英雄的时代,还是在最不英雄的时代。

在我们这个世界的那些解决工资问题的措施中,必须深刻地体现这里所说的道理,否则,那些措施就绝不能说是圆满的。

总的说来,我们完全赞同古代那些修道士们所说的"劳动是神圣的"。无论从哪个方面看,"真正的工作是值得崇拜的",这句话是千真万确的。在一个从事劳动的人身上,不管他从事的是什么样的工作,属于世界的东西都被赋予了实在的形体;每一个劳动者都是一首精美的小诗。他的思想,哪怕他只是一个贫穷的陶工,也是一首壮美的史诗。这首诗,只有他自己才能看见,或者是隐隐约约地看见。对于其他任何人来说,它是属于世界的东西,是不可能看见的。对于自然界本身来说,它也是属于世界的东西,因为它仍然还是一种"虚无"。对于这样的人,世界的力量会给予他关照;他也是在世界里工作,为世界而工作。如果一个人仅仅只看到物质世界的力量,那么他可能会离开这一职业;在他舱里"虚无"就永远不会变成有形的东西,"虚无"就只能是一种"靠不住的东西",一种虚伪的东西,这种东西还是没有的好!

一个人如果不听从灵性世界和沉默者的忠告,那么他就永远不会有真实的可见性,也不会听到真实的语言。你必须追索到事物的根源,必须像赫拉克勒斯那样,忍受长期的痛苦,经过长期的劳动,这样,在你面前才会出现胜利的曙光。

这就如同在战场上或跟战斗中的冲锋一样——其实,这又何尝不是一场战斗呢?——你也应该不怕流血牺牲,不贪图安逸,不贪生怕死;想象中的乐土上的欢歌笑语,贪婪的地狱中的嘈杂声,都应该像谎言一样,被你静静地踏在脚下。你的工作,将和但丁的工作一样,是你永垂不朽的支柱。

尘世和它的工资、它的批评、忠告、帮助、阻碍,都像泛滥的海水一样毫无用处。你在混沌中畅游,在混沌中扬帆,能够作为向导的不是那汹涌的波涛,也不是那些杂草丛生的海湾的涡流,而只有心中的梦想。

只有心中的梦想，有时给你混浊的世界投入一道清晰耀眼的亮光，它有时又会陷入一阵可怕的黑暗，这就只有靠你自己去把握时机。这就是我所认为的，从混沌和地狱的黑暗中给你自己开辟道路的途径！

更精确地说，一路之上，你纯粹是和“疯狂”结伴而行——它确实是个令人不愉快的伴侣！你到处寻找“疯狂”，可它却是隐藏着的、无边无际的、深不可测的“夜”的王国。从中你可以获取新的智慧。所获得的智慧越高，那你就越是和疯狂比邻，离疯狂越近。精确地说就是如此。当你看到那种进入尘世的最高智慧，总是带着这种诱人的疯狂的气息，并且总是和疯狂相辅相成的，你的心里或许涌起一种难以言说的感情。任何一项工作在一定程度上，都会有一些疯狂的性质，这是运作过程中的一种宗教的狂热。

没有这种狂热，任何工作都不可能完成。要么是你没有工作，否则，你就只会在雇主眼光监视你的情况下才认真工作。你会贪得无厌地要求工资，死命抓住工资的时候，你会像生产流水线那样敏捷，甚至有过之而无不及。你不会戴着做工考究的毡帽，而是戴着一顶纸板和灰泥做的帽子，坐着马车在街上东游西逛。你不是做或现世的灵魂的向导，而是让“黑色还是白色的争论”充斥着人们的心灵。所有这一切，使得让人心烦意乱的地球人满为患，黑暗得快要爆炸了。他们这种伪装的外表，对人的感官和眼睛来说，是最舒服的；但是，对人的肉体和灵魂来说，是最值得诅咒的。

这种伪装的外表，就像虚假的织物编织的衣服或者是一个浅薄者制定的法律，绝不是真正的羊毛和货真价实的东西；这些只不过是魔鬼扬起的灰尘，是对上帝和人类的诅咒和亵渎！如果没有笃信宗教的虔诚，任何人都不会工作，或者说不能够工作；即使那些贫苦的从事日常劳动的人，包括缝制大衣的裁缝，制作鞋子的手艺人，都是如此。每一个人如果没有监工的巡视就不劳动，或者工作就出错，那么，工作对你和他们来说都是令人不愉快的。

第二章

创造人性的境界

马斯洛的自我实现论其深刻意义绝不止于健康人格的研究，它同时还是一种有关人性潜能的研究，展示出人性所能达到的境界。我们作为高级生命个体的人，不应仅仅是达到基本生存的需要，还应创造美好的人生境界，不断满足人性的需要。马斯洛指引了人生的终极价值与人性的美好境界。

真正优越的超越性自我实现者对待事实上低下的人总是采取对待一个兄弟的态度，把他看成家庭的一员，必须爱护他、照顾他，不论他做了什么事，因为他终究是家庭的一员。

——马斯洛

如果你选择作为研究对象的是非常优秀而健康的人，坚强的人，有创造力的人，纯洁的人，明智的人——实际上正是我选出的那种类型的人——那么你就会得出对人类的一种不同的看法，你会问，人能成长得多么高大？人能变成什么样子？

人最终能变成什么样子

我发现，对于我的学生，对于其他和我持同样看法的人，自我实现的观念几乎已变成类似罗夏墨迹那样的东西了。但请记住，有些思想还不是很成熟。它常常能使我对于利用它的人比对于现实有更多的了解，我所做的是探索自我实现的某些性质，不是作为一种广泛的抽象概念，而是就自我实现过程的操作意义来看。就某一特殊时刻的情况看，自我实现意味着什么？例如，它在星期二下午4时意味着什么？

从设计到开始，我对自我实现的调查并不是研究工作性质的。这些调查起初只是一个青年知识分子的努力，他试图理解他所敬爱和崇拜的两位老师，他认为他们是非常优秀的人物。这是一种高智商活动。我不能满足于简单的崇拜，而是力求理解这两个人物为什么如此与众不同。他们是本尼迪克特和韦特海默。在我取得哲学博士学位从西方来到纽约市以后，他们是我的老师，是最卓越的人。我的心理学能力完全不足以理解他们，似乎他们不仅仅是人，而且是某种意义存在的超人。我自己的调查研究是作为一种前科学或非科学的活动开始的。我做了有关韦特海默的描述和杂记，也做了有关本尼迪克特的杂记。当我试着理解他们，试着去思考他们的事迹，并在日记和记事本中写下我的看法的时候，我忽然在一个奇妙的时刻认识到，从他们这两个范型能够归纳出某些共同的特征。我是在谈论某种类型的人，而不是两个没有可比性的个体，这件事使我极为兴奋。我试着观察这一范式能否在他处发现，后来我确实又在他处、在他人身上发现了。

所以按照严格的和有控制研究的常规标准来讨论，这的确不算是实验室研究。我的归纳是从我对一定类型的人的选择中作出的。很明显，需要有其他裁判。尽管如此，有人已造出也许是二三十位他非常喜爱或崇拜而认为是十分卓越的人物，试着描绘他们，并发现他们。他已能作出一种综合征说明——对于他们每一位都适合的范式说明。他们仅仅是来自西方文化的人，选出的人带有各种内在固有的倾向性。虽然这样的归纳并不可靠，它仍然是唯一适用关于自我实现者的界说。

当我的研究成果发表以后，又出现了许多不同的印证路线支持我的发现，不是重复的验证，而是从不同角度作出的研究。罗杰斯和他的学生的研究成果集中起来成为对全部综合征的确证。布根塔提供了心理治疗方面的印证。某些使用 LSD(一种麻醉药，对治疗效果很有效)的研究，某些测验结果——的确，我所知道的每一事实都构成印证的支持，虽然还不是完全的支持。我个人对于这项研究的主要结论非常自信。我不能设想有任何研究能在这一范式中作出重大的改变，虽然不可避免会有小的改变，我自己也作过某些小的改变。但我的自信不能替代一个科学的论据。假如你对我关于猴子和狗的论据提出疑问，你就是在怀疑我的资格或把我看成制造谣言的人，我也就有权利反对你这样做。假如你怀疑我关于自我实现者的研究成果，你可能是有自己的理由，因为你对于研究这个问题的人了解并不太深，是他选出了一些人据以得出全部结论的。这些结论是处于前科学的范围中的，但结论陈述是以一种能够经受检验的形式提出的。在这样的意义上，这些结论是科学的。我选择研究的人年龄已经比较大了，他们已经度过了生命的一大段旅程，而且可以认为他们取得了一定的成功。我们还不知道这些发现是否也适用所有的人类。我们不知道自我实现在其他文化中的意义如何,虽然在中国和印度对自我实现的研究也已经开展了。我们不知道这些新的研究将有什么发现,但有一件事情我敢肯定:如果你选择作为研究对象的是非常优秀而健康的人,坚强的人,有创造力的人,纯洁的人,明智的人——实际上正是我选出的那种类型的人——那么你就会得出对人类的一种不同的看法。你会问,人能成长得多么高大?人能变成什么样子?

我的直觉告诉我,在一些别的事情上,我会肯定比以上问题的讨论反对的论据更少。自我实现很难界说,更困难得多的是回答这样的问题:什么是超越自我实现?或者,假如你愿意:超越真实性是什么?在所有这一类问题中,仅仅诚实是很难回答的。关于自我实现者我们还能有别的什么说法没有?

实际上，许多年轻人本质上是非常好的人，尽管他们往往爱搞恶作剧。不管怎样，我认为（纵然有时有各种行为证据），他们就第一流的意义说也是理想的，他们是在寻求价值，他们很想有什么东西作为献身的目标，作为热忱的追求，作为崇拜、仰慕和热爱的对象。

人生要有热忱追求的事业

所有的自我实现者都会投身于一项自我以外的事业之中，他们专心致志地从事某项工作，某项他们非常珍视的事业——按旧的说法即天命或天职。他们从事于命运以某种方式安排他们去做的事，他们做这件事也喜爱这件事，因此，工作与欢乐的分歧在他们身上已消失了。第一个人献身于法律，第二个人献身于正义，第三个人献身于美或真理。所有这些人都以某种方式献身于寻求我称之为“存在”价值的东西，那种固有的终极的价值，不能再还原到任何更终极的东西。这些存在价值大约有 14 种，包括古人的真、善、美，还有圆满、单纯、全面，等等。

这些存在价值的存在给自我实现的结论增添了一系列的复杂性。这些存在价值像需要一样在起作用。那种我称之为超越性需要的剥夺会酿成某些类型的病态，它们还没有得到适当的说明，我可以称之为超越性病症——灵魂病。例如，总是生活在尔虞我诈之中而形成不信赖任何人的病态。正如我们需要咨询专家帮助以解决因为某些需要未能满足而产生的一般病症一样，我们也需要超咨询家帮助治疗因为某些超越性需要未能满足而产生的灵魂病。就某种可以说明和实证的方式说，人需要在美中而不是在丑中生活，正如他肚子饿了需要吃饭或疲乏了需要休息一样。说得更具体些，这些存在价值就是绝大多数人的生活意义，但许多人甚至不能认识到他们有这些超越性需要。咨询家的职责可能就在于使他们意识到他们自身中的这些需要，正如传统的心理分析家使患者意识到他们那些类似本能的基本需要一样。最终，某些专家或许会认为自己是哲学的或宗教的咨询家。

我们可以试着帮助那些因存在价值问题而来咨询的人向自我实现的方向运动和成长。实际上，许多年轻人本质上是非常好的人，尽管他们往往爱搞恶作剧。不管怎样，我认为（纵然有时有各种行为证据），他们就第一流的意义说也是理想的，他们是在寻求价值，他们很想有什么东西作为献身的目标，作为热忱的追求，作为崇拜、仰慕和热爱的对象。这些年轻人时刻都在进行选择：是前进还是后退？是离开还是趋向自我实现？我不知道咨询家或超咨询家能否告诉他们如何才能更充分地成为他们自己。

自我实现意味着完全地、活跃地、忘我地体验生活，全神贯注，宠辱皆忘。它意味着不带有青春期自我意识的那种体验。在这一体验的时刻，个人完完全全地成为一个人。

倾听生命内在冲动的呼唤

当一个人趋向自我实现时，他是否会拼命凶狠地压榨他人？就实际的行为步骤看，自我实现意味着什么呢？个人趋向自我实现有八条途径。

第一，自我实现意味着完全地、活跃地、忘我地体验生活，全神贯注，宠辱皆忘，它意味着不带有青春期自我意识的那种体验。在这一体验的时刻，个人完完全全地成为一个人。这就是自我实现的时刻，这就是一个人在实现自我时的瞬间感受。作为个人，我们都偶尔体验过这样的时刻。作为咨询家，我们能帮助求诊者经常性地得到这样的体验。我们能鼓励他们全身心地投入某一件事，而忘记他们的伪装、拘谨和畏缩，从而彻底献身于这件事。从局外角度看，我们能看出这是一种非常美妙的时刻。在那些正在试图变成非常固执、世故和老练的青年人身上，我们能看到某些童年天真的恢复；当他们完全献身于某一时刻并充分体验着这一时刻时，他们的脸上能再现出纯洁无邪而又幸福的表情。这种体验最关键的是要达到“无我”，而大多数青年人的毛病正出在太少无我而太多自我意识和自我觉知。

第二，我们可以设想是一系列的、一个接着一个的选择构成了生活。每次选择都有前进与倒退之分，可能有趋向防御、趋向安全，趋向畏缩的运动；但在另一方面，也有成长的选择。作出成长的选择而不是畏缩的选择就是趋向自我实现的运动。自我实现是一个连续进行的过程。它意味着每一次都要在说谎或诚实之间、在偷窃或正义之间进行选择，意味着使每一次选择都成为成长的选择这就是趋向自我实现的运动。

第三，自我实现的含义就是设想可以实现一个人真实的自我或成功的自我。人不是一块白板，也不是一堆泥或代用黏土。人是某种已经存在的东西，至少是一种软骨的结构，至少是他的气质，标准的生物化学平衡，等等。这里有一个自我，我过去曾说过“要倾听内在冲动的呼唤”，意思就是要让自我显现出来。我们大多数人在大多数时候（这特别适用于儿童和青年）不是倾听我们自己的真情呼唤，而是倾听妈妈的、爸爸的教训，或教会的、长老的、权威的或传统的声音。

作为迈向自我实现的简单的第一步，我有时提醒我的学生，当有人递给他们一杯酒并问他们味道如何时，他们应该试着以一种全新的方式作答。首先，我建议他们不要看酒瓶上的商标，不要想从商标上得到任何暗示再考虑应该说好或不好。然后，我要他们闭上眼睛，“定一定神”。这时，他们就可以面向自身内部，避开外界的嘈杂干扰，用自己的舌头品一品酒味，并诉诸自己身内的“最高法庭”。这时，只有这时，他们才可以开始说“我喜欢它”，或“我不喜欢它”。这和我们惯常得出的结论是不同的。在一次宴会上，我偶尔看到一瓶酒上的商标，并向女主人说她确实选到了一瓶非常好的苏格兰酒，接着我赶紧闭上了嘴巴。我为此而深深自责，因为我并不知道苏格兰酒的味道如何，我所知道的都是广告上说的，我根本不知道这一瓶酒是好还是坏。可往往我们都会做出这种愚蠢的事，拒绝做这种傻事是实现一个人的自我的连续过程的一部分。

第四，要诚恳地表达出自己的怀疑而不要压抑和隐瞒。在各种场合都能碰到“有怀疑”这一短语，因此我们没有必要过多讨论有关交际手腕的问题。当我们产生怀疑时，往往不会诚实相告。来咨询的人往往是不诚实的，他们在做戏，在装模作样，他们并不是很容易就听从“诚实”的劝告的。在许多问题上反躬自问都意味着承担责任。这本身就是迈向自我实现的一大步。很少有人研究过这种责任问题，在我们的教科书中也没有这一问题的地位。谁能研究白鼠的责任呢？可是，在心理治疗中，这几乎是可以触摸到的一部分。在心理治疗中，你能看到它，感觉到它，能知道责任的分量。于是，就清楚地理解了责任的内涵，这是重要的步骤之一。每次承担责任就是一次自我的实现。

第五，我所说的体验都是不带自我意识的，选择成长而不是畏惧、听凭于冲动，变成诚实的和承担责任的人。所有这些都是迈向自我实现的步骤，都确保着美好生活的选择，当每次选择时刻到来时能做到这些小事的人，将会发现这些经验合起来就能达到更好的选择，在素质上对他是正确的选择。他开始懂得他的命运是什么，选择什么样的妻子或丈夫，他一生的使命是什么。除非一个人敢于倾听自身的自我，而且时刻都如此，并镇静自若地说“不，我不喜欢如此这般”，否则他就不能为自己的一生作出聪明的抉择。

伟大的艺术世界被我不信任的一小群舆论制造者和风尚操纵者把持着。这是我个人的判断，但它对于这样的一些人似乎是十分公平的，因为他们自认为有资格说：“你们要喜欢我所喜欢的，不然你们就是傻瓜。”而我们却告诉人们要倾听自己的志趣爱好。多数人不是这样的，当站在画廊里看一幅费解的彩画时，你很少会听见有人说：“这幅画很费解。”例如有一年在布兰代斯大学举行圣诞舞会，放电子音乐、录音带，人们做一些“超现实的”和“颓废派”的事情。灯亮了，人人目瞪口呆，手足无措。在这种场合，大多数人会说几句俏皮话而不会说“我要想想这种事”。说老实话，则意味着敢于与众不同，宁愿不受欢迎，成为不随波逐流的人。假如咨询家不能告诉来咨询者真相，不论年长或年轻的，要准备自己不受人欢迎，这样的咨询家最好马上关门。要有勇气而不要怕这怕那，这是同一件事的另一种说法。

第六，自我实现是在任何时刻任何程度上实现个人潜能的过程，而绝非一种结局状态。例如，倘若你是一个聪明的人，自我实现就是通过学习变得更聪明，就是运用你的聪明才智。这并不等于说要做一些遥远而不可及的事，而是说要实现一个人的可能性往往需要经历勤奋的、付出精力的准备阶段，可以是钢琴键盘上的手指锻炼。自我实现可以是努力做好你想要做的事。只想成为一个二流的专家，那还不是一条通向自我实现的正确途径，你应该要求自己成为第一流的，或要求竭尽你自己的所能。

第七，高峰体验是自我实现的暂短时刻，这是一些心醉神迷的时刻。你只能像刘易斯所说的那样"喜出望外"。但你能设置条件，使高峰体验更有可能出现，或者架设条件弄得它较少可能出现。破除一个错觉，摆脱一个虚假的想法，知道自己不善于做什么，知道自己的潜能是什么，这也是构成发现你实际上是什么的一部分。

虽然人人都确实产生过高峰体验，但却并非每一个人都能意识到这些。有些人把这些小的神秘体验丢弃了。咨询家或超咨询家的任务之一是帮助人们在这些短暂入迷的时刻到来之时认识到它们。然而，一个人的心灵怎么可能在外部没有任何东西可以作为交流手段的情况下看到另一个人的隐秘心灵然后还要试着进行交流呢？我们不得不找出一种新的交流方式。我认为这种类型的交流对于教育、咨询，对于帮助成年人竭尽所能地充分发展，也许要比我们看到教师利用黑板书写所进行的那种惯常的交流更为适合。假如我喜爱贝多芬并在倾听他的一曲四重奏中受到感动，而你却无动于衷，我如何能使你去倾听呢？

音乐明显是客观存在的，但为什么我可以投入地欣赏，而你却什么也听不出来呢？你听到的仅仅是一些音符而已，我怎么能使你听出美来呢？这是教育中更重要的问题，比教你学 ABC 或在黑板上证明数学题或指点一只蛙的解剖更重要。后面提到的这一类事情对于两个人都是外部的，你有教鞭，两个人能同时看一个目的物。这种类型的教学比较容易，另一种教育要困难得多，但那是咨询家工作的一部分，也就是所谓的超咨询。

第八，看清楚一个人是什么样的人，他喜欢什么，不喜欢什么，什么对于他是好的，什么是不好的，他正探索什么，以及他的使命是什么——向一个人自身展示他自己，这意味着揭露心理病理。这意味着对防御心理的识别和识别后找到勇气放弃这种防御。这样做是痛苦的，因为防御是针对某些不愉快的事树立的，但却是值得的。如果说心理分析文献没有教给我们任何别的东西，至少已使我们懂得压抑并不是解决问题的上策。

他们尊重自我;他们承担责任;他们是忠诚的;而且,他们工作勤奋。他们能正确估价自己,他们是什么,这不仅是依据他们一生的使命说的,而且也是依据他们日常的经验说的。

从永恒的方向理解人的追求

让我说一说心理学教科书中没有提到过的一种防御机制,但这对于某些青年人来说却是一种非常重要的防御机制,这就是"去圣化"。这些青年人怀疑价值观念和美德的可能性。他们觉得生活中人们欺骗自己或压迫自己。他们大多数人的父母本身不是很高明,他们并不怎么尊敬他们的父母。这些父母自己的价值观念也是混乱的,他们看到自己的孩子的行为仅仅是感到很吃惊,从来也不惩罚他们或阻止他们做坏事。于是,便出现了这样一种情况,这些年轻人把他们的长辈看得很卑鄙,而且通常有确切充分的理由。这样的年轻人已经由此得出一个广泛的结论:他们不愿意听从任何大人的劝告,假如这位长辈说的话和他们从伪善者的口中听到的一样就更不愿听从了。他们曾听到他们的父辈谈论要诚实或勇敢或大胆,而他们又看到他们父辈的行为却与此截然相反。

这些年轻人能够将人还原为具体的物,却不从人的象征价值或恒久意义看人,不去看人可能成为什么。例如,我们的青少年已经使性"去圣化"。性无所谓,它是一件自然的事情。他们已把它弄得那么自然,使它已经在很多场合失去了它的诗意,这意味着它实际上已经失去了一切。自我实现意味着放弃这一防御机制并学会再圣化。

再圣化的意思是,愿意再次从"永恒的方向"看一个人,像斯宾诺莎所说的那样,或在中世纪基督教的统一理解中看一个人，那就是说，能看到神圣的、永恒的、象征的意义。那就是以尊敬的态度看女性，以尊敬所包含的一切意义看待她，即使是看某一个毫不相干的妇女也一样。另一个例子：一个人到医科学校去学解剖脑。如果这位医科学生没有敬畏之心而是缺乏统一理解，把脑仅仅看成一个具体的东西，那么肯定不会学得很全面。对再圣化开放，一个人就会把脑也看做一个神圣的东西，看到它的象征价值，把它看做一种修辞的用法，从它的诗意一面看它。

再圣化往往意味着一大堆会过时的谈论——“非常古板”，年轻的孩子们会这样说。然而，对于咨询家，特别是对老年人提供劝告的咨询家（由于人到老年这些关于宗教和生活意义的哲学问题开始出现），这就成为帮助人趋向自我实现的最重要途径。年轻人可能说这是古板，逻辑实证论者可能说这是无意义的，但对于在这样的过程中来寻求帮助的人，这显然是非常有意义而且非常重要的，我们最好是回答他，否则我们就是没有尽到责任。

综上所述，我们看到，自我实现不是某一伟大时刻的问题。并不是说在星期四下午 4 时，当号角吹响的时候，你就永远地、完完全全地步入万神殿了。自我实现是一个程度问题，是许多次微小进展的日积月累。然而往往可以见到，来咨询者倾向于等待某种灵感来临，使他们能够说：“在本星期四 3 时 23 分我成为自我实现的人了！”能选为自我实现榜样的人，能符合自我实现标准的人，不过是从这些小路上走过来的：他们尊重自我；他们承担责任；他们是忠诚的；而且，他们工作勤奋。他们能正确估价自己，他们是什么，这不仅是依据他们一生的使命说的，而且也是依据他们日常的经验说的。例如，当他们穿一双另外类型的鞋子的时候，他们的脚就会受伤，以及他们是否喜欢吃茄子，或喝了大量的啤酒是否整夜不露面，等等。所有这一切都是真正的自我所含有的意思。他们发现了自己的生物学本性，先天的本性，那是不可逆转的或很难改变的。

自我的无意识面受到压抑，而真实自我的发现就在于揭露这些无意识的方面所隐含的意思是相信真理能治病。学会破除自己的压抑，理解自己，倾听冲动的声音，揭示胜利的本性，达到真知、灼见和真理——这些就是所需要的一切。

破除自我认识的防御机制

咨询家是何许人呢？他如何能帮助来求助的人朝着成长的方向运动呢？

探求一个合适的模型。我曾用过“疗法”、“心理疗法”和“患者”等词。实际上，我厌恶这些词，我厌恶这些词所表达的医学模型，因为医学模型的意思是说，来找咨询家的人是一个有病的人，受伤痛和疾患的烦扰，是来寻求治疗的。实际上，我们希望咨询家是一位帮助促进人的自我实现的人，而不是一位帮助治好一种疾患的人。

帮助也不是合适的模型，也必须放弃。它使我们把咨询家设想为一位专家，他懂得一切并从他高高在上的特权地位走到下界可怜的凡人丛中，这些凡人什么也不懂而不得不以某种方式接受帮助。咨询家也不可能是一位通常意义上的教师，因为教师的训练和擅长是“外在的学习”，而进入一个可能达到的最佳境界的成长过程却是“内在的学习”。

我想推荐布根塔的著作《对真实的探求》来作为存在主义治疗家曾力求解决这一模型问题的讨论。布根塔建议我们把咨询或治疗理解为试着帮助人成长到竭尽他们所能的高度，或许这比我曾建议的词更好些，我建议的词叫作心灵教育。不论我们用哪一个词，我认为我们最终必然达到的概念都将是阿德勒很久很久以前就提出过的一个概念，即他所说的“哥哥”。哥哥是可承担责任的人，正如一位哥哥对他年幼的弟弟所做的那样。自然，哥哥懂得多些，因为他多活了几岁，但他没有什么质的不同，也不是属于另一种推理的范式。聪明而亲爱的哥哥试着促使弟弟进步，并试着使弟弟胜过自己，在弟弟自己的生活方式中得到更好的发展。这和“教导无知者”的那种模型有很多不同之处！

告诉人应该做什么和如何做，诸如训练、塑造或普遍意义上的教导，都不是咨询家所关心的，也不赞扬宣传。它是一种“道家的”启示和启示后的帮助。“道家的”意味着不干预、“任其自然”。道学不是一种放任哲学或疏忽哲学，不是拒绝给予帮助或关怀。作为这一过程的一种模型，我们可以设想这样一位医师，如果他是一位不错的医师并且也是一个不错的人，他绝不会梦想把自己的想法强加于患者或以任何方式进行宣传，或试图使一位患者模仿自己。

帮助求助者弄清并破除那些针对他自己的自我认识的防御机制，恢复并理解自己，这才是好的临床医师所应该做的。理想的情况是，医师的，相当于抽象的参照系统，例如他曾读过的教科书，他曾上过的学校，他对世界的信念——这些都绝不要让患者觉察到，尊重这个“小弟弟”的内在本性、本质和精华所在，让他达到美好生活的最佳途径就是更充分地成为他自己。我们称为“有病”的人是那些尚未成为他们自己的人，是针对人性树立起各式各样神经质的防御机制的人。正如对于玫瑰丛来说，不论是中国人、意大利人，还是法国人或瑞典人，结果都一样。对于那个小弟弟来说，帮助他的人是怎样具备这种能力的也无关紧要，帮助他的人必须给予的是某些和他的身份无关的服务，不论他是瑞典人，还是天主教徒，或伊斯兰教徒，或弗洛伊德的信徒，或其他任何人都一样。

这些基本概念包容着、蕴涵着，而且完全符合弗洛伊德的和其他心理动力理论体系的基本概念，是弗洛伊德的一项原理说明，自我的无意识面受到压抑，而真实自我的发现就在于揭露这些无意识的方面所隐含的意思是相信真理能治病。学会破除自己的压抑，理解自己，倾听冲动的声音，揭示胜利的本性，达到真知灼见和真理——这些就是所需要的一切。

劳伦斯·库比在“教育中被遗忘的人”里曾提出一个观点，认为教育的一个根本目标就是帮助人成为一个人，尽他的可能成为一个具有完全人性的人。

对成人而言，我们也并非是束手无策的，我们已经有了一些能力和才能，有了方向、使命和职业、主要的任务。假如我们认真看待这一模型，那么就帮助他们，使他们已经具有的更完善，使他们处在潜意识内的东西成为在事实上更充分、更真实、更现实的东西。

在我的头脑中，“有用”既有“对生存有用”的含义，又有“从基本缺失性需要向自我实现和自由的高度成长”的含义。更具体地说，它代表一种生活方式和一种世界观，不仅由基本需要的系列所引起，而且也来自个人特有的潜能发挥的需要。

自我实现者的生活哲学

我认为有必要在两种自我实现的人之间作出区分，若用更恰当的说法，应该是两种程度。一种人是明显健康的，但很少或没有超越体验，另一种人超越体验在他们那里很重要，甚至具有核心的意义。作为前一种健康型的自我实现者，典型的人物我可以举罗斯福夫人，或许还有杜鲁门和艾森豪威尔。作为后一种的典型，有阿尔杜斯·赫胥黎，或许还有施魏策尔、布伯和爱因斯坦。

可惜的是，我在这一水平上已不能再做到理论上的明晰。我发现不仅自我实现者能超越，而且不健康的人、非自我实现者也有重要的超越体验。除自我实现者之外，我觉得我已发现有某种程度的超越，像我对这个词所作的说明那样，或许它还会更广泛地发展，只要我们能有更好的方法和更明确的概念和理论。但请记住一点，我所说的毕竟只能是从我最初的探索中得到的印象。我的初步印象是：不仅在自我实现的人中有对超越的认识，而且在有很高创造力或才华的人中，在很聪明的人中，在非常坚强的人中，在强有力而负责任的领导者和管理者中，在特别善良（有德性）的人中，在“英雄”人物——那些曾克服逆境并由此而变得更坚强而不是更衰弱的人物中，也有这样的认识。

不过，我还不能清楚地分辨这种人。超越型自我实现者是我所说的“高峰人物”而不是“非高峰人物”，是“说 Yes 的人”而不是“说 No 的人”，是对生活采取积极态度而不是消极态度的人，是渴望生活而不是厌倦生活的人。

健康型的自我实现者主要是更实际、更现实、更入世、更能干和更超凡脱俗的人，他们更多地生活在现实的世界，生活在我简称为缺失的王国，生活在缺失需要和缺失性的认知的世界。在这种世界观中，对于人或物主要是以一种实际的、具体的、现实的、实用的方式来看待，当作缺失需要供应者或阻挠者对待，或作为有用或无用，有帮助或危险，对个人重要或不重要来对待。

在我的头脑中，“有用”既有“对生存有用”的含义，又有“从基本缺失性需要向自我实现和自由的高度成长”的含义。更具体地说，它代表一种生活方式和一种世界观，不仅由基本需要的系列所引起，而且也来自个人特有的潜能发挥的需要。前者需要包括单纯的躯体生存需要，安全和保障需要，归属、友谊和爱的需要，敬重和尊严需要，自尊和价值的追求需要；后者为同一性、真实自我、个体特性、独特性、自我实现等需要。换个方式来说，它涉及的不只是一个人的人类共性，而且还有一个人自己的特有潜能的实现。这样的人生活在世界上，并在世界上达到自身的实现。他们能有效地把握环境，引导环境，并最终利用环境达到有益的目的，例如健康的政治家或实务家的所作所为。这些人往往是“实干家”，而不是沉思者或冥想家；他们是有效率、重实际的，而不是审美的；重视现实检验和认知，而不是重视情感和体验。

另一类型的超越者可以说更经常地意识到存在认知，生活在存在水平；即目的水平，内在价值水平；更明显地受超越性动机支配；或多或少地能经常有统一的意识和“高原体验”；有或曾有高峰体验（神秘的、神圣的、极度欢乐的），并随带着启示或卓识或认识，能改变他们对世界和对他们自身的看法。不过，这一切也许是偶然的，也许是经常性的。

可以公平地说，“仅仅健康的”自我实现者从总体上看能实现罗格利克 Y 理论的期待。但关于超越型自我实现的人，我们必须说，他们不仅已经实现而且已经超越或超过 Y 理论，他们生活在一种我在这里为了方便可以称之为 Z 理论的水平上。而且，由于它和 X、Y 两种理论同处于一个连续的系统中，三者可以形成一种整合的层次。

显而易见，我们这里讨论的是非常错综的问题，而且实际上是讨论的一般生活的哲学。延伸的和推论的处理部分需要写多卷和多种著作。但我认为，一个浓缩的开始能作为辅助得到理解。用基斯·戴维斯那非常方便的摘要表作为基础，我做了一些扩充（具体内容请见下面“组织管理水平和其他层次因素的关系”表）从理解角度而言，它是很不容易的。但我确信，任何真有兴趣的人能从中或多或少地理解我要传达的意思。更扩充的讨论可以在参考文献的各个项目中找到。

最后需要谨慎的一点是，应该注意到这一层次安排留下了一个困难的有待解决的问题——在以下渐进顺序或层次之间的交迭或相关的程度：

需要的层次系统（能归结为埃里克森年龄系列中的危机，或以年龄不变为条件）。基本需要满足的渐进过程，从婴儿期，经过童年期、青年期、成年期到老年，但在任何时代都一样。生物学的、种系的演化。从疾病（萎缩，发育不全）到健康和丰满人性。从生活在不良环境条件下到生活在良好条件下。从成为体质上或总体上的一个“劣等样品”（就生物学者的用语说）到成为一个“优等样品”（就动物园管理员的用语说）。

显然，在所有复杂问题面前，用“丰满人性”这个概念代替“心理健康”的概念是很有必要的。因为前者能恰当地应用于所有这些变异情况而无困难，后者的含义甚至比通常的含义更不切实际。反过来说，我们又能用“人性或萎缩”这一概念来取代发育不全不成熟、不幸、病态、先天缺陷、贫乏，等等。“人性萎缩”能包含所有这些概念。

组织管理水平和其他层次因素的关系

	专制的	监守的（维持生活）	激励的（动机的）	同学般、兄弟般的同事	Z理论组织管理、组织管理超越
依赖倾向：	权力	经济物质	领导艺术	相互帮助	对存在自身和对存在价值的献身
管理倾向：	权威	物质奖赏	激励	整合	假设人人都能献身；发信号者；共同工作者
雇员倾向：	服从	安全	成绩	责任	赞美；爱；接受事实上的优越
雇员心理：	依赖个人	依赖组织	参与	自我训练	尊奉；自我牺牲
需要满足：	给养	维持生活	高级秩序	自我实现	超越性需要；存在价值
道德尺度：	遵从	满足	动机	对工作和集体的献身	对存在价值的献身
			和其他思想的关系：		
雷格麦戈的理论：	X理论		Y理论		Z理论
马斯洛的需要优势论	生理需要	安全保障	中级	高级	超越性需要；存在价值
赫兹贝格的因素：	维持生活	维持生活	动机的	动机的	
怀特的主题：		组织管理员			

续表

	专制的	监守的（维持生活）	激励的（动机的）	同学般、兄弟般的同事	Z理论组织管理、组织管理超越
布雷克的莫顿的管理方格：	9,1		3,5	6,6	8,8
动机环境：	外部的	外部的	内部的	内部的	融合
动机样态：	消极的	对工作多为中立的	积极的	积极的	
管理权力样	专制的		参与		第一位；卓越；非个人的，包括自愿放权
个人发展的心境水平：	业主	老板；父亲；主教	不成熟的平等	健康；成熟	超越；超自我存在的存在水平；超个人
人的形象：	被利用的物；可以互换；无个体性；业主	玩物；孩子；慈悲的独裁者	共同利益和共同需要满足的合作者。缺失性爱	人人都是将军；强烈的同一性；自主人之间的联合；真正的自我；自我实现	圣贤、政治家、实用主义者；神秘主义者；菩萨；存在人；牧师式的献身和非个人性；赫拉克利特型的人

续表

	专制的	监守的（维持生活）	激励的（动机的）	同学般、兄弟般的同事	Z理论组织管理、组织管理超越
客观	不相容的；拥有的；不等同占有客观；旁观者客观			存在—爱融合—客观	道家客观；超越的客观；不干预的客观；爱的客观
政治	奴隶；物；族长		为共同利益而联合	评议员；人人都是将军	存在政治；无政府；存在谦卑；分权；超个人性
宗教：	恐惧与愤怒之神	父神	怒之神爱—仁慈	人道主义	超人道主义（以宇宙而不是以人类为中心）
男—女	占有；剥削	负责的和感情的占有	爱—仁慈；彼此的需要满足	互相尊重；平等；存在爱充分自主	存在爱；融合；自如状态
经济	保持活着；实利主义最低需要经济学	慈善的占有；贵人行为理应高尚	民主的；伙伴关系；高级需要经济学	伦理—经济学；道德—经济学；社会指标包括在计算系统中	无政府；分权；存在价值作为最有价值的报酬。精神经济学。超越性需要经济学。超个人经济学

续表

	专制的	监守的（维持生活）	激励的（动机的）	同学般、兄弟般的同事	Z理论组织管理、组织管理超越
科学水平：	物—科学	低于人……	人本主义…………→		超人类的科学；以宇宙为中心的科学和超个人的科学家
价值水平：	脱离价值	低于人……类的价值	人本主义…………→义价值		超人类的价值；存在价值；宇宙价值
方法：	原子论的—	二歧化的—	还原的—	分析的→有结构的；整体论；层次整合；协同作用	整合的
畏惧—勇气：	畏惧←	……………→	勇气……………	……………→	超越勇气和畏惧；在勇气和畏惧之外
人性程度：	人性衰弱；	发育不全	……………→	丰满人性	超越人的；超个人的
矢量方向：	倒退←	…………→	形成—进步—	成长—存在	
卓越：	…………	……………→	卓越程度增高	………………	……………→
心理健康：	…………	……………→	健康与人性程度增高	………………	……………→

续表

	专制的	监守的（维持生活）	激励的（动机的）	同学般、兄弟般的同事	Z理论组织管理、组织管理超越
教育：	训练	控制教育	相互教育	内在教育；	超越人的教育；道家的人格教育；赫拉克利特型的人；“不是我的意愿，而是你的意愿”；奉献拥抱你的命运；责任；负责
	←…………外部教育……………→			即席应答训练；无须准备就能应付情境的信心	
医师与治疗水平；帮助水平	机械师；外科医生	兽医；家长权威（使人畏惧和受人依赖）	慈父和严父（能受人爱戴并给人以亲爱的印象；关心人但令人费解）镜子	存在主义的；我—你；同事；哥哥；寻求同一性；寻求命运；寻求价值	道家引导；咨询；宗教指导；圣贤。听其自然；存在价值分享；菩萨；悲—爱—同情
性：	肮脏；邪恶；单方面的；暂短的；利用的（糟蹋另一个人）	“自然的”去圣化的	爱—性；狂喜；欢乐	圣洁化；通向天堂	天堂—存在状态；超性欲的爱情

续表

	专制的	监守的（维持生活）	激励的（动机的）	同学般、兄弟般的同事	Z理论组织管理、组织管理超越
沟通的方式或水平：	命令	命令		相互关系	存在语言
怨言水平：	低级	中级		高级	超级怨言
报酬工资奖励	物质货品和财物	现在和未来的保障	友谊；感情；团体；归属	尊严；地位；荣誉；称赞；光荣；自由；自我实现	存在价值；正义美；善；卓越；完善；真理，等等；高峰体验；高原体验

真正优越的超越性自我实现者对待事实上低下的人总是采取对待一个兄弟的态度，把他看作家庭的一员，必须爱护他、照顾他，不论他做了什么事，因为他终究是家庭的一员。但他仍然能像一位严厉的父亲或兄长那样处理事务，而不仅仅作为一位宽恕一切的母亲或慈母般的父亲。

超越自私的协同生存准则

非超越的和超越的自我实现者（或 Y 理论和 Z 理论的人）都具有自我实现的全部描述特征，这项例外是高峰体验、存在认知和阿斯拉尼称之为高原体验（宁静、沉思的存在认知而不是高潮的认知）的存在或不存在，或者更可能的是较大或较小数量和不同重要程度的存在。

但我的强烈印象是，非超越的自我实现者与超越者相比，不具有或较少具有下列特征：

对于超越者，高峰体验和高原体验成为他们生活中最重要的事情，是制高点，是生命的确证，是生活最宝贵的方面。

超越者说的是存在语言，诗人的、神秘主义者的、先知的、笃信宗教者的语言，是生活在柏拉图理念水平或斯宾诺莎水平的人的语言，而且，他们在永恒面的笼罩下，这种语言是那么自如、正常、自然，是无意识脱口而出的。因此，他们应该能够较好地理解寓言、修辞手段、悖论、音乐、艺术、非语言交流和沟通，等等。而且，这些命题是很容易检验的。

超越者能进行统一或神圣的（即凡人中的神圣化）观察，或者他们能在实际的、日常的缺失水平上观察事物的同时，也看到一切事物中神圣的一面。他们能随意地使每一件事物神圣化——从永恒的方面观察事物。这一能力是添加在缺失领域内良好现实测验之上而不是与之相互排斥的。禅宗的“无特例”概念对此是很好的说明。

自我更自觉地和有意识地受超越性动机的支配。存在的价值或存在自身既被看作事实又被看作价值，例如，完善、真理、美、善良、统一、二歧超越、存在娱乐等都是他们的主要动机或最重要动机。

出于某种原因好像是彼此认识的并在初次相遇时几乎立即达到亲密相交和互相了解的程度。接着他们不仅能以语言方式交往，而且也能以非语言方式交往。

对美更敏感，这很可能证明是一种美化一切事物的倾向，包括美化一切存在价值，或比他人更容易看出美，或比他人更容易有审美反应，或认为美最重要，或能从常规或习俗不认为美的人或物中看出美（这有点概念混淆，但这是我现在所能作出的最好的说明）。

关于世界的看法比那些“健康的”或实际的自我实现者更倾向整体论。当然，后者也具有同一意义上的整体论观点。人类是一个整体，宇宙是一个整体，对于“国家利益”或“神父的宗教”或“不同等级的人或智商”等类概念，不是被中止存在，就是轻易地被超越。假如我们承认人人皆兄弟，认为国家政权有权决定战争，这就是一种愚蠢或不成熟的表现形式。假如我们认为反对战争是终极的政治需要（今天也是最迫切的需要），那么，超越者更容易有这样的想法，他们会更敏锐、更自然地这样想。以我们“通常的”或不成熟的方式思考问题对他们来说是一种费力的事，尽管他们能这样做。

和这一整体论看法相交迭的是自我实现者协同倾向的增强。其内容包括心理内部的、人与人之间的、文化内部的、国与国之间的协同。在这里不能详尽讨论这一问题，因为那会离题太远。一个简短的——或许不是很有意义的——说明是：协同超越了自私与不自私之间的分歧，并在一个超越纵坐标的概念下包容了两者。它是一种对竞争的超越，对赌博输赢的零与全的超越。自然也有对自我、对自我同一性的更大、更容易的超越。

他们不仅是可爱的(如一切最佳自我实现者那样),而且他们也更令人肃然起敬,更"不同凡响",就中世纪的意义说更神化,更圣洁,更受尊崇,就过去的意义说也更"可怕"。对于这些人,经常在我心中引起这样的想法:"这是一个伟大的人物。"

超越者更容易成为创新者——新事物的发现者,在这方面来看,他们更胜过健康的自我实现者,后者宁可说倾向于去做一件"现实中"不得不去做得非常好的事情。超越的体验和启示能使人对存在价值,对理想,对完美,对什么是应该做的,什么是实际能做到的,什么是潜在的,对什么是或许有可能完成的,等等的一切看得更清楚。

超越者不如健康者那样"愉快"。他们可能更入迷,更狂喜,体验到更高度的"愉快"(这个词太弱),胜过一般快乐的和健康的自我实现者。但我有时得到这样一个模糊印象,觉得他们也容易,甚至可以说更容易受到一种宇宙悲哀或存在悲哀的侵袭。对于人们的愚蠢、自我挫败、盲目、彼此的残酷对待、目光短浅等感到忧心忡忡。也许这种哀愁来自现实与理想之间的强烈对照,超越者很容易生动地看到这种理想,而且在原理上也很容易达到。也许这是超越者必须付出的一种代价,以抵偿他们对世界的美,对人性的神圣可能,对那么多的人间邪恶的非必要,对似乎显然需要一个良好的世界等的直接观察。

例如,一个民主的政府,协同的社会制度,为了人类的善而进行教育,而不是为了较高的智商或更熟练于某一原子化的工作而进行教育,等等。任何一位超越者都能坐下来并在5分钟内写出一个实现和平、友谊和幸福的计划,一个绝对实际可行、绝对能够做到的处方。但他却没有把所有这一切都做起来,或者正在这样做,却做得那么迟缓,致使大屠杀、大破坏抢先一步。毋庸置疑,他会感到哀愁或愤怒或不耐烦,尽管从长期来看,他是一个很"乐观"的家伙。

与仅仅健康的自我实现者相比，超越者更容易解决有关“精英论”的深刻冲突，那是自我实现学说中所固有的，因为自我实现者和一般人比较起来，终究是更优越的人。冲突有可能解决，因为他们能很容易地同时生活在缺失领域和存在领域，他们能很容易地使每一个人神圣化。这表明他们能更容易地调和两方面的情况，一方面是在缺失世界中绝对需要某种形式的现实检验、比较和精英论（你必须为了工作挑选一名技艺高超而不是低劣的木匠师傅，你必须在罪犯和警察、病人和医师、诚实人和骗子、聪明人和笨蛋之间作出某种区分），另一方面是人人都有的超限的、平等的、无法比较的神圣性。在一种非常重视经验和实际需要的意义上，罗杰斯谈到“无条件的积极关怀”对于有效的心理治疗是一种先决条件。我们的法律禁止“残酷而异常的”惩罚；即不论一个人犯了什么罪，他必须被当作一个有尊严的人来对待，不能降低到一定限度以下。正如宗教的有神论者所说：“人人都是上帝的孩子。”

对于每一个人，每一个生物，甚至那些美丽的无生物都能非常容易、非常直接地在其现实中感知这种神圣性，他几乎一时一刻也不会忘记它。这种感知和他的极优越的对缺失领域的现实检验相融合，使他能够成为神一般的惩罚者，对软弱、愚蠢或不胜任进行对比教育，但这种惩戒和对比不是一种轻蔑，更不是一种压榨和掠夺，甚至当他以现实主义态度认识到缺失世界中这些可分等级的性质时也是如此。

关于我所发现的这一反论，我有一个非常有用的说法：真正优越的超越性自我实现者对待事实上低下的人总是采取对待一个兄弟的态度，把他看作家庭的一员，必须爱护他、照顾他，不论他做了什么事，因为他终究是家庭的一员。但他仍然能像一位严厉的父亲或兄长那样处理事务，而不仅仅作为一位宽恕一切的母亲或慈母般的父亲，这种惩罚和神一般的无限爱护是完全相容的。从超越的观点看，而且能很容易看出，即使是为了越轨者自身的利益，这时也最好是惩罚他，使他受到困难的挫折，对他说一声“不”，而不是满足他或讨好他。

我的深刻印象是，超越者更显著的特征是：在知识的增进和神秘感、敬畏感的增强之间有正向的关系——而不是更通常的反向关系。当然，在大多数人眼里，科学知识被认为是一种削弱神秘感的力量。因为对于大多数人而言，神秘孕育着畏惧，削弱神秘也就意味着削弱畏惧。于是，人们把求知作为减轻焦虑的手段。

但对于高峰体验者特别是超越者，以及一般的自我实现者而言，神秘与其说是令人生畏的，不如说是有魅力的，是一种挑战。自我实现者在一定程度上容易对已知的事情感到厌烦，虽然这种知识可能有用。高峰体验者尤其是这样，因为在他们看来，神秘感和敬畏感与其说是一种惩罚，不如说是一种奖赏。

不管怎么说，我在我曾访谈过的最有创造性的科学家中发现，他们知道得越多，也就越容易进入一种心醉神迷的欣喜状态，自觉无知，谦卑，自视渺小，在广阔宇宙面前的敬畏，或在蜂鸟嗡嗡声前的眩晕，或如婴儿般的神秘。所有这些混为一体，是一种积极的奖赏。

因此，谦卑和承认自己无知，但又幸福愉快，这就是科学家作为超越者的感受。我们可能也都有过这样的体验，特别是孩提时期。不过超越者似乎更经常如此，感受也更深，也最珍惜这些感受，认为是生活中的高潮。这种说法的含义既适用于科学家，也适用于神秘主义者，也适用于诗人，艺术大师，企业家，政治家，母亲们和许多其他类型的人。无论如何，我认为这既是一种认识理论，也是一种可以验证的科学理论，即在人性最高发展水平上，知识和神秘感、敬畏、谦卑、终极的无关、尊崇以及奉献等情感是正向关系而不是反向关系。

在我看来，超越者应该比一般自我实现者更不怕“怪人”和“刺头”，因而也更有可能善于鉴别和选拔有创造力的人才

（这样的人有时候看起来是很古怪的）。我推测，自我实现者一般是重视创造性的，因而能作出更有效的人才选拔（因而也应该能使最佳人选担任经理、人事干部或顾问）。但要能赏识威廉·布雷克式的人物，需要对超越有更深的体验和更大的重视。类似的鉴别力在对立的一极也适用：超越者也应该更善于识别那些没有创造力的怪人和刺头，我觉得，这样的人在数量上要比有创造力的人更多。

我在此提不出实际的经验，这是理论的推导，作为一种易于验证的假设提出来的。

从理论上推导，超越者应该更能"谅解恶"，这是就谅解恶有时是不可避免的意义说的。而在更广阔的整体论的意义上说，甚至是一种必需，即"从上面"在一种神一般的或奥林匹斯山神的意义上说是如此。由于这意味着对恶的更深刻的了解，它应该能够引起更大的同情而又更不含糊和更不退让的对恶的战斗。这听起来似乎矛盾，但稍微想一想，就能看出一点儿也不自相矛盾。在这一水平上而言，更深的了解意味着有更强大（而不是更微弱）的武器，更有决心，更少内心冲突，不模棱两可，不追悔，因而能更迅速地行动，更坚定不移，更有成效。假如需要，你能怀着同情心打倒某一恶人。

我渴望能在超越者中发现另一似乎矛盾的现象。他们更容易认为自己富有才华，是一个具有更高智慧或更高领导艺术的、"超个人"的、临时的监护者的工具。这好像是一种特异的客观或对自己的超脱，那在非超越者看来有点儿像骄傲、浮夸，甚至妄想狂。我发现最能说明这个问题的例子是怀孕的母亲对她自己和她的未降生的孩子的态度。什么是自我？什么不是自我？难道她无权这样要求，这样自我赞美，这样骄傲吗？

我想我们听了这样的话："我是完成这任务的最佳人选，我请求你把它交给我。"这时我们一定会感觉到吃惊，正像你听到同样可能的判断——你是完成这一任务的最佳人选，因此，取代我做这件事是你的责任。对此，难道你不会感觉到吃惊吗？超越随带着“超个人”的忘我。

就神学或非神学的意义来说，超越者大体上（我没有资料）更易于有深刻“宗教的”或“重视精神生活”的高峰体验和其他超越体验。实际上也可以看作“宗教的或精神的”体验，只要我们对后一类概念重下定义，排除那些历史的、因袭的、迷信的、习俗的附加含义。仅仅从因袭的观点看，这样的体验的确能被认为是“反宗教的”，或宗教的替身，宗教的代理，或一种“关于通常被称为宗教或精神性的东西的新说法”。某些无神论者比某些牧师远为虔诚，这种似乎矛盾的现象很容易验证，因而能获得操作上的意义。

或许在这两类自我实现者之间可能显露的另一定量性质的不同——我还不能完全肯定——是超越者更易于做到超越自我，超越自我同一性，超越自我实现。说得更明确些，我们也许可以说，关于健康型的自我实现者我们的说明已经很充分了，说他们主要是坚强的个性，他们知道他们是什么人，他们到哪里去，他们需要什么，他们擅长什么，一句话，他们是坚强的自我，善于正确地运用自己的力量，按照他们自己的真正本性发挥作用。但这自然还不足以说明超越者。超越者当然是这样的，但他们又不止于此。

由于缺乏具体资料，我仅把这作为一种印象：超越者由于更容易领悟存在王国，因而会比更实际的自我实现者有更多的目的体验（本来面目的体验），更多的入迷体验。那是我们在儿童中常常可以看到的，他们会看着一个水坑中的光色发呆，或非常有兴趣地注视着雨珠沿着玻璃窗向下流动，或抚摸皮肤的平滑，或追踪毛毛虫的蠕动。

在理论上，健康型的自我实现者应该较重实用，而超越者则应该多些道家思想。由于存在认知的存在，种种事物看起来更像是一种奇迹，更完美，正如它理应成为的样子。因此，存在认知很少有改造对象的冲动，因为对象的本来面目就很姣好，不那么需要改造或打扰。因此，更大的冲动应该是仅仅注视它和审查它而不是对它或用它做什么事。

越过矛盾心理虽然没有添加任何新的东西，但却把上述的一切和全部内容丰富的弗洛伊德理论结构紧紧维系在一起，这概念我认为更有助于说明一切自我实现者的特征，并可能证明在某些超越者中更适用。它表示全心全意和无冲突的爱，接受、表露，而不是更常见的爱与恨的混合，这种混合物常被当作“爱”或友谊或性欲或权威或权力，等等。

最后，我请大家注意“报酬水平”和“报酬种类”问题。尽管我不能肯定我的两类自我实现者在这方面会有多大不同。最重要的是这一事实本身，即除金钱报酬外还有许多种类的报酬，而随着物资的丰富和人品的成熟，金钱作为报酬的重要性在不断减退，高级的报酬形式越来越重要。而且，即使在金钱报酬仍然显得重要的地方，那也往往不是因为它自身原有特性的缘故，而是作为地位、成功、自尊的一种象征，有了它可以赢得爱、赞美和尊重。

这是一个易于调查研究的题目。我收集广告已有一段时间，这些广告有为和平队和志愿服务队寻求工作者的广告，有时甚至是寻求不那么熟练的蓝领雇员的广告，但都是期望专业的、行政的或执行的雇员。在这些广告中有吸引力的诱饵已不仅仅是金钱，还有高级需要和超越性需要的满足。例如友好的共事者，宜人的环境，有保障的未来，鞭策，成长，理想的满足，责任，自由，一种重要的产品，对他人的同情，有益于人类，有益于国家，有实践个人想法的机会，能使你感到自豪的公司或团体，合理的学校制度，甚至有意思的钓鱼活动，有美丽的山峰供你攀登，等等。和平队走得更远，以致把低工资和工作艰苦、要求自我牺牲等作为一种引诱，说明这一切都是为了帮助他人。

我设想，更高的心理健康者会更看重这些种类的报酬，只要钱够用，有恒常的经济收入就行。自然，会有很大比例的追求自我实现的人或许已经以某种方式把工作和娱乐融合为一，即他们热爱他们的工作。你也可以说，他们已经以某种方式从他们作为一种消遣的工作中得到报偿,从能使他们得到内在满足的工作中得到报偿。

我能想到的进一步调查有可能在我的两类自我实现者之间发现的唯一不同是:超越者可能会主动寻求那些更有可能带来高峰体验和存在认知的工作。

谈到这一点的一个理由是:我相信在设计优美心灵组织、良好社会时,必须在理论上将领导和特权、剥削、财产、奢侈、地位、统治他人的权力等分开。我能看到的唯一途径,使较有能力的人,使领导者和经理免遭仇视,免遭弱者大力妒忌,免遭被剥夺,基本社会权利者、能力较差者、需要帮助者忌恨,免受竞争失败者颠覆的唯一途径是付给他们不是更多或是更少的金钱,而是付给他们"高级的报酬"和"超越性报酬"。显然,这将使自我实现者和心理发展较差者两方面都感到满意,并将抑制相互排斥和敌对的阶级或等级制度的发展,那是我们在人类历史上屡见不鲜的。要使这一后马克思的、后历史的可能成为实际,我们需要做的就是要学会不付给太多的金钱报酬,即更重视高级的而不是低级的东西。在这里也有必要消除金钱的象征化,即不应该让它象征成功、值得尊重或值得爱。

在理论上,这些改变应该是完全可行的,因为这完全符合自我实现者的潜意识的或不完全意识到的价值生活。虽然这一世界观究竟是或不是超越者更突出的特征仍然有待揭示,但我推测是这样的,主要的理由是,历史上神秘主义者和超越者从来都似乎自发选择简朴生活而避免奢侈、特权、荣誉和财富。"普通人"因而大都爱戴并尊敬他们而不是害怕和仇视他们。这也许能成为设计美好世界的一种帮助,使最有能力的、最清醒的、最有理想的人能被选择、被拥戴为领导者、导师、仁慈而不自私的当权者。

有可能我所说的超越者似乎在某种程度上更易于成为谢尔登式的外向结构,而那些不经常超越的自我实现者似乎更常常是中层结构。我提及这一点仅仅因为这在大体上较易于验证。

也许很多人对此极难置信，但我必须明确地说，我曾在企业家、事业家、经理、教育家、政界人物中发现也有很多超越者，正如我曾在宗教界人士、诗人、知识界人士、音乐家和其他被认为是超越者和已有定论的超越者中所发现的那样。我必须说，这些“专业”每一种都有不同的风俗，不同的行话，不同的外表，不同的服装。任何执政者都将谈论超越，尽管他连超越的最明显的特征是什么也不了解。而大多数企业家将会小心翼翼地掩藏他们的理想主义、他们的超越性动机和超越性体验，装出一副“坚忍不拔”、“现实主义”、“只求私利”的样子，并且用精辟的话语所突出的各种说法来表示他们很肤浅，所有的一切只是出于防御。他们更真实的超越性动机往往并不是遭到压抑，而仅仅是被抑制着。我有时发现很容易就能突破表面的保护层，只要提出一些非常直率的非难和疑问。

我还必须审慎从事，以免给人一种假象，好似我有数量众多的研究对象（我较详访谈和观察过的只有三四十人，另有一二百人只是一般的交谈，读过有关的材料，进行过观察，但不是很仔细，也缺乏深度），好像我的资料很可靠（这都是探索或调查或草测，而不是审慎的最后研究，是初步的接触而不是正规印证的科学，那些要到以后才会到来），或者我的选择有代表性（我选择的是我能得到的，主要集中在最好的抽样上，包括智力、创造性、性格、力量、成功等条件）。

我必须坚持说，这是一种依据经验的探索和报告，是关于我所认识到的问题的报告，而不是出自我的梦幻。我发现，假如我愿称这些报告为前科学而不称之为科学的话（“科学”一词在许多人看来意味着印证而不是发现），那将有助于消除我在自由探索、提出论断和假说科学时的不安。无论如何，本文中的每一论断大体上都是可以验证的，无论你从论断的正反哪方面证明，结论肯定是正确无误的。

他们并不忽视未知的东西，不否认它或躲避它，也不力求掩饰仿佛已经了解它，他们也不过早地组织它、分割它或对它分类，他们并不依赖熟悉的事物。他们对真理的探索，也不强求确定、保险、明确和有条理。

自我实现者的创造之源

只有改变传统创造力的观念，才能再着手研究真正健康的、高度发展和成熟的、自我实现的人。首先，我必须放弃那种陈腐思想，即认为健康、天赋、天才和多产是同义的。我的研究对象中有相当一部分人，在特定意义上，他们虽然是有创造力和健康的，然而在通常的意义上，他们却不是多产的。他们既没有伟大的天才和天赋，也不是诗人、创作家、发明家、艺术家，或有创造性的知识分子。而且这一点也是不言而喻的，即某些最伟大的人类天才肯定不是心理健康的人，如瓦格纳、梵谷、拜伦等。有一些是心理健康的，而另外的一些则不是，这是很清楚的。我只能得出这样的结论，伟大的天才不仅多少有赖于性格的优良和健康，而且也有赖于我们对之了解很少的某种东西。例如，有些证据表明，伟大的音乐天才和数学天才，更多的是通过遗传而来，而不是后天获得的。看来很清楚，健康和特殊天才二者是独立的变量，它们可能只有微弱的关联，也可能没有关联。我们也可以承认，心理学对于天才类型的特殊才能所知甚少。这方面我不准备多说，我只限于谈那种广泛的创造性，这种创造性是每个人生下来就有的继承特质。看来，这种创造性与心理健康是互为变量的。

而且我发现，我已经像大多数人一样，变得根据成果考虑创造性了，并且我已经身不由己地把创造性只局限在人类努力的某些传统领域上，我无意识地假定：任何画家、任何诗人、任何作曲家，都过着创造性的生活。理论家、艺术家、科学家、发明家、作家可能也有创造性，而其他的人则可能没有创造性。我不知不觉地假定，创造性是某些专业人员独有的特权。

但是，那么多的实验对象否定了我的那些假设。例如，一名妇女，她是没有受过教育的、贫穷的、完完全全的家庭妇女和母亲，她所做的那些平凡工作没有一件是创造性的，然而她却是奇妙的厨师、母亲、妻子和主妇。她不用花很多钱就能把家里布置得很温馨。她是一个完美的女主人，她做的膳食是盛宴，她在台布、餐具、玻璃器皿和家具上的情趣是无可挑剔的。她在所有这些领域中，全都有独到的、新颖的、精巧的、出乎意料的、富有创内含的造力。我的确应该称她是有创造性的。我从她那里以及像她一样的其他人那里学到：第一流的汤比第二流的画更有创造性；一般来说，做饭、做父母以及主持家务，可能具有创造性，而诗却并不一定具有创造性。

我的另一名研究对象，献身于最好称之为最广泛意义的社会服务，包扎伤口，帮助那些被生活困难压倒的人，她不仅以个人方式而且以组织方式去做这些工作，这个组织能比她自己帮助更多的人。

还有一种研究对象是精神病医生，他除了治疗之外，从未写过任何东西，也从来没有创造出任何理论或研究过什么创造性项目。但是，他乐于从事帮助别人创造他们的普通工作。这个治疗家，把每一名患者都看成是世界上独一无二的人。他没有行话、预期和先入为主，他具有道教般的单纯、天真和杰出的智慧。每一个患者对他来说都是独特的人，因此，他是以全新的方式理解和解决全新的问题。甚至在非常困难的病例上，他都获得了巨大的成功，这证实了他做事的“创造性”，而不是墨守成规的或“保守的”方法。另一个人使我懂得了，创立一个商业网可能是创造性活动。我从一名年轻运动员那里学到,完美的擒拿动作可能像一首诗那样美的作品,可以用同样的创造精神对待它。

我明白了,我曾反射式地认为"有创造性的"、胜任的大提琴手(因为我把她与创造性的音乐、创造性的作曲家联系起来了)实际上只是很好地演奏了别人写好的曲子,她不过是喉舌,像一般的演员或"丑角式人物"一样。而优秀的细木工、园林工,或者裁缝,则可能是真正有创造力的。我应该在每一事例上作出个人的鉴定,因为几乎所有的角色和工作,都既可以有创造性,又可以没有创造性。

换句话说,我学会了把"创造性的"这个词(以及"美的"这个词)不仅运用到产品上,而且以性格学的方式,也运用到人、活动、过程和态度上,而不再只用于标准的和普遍认可的诗、理论、小说、实验和绘画上。

我认为,很有必要把"特殊天才的创造性"和"自我实现的创造性"区分开来。后者更多的是由人格造成的,而且在日常生活中广泛地显露出来,例如,以某种念头表现出来。这种创造性,看来好像是创造性地做任何事情的一种倾向,如管理家务、从事教育等等。似乎通常是这样的:自我实现者的创造性的本质方面是一种特殊的洞察力,就像寓言中那个孩子能看见国王没穿衣服那样(这与创造力即产品的思想太抵触了)。这样的人能看见新颖的、未加工的、具体的、个别的东西,正如能看到一般的、抽象的、成规的、范畴化的东西一样。因而,他们更为经常地生活在自然的真实世界中,而不是生活在用词表述的概念、抽象、预期、信仰和公式化的世界中,而很多人却常常把这两个世界混淆起来。罗杰斯的"对体验虚怀若谷"很好地表达了这一点。

我的所有研究对象比普通人相对而言更自发,更倾向于表现。他们的行为是更"自然"而较少控制和压抑的,似乎是自如而自由地流露出来的,较少阻碍和自寻烦恼。这种无抑制地和不怕嘲笑地表达自己的想法和冲动的能力,是自我实现者在创造方面的本质体现。罗杰斯在描绘健康的这个方面时恰当地运用了“充分发挥作用的人”。另一个观察结论是，自我实现者的创造性在许多方面很像单纯幸福的、无忧无虑的、儿童般的创造性。它是自发的、轻松的、天真的、自如的，是一种摆脱了陈规和陋习的自由，而且看来它在很大程度上是由“天真的”自由感知和“天真的”、无抑制的自发性和表现性组成的。几乎所有儿童都能自由地感知，他们没有那里可能有什么、什么东西应该在那里、那里总是有什么等的先验预期。他们一旦受到鼓舞，并不需要预先规划和设计意图，都能创作一支歌、一首诗、一支舞蹈、一幅画、一种游戏或比赛。

我的研究对象所具有的创造性，正是在这种孩子般天真的意义之上的。或者，为了避免误解，因为我的研究对象毕竟不是孩子了（他们都是50多岁或60多岁的人了），请允许我这样说，他们至少在两个主要的方面或者保留了，或者恢复了孩子般的天真。也就是说，他们是非类化的或对经验是尊重的，而且他们是自发的，倾向于表现的。如果说，儿童是天真的，那么，我的被试者则是达到了“第二次天真”，正如桑塔亚纳的说法那样。他们的天真感知和表现是和老练联系在一起的。

所有这些好像我们是在讨论人天生的、普遍的潜能，是人性中固有的基本特性。这些固有的基本特性，由于人适应社会上存在的文化，就被掩盖或被抑制而大多丧失了。

我的研究对象在另一种特性上也使创造性更有出现的可能。自我实现的人比较不怕未知的、神秘的、使人不好理解的东西，而且通常是主动地进攻，从中挑选出难题然后全神贯注地思考它。不妨援引一段我对此的描述：“他们并不忽视未知的东西，不否认它或躲避它，也不力求掩饰仿佛已经了解它，他们也不过早地组织它、分割它或对它分类，他们并不依赖熟悉的事物。他们对真理的探索，也不强求确定、保险、明确和有条理。正如我们在哥尔德斯坦的脑损伤者、或在强迫性神经症患者那里所看到的异常形态那样，当整个客观情境有这种要求时，自我实现的人们可能安于无秩序的、粗犷的、混乱的、混沌的、疑问的、动摇的、模糊的、近似的、宽容的、偏差的状态；在科学、艺术以及一般生活中的特定时刻，所有这一切是完全合乎需要的。”

因此，疑问、不明确性、不肯定性，以及作为结果的搁置的必要性就发生了。对于大多数人来说，这是很苦恼的；但是对于一些人来说，这是愉快的激励性的挑战，是他们生活中的高潮，而不是低潮。

我所描述的自我实现者对于二歧式的解决在我多年的观察中一直困扰着我，但他终于有了些眉目。简单地说，我发现有许多对立和极端性，我们都应该以不同的眼光去看待，不能像心理学家惯常认为的那样，是直线理所当然的延伸。例如以困扰过我们的第一个二歧式为例，我就不能确定我的研究对象究竟是自私的还是不自私的（我自然而然地陷入了或者是这样或者是那样的境地，这一个越多，另一个就越少，这就是我提出这种问题暗含的意思）。我迫于事实的绝对压力，不得不放弃亚里士多德式的逻辑。从一种意义上说，我的实验对象是很自私的；而从另一种意义上说，他们又是很不自私的。二者融合在一起，似乎不是水火不容的，而是在一个合理的、动力的统一体或合成物中，这很像弗洛姆在他有关健康利己的著名论文中所描述过的东西。我的实验对象就是运用这种方式将对立的东西融合在一起的。因此，我认识到，把利己和利他看成是矛盾的和完全排斥的，这本身就是人格发展水平低下的特征。同样，在我的实验对象身上，许多其他的二歧式也都转化为统一体了。认知和意动的对立（心对脑，希望对事实）变成了有意动结构的认知，像直觉和推理一样得出相同的结论。责任、义务变成了乐事，乐事和义务合为一体。工作和玩乐的差距也缩小了。当利他主义成了令人愉快的利己的事情时，利己的享乐主义怎么能够与利他主义对抗呢？所有这些最成熟的人，也是具有最强烈的孩子气或天真的人。总是被描绘为具有最强烈的自我和最明确的个性的这些人，恰恰是最有可能易于没有自我、超越自我和以问题为中心的人。

能把不协调一致的、彼此互不相容的各种颜色和形式，融入一幅整体的画面中，这是最伟大的艺术家所做的事情。这也是伟大的理论家所做的事情，他们把迷惑人的、不一致的事实放在一起，从而使我们能够看出它们实际上是统一的。对于伟大的社会活动家、伟大的治疗学家、伟大的哲学家、伟大的父母以及伟大的发明家来说，也同样如此。他们全都是综合者、都能够把分离的，甚至对立的东西纳入一个统一体中。

我们所讲的整合能力，是人体内部的反复整合能力，也是将他目前所做的一切整合起来的能力。如果创造性在一定程度上能依靠人的内部整合能力，那么它就成为建设性的、综合的、统一的、整合的创造性了。

我想，如果要找出这种情况的根源，可能要归结于我的实验对象的勇敢品质。他们显然较少对文化有顺应态度，他们不太害怕别人会说什么，会要求什么，会笑话什么。他们不太需要依赖他人，因而也较少受他人控制，他们不太怕他人，也不大敌视他人。然而，也许更重要的是自我实现的人不畏惧自己的内部世界，不怕自己的冲动、情绪和思想。他们比普通人更能接受自我。这种对自己的本性的赞同和认可，使他们更有可能敢于察觉世界的真正性质，也使得他们的行为更有自发性（较少控制、压抑，较少规划、设计）。他们不太怕自己的思想，即使这些思想是古怪的、糊涂的或疯狂的，他们也不惧怕。他们不怕被笑话，不怕被反对。他们能让他们的自我得到真情流露。相反，普通人和神经症患者积极地防御畏惧，他们的自我大多留在墙内。他们控制、抑制、压制、镇压他们的自我。他们非难自己的深邃自我，并且预期他人也这样做。

其实我所说的自我认可包含的意思就是我的实验对象的创造力仿佛是他们的更大整体和整合的副现象。普通人身上的那种固有的底蕴力量和防御控制力量之间的内战，看来在我的研究对象身上已经解决了，他们较少陷于分裂状态。对于享受和创造的目的来说，他们的自我大多也是有效的，他们用于保护和反对他们的自我的时间和精力也较少。

能支持并丰富着这些结论的是我们关于高峰体验的认识。这些高峰体验也是整合过的和整合着的体验，在某种意义上说，它们与感知世界上的整合是同型性的。在这种高峰体验中，我们发现体验的坦率性增强了，自发性和表现性也增进了。同样，由于人的内部这种整合的一个方面是承认我们的深邃自我及其价值，这些深蕴的创造力就变得更有效用了。

就自我实现者的创造性来说，更多的是直接来自原初过程和二级过程的融合，而不是来自镇压和控制被禁止的冲动和希望。当然，由于害怕这些被禁止的冲动而产生的防御……把原初过程封锁到内心深处。

积极培养整合的创造力

我们极少用到传统的弗洛伊德理论，我们的资料甚至还在一定程度上反驳这种理论。他的理论本质上（或者说曾经）是伊特（旧）心理学，是一种对于本能冲动及其变化的研究，而且，最终是在冲动和防御冲动之间看到基本的弗洛伊德辩证法。但是，对于理解创造力（以及游戏、爱、热情、幽默、想象和幻想）的源泉来说，比压抑冲动更重要的是原初过程，这个过程本质上是认知的，而不是意动的。我们一旦把我们的注意力转到人的深蕴心理学时，我们就会立即发现，从心理的角度分析自我心理学，即克里斯米尔纳、埃伦兹魏格、荣格的心理学和美国的"自我与成长"心理学之间，有许多一致的东西。

在通常情况下，能够不断从认知和意动两个方面成功地抵制许多深蕴人性的人——正常顺应或顺应良好的人。对现实世界的良好顺应，意味着人的割裂，意味着这个人把他的后背对着他的自我，因为它是危险的。但是，现在清楚了，他这样做的损失也是很大的，因为这些底蕴也是他的一切欢乐、热爱和能力等的源泉；而且对于我们来说最重要的，也是创造的源泉。为了保护自己而去反对自我内部的地狱，结果也就把自己同自我内部的天堂割裂开了。在极端的情况下，我们就成了平庸的、封闭的、僵硬的、淡漠的、拘束的、谨小慎微的人，成了不会笑、不会欢乐和爱的人，成了愚笨的、依赖他人的、幼稚的人了。他的想象,他的直觉,他的温暖,他的富于感情,全都逐渐被扼杀或被歪曲了。

心理分析的最终目标是作为一种整合性的疗法。成就则是通过顿悟达到这种基本分裂的愈合,因此,遭到压抑的东西就变成意识到的或者前意识的东西了。但是在这里,作为研究创造性的深邃根源的结果,我们还可以作出某些修正。我们与我们的原初过程的联系,同我们与我们的不能接受的希望的联系,并不是在一切方面都是一样的。我能看到的最重要的差异,就是我们的原初过程并不像被禁止的冲动那样危险。在很大程度上,原初过程并不是被压抑或被潜意识压抑的,而是被"遗忘"的,或者也可以说是避开压制(不是压抑)的,因为我们必须顺应严酷的现实,而这个现实要求的不是幻想、诗意和欢乐,而是有目的和实用主义的努力。或者也可以说,在富足的社会中,情况会是另一种样子,即对原初过程的遏制必定要少得多。我预料,很少做减轻压抑"本能"的事情的现行教育,在承认原初过程并把它整合到意识或前意识中有很大的用途。艺术、诗歌、舞蹈方面的教育,从原则上说在这方面是大有可为的。动力心理学方面的教育,同样也大有可为。例如,多伊奇和墨菲以原初过程语言的方式说话的"诊疗交谈",可以看成是一种诗作。米尔纳的非凡著作《论不能作画》说出了我的心里话。

我试图概略分析的这种创造性,由爵士乐或孩子式即兴创作的画提供了最好的范例,而不是由称之为"伟大的"艺术作品证明的。

在前一种场合,伟大的作品需要伟大的天才;在后一种场合,伟大的作品不仅要求思想的闪光、灵感、高峰体验,而且也要求艰苦的劳动,长期的训练,严格的修改,以及完美的规范。换句话说,继自发性之后是深思熟虑;继完全认可之后是批评;继直觉之后而来的是严密的思维;继大胆之后而来的是谨慎;继幻想和想象之后而来的是现实的考虑。继之而来的是这样一系列问题:"这是实际情况吗?这能被其他人理解吗？它的结构是健全的吗？它能经受得住逻辑的考验吗？我能够证实它吗？等等。”这时，推测之后的冷静思维、比较、判断、评价、选择或拒绝的时刻就到了。

我们如果说继原初过程之后感兴趣的是二级过程，继幻想主义之后感兴趣的是实用主义。那么，自愿复归我们的底蕴现在就结束了，必要的灵感或高峰体验的被动性和感受性，现在就必须让位给主动性、控制以及艰苦劳动了。在一个人的身上，高峰体验是偶然发生的，但伟大的作品却是由此而创造出来的。

严格说来，我所调查研究的只是高峰体验的到来。作为一个整合的人或这个人内部暂时统一的自发表现，这种体验是顺利的和不需经过努力的。只有当一个人的底蕴对他起作用时，只有当他不怕自己的原初思维过程时，高峰体验才会到来。

我将把那种出自原初过程，并且应用原初过程多于应用二级过程的创造力称之为“原初创造力”，而把那种多半以二级思维过程为基础的创造力，称之为“二级创造力”。后面这种类型包含着绝大部分的世界生产成果，桥梁、房屋、新的机动车，甚至许多科学实验和许多文学作品都在其中。所有这一切，本质上都是精练和延伸拓展他人的思想。两种创造力之间的差异，类似于突击队员和预备役之间的差异，类似于拓荒者和移居者之间的差异。那种能以良好融合或良好交替的方式，自如而完美地运用两种过程的创造力，我将称之为“整合的创造力”。伟大的艺术、哲学、科学产品的出现，正是来自这种整合的创造力。

在创造性理论上，日益强调整合的作用充分概括说明了所有这一切发展的结局：使二歧式转化为更高级的、更广泛的统一体，也就是治愈了人的分裂，并使他更一元化了。由于在人的内部有我谈到过的这种分裂，所以就等于有一种内战，即这一部分反对他的那一部分。总之，就自我实现者的创造性来说，更多的是直接来自原初过程和二级过程的融合,而不是来自镇压和控制被禁止的冲动和希望。当然,由于害怕这些被禁止的冲动而产生的防御,也可能在全面的、不加区别的、恐慌的战争状态中,把原初过程封锁到内心深处。但是,这种不加区别的战争看来是没有原则性的。

简单来说,自我实现者的创造性,首先看重的不是成就,而是人格,成就充其量只是这种人格魅力闪现的副产品。因此对人格来说,成就是第二位的。自我实现的创造性强调的是性格上的品质,如大胆、勇敢、自由、自发性、明晰、整合、自我认可,即一切能够造成这种普遍化的自我实现创造性的东西,在创造性生活中那些表现自身的东西,或者说是强调创造性的态度、创造性的人。我也强调过自我实现创造性的表现或存在的品质,而不是强调其解决问题或制造产品的性质。自我实现的创造性是散发到或投射到整个生活中的,正如一个激动的人没有目的地、没有谋划地,甚至是无意识地"放射出"兴奋一样,它像阳光照射一样,它传播到各个地方,它使万物得以成长(那种能成长的东西),而且它也浪费在岩石和其他不能成长的东西上。

我完全意识到:我试图推翻那种得到广泛承认的创造力概念,而又没能提出一个精密的、明确定义的、完全区别开的代替概念。自我实现的创造性是难下定义的,因为有时它正如莫斯塔卡斯已经指出过的那样与健康本身似乎是同义的。而且,由于自我实现或健康最终必须定义为实现最完全的人性,或实现这个人的"存在",因此,自我实现和自我实现创造性,看来也几乎是同义的,或者说自我实现创造性是自我实现的绝对必要的方面,或是它的标志性的特征。

政治体系之间的不断斗争或“冷战”还将继续进行，但不是以军事的方式进行。向其他中立人民呼吁的体系将是优胜者。哪一种人最终能成为更好的人，更友善，更平和，不贪婪，更可爱，更值得尊敬？谁将被非洲人和亚洲人所接受？

创造性人物的重要性

几乎所有人都对创造性有兴趣，而且这种兴趣不再局限于心理学家和精神病学家，它已变成一个全国性甚至全球性的政策问题。一般人，特别是军事家、政治家和富于思想的爱国者，必然很快都会认识到这一点。世界上已出现一种军事的僵局，这种僵局还会继续存在。军队的任务主要是防止战争，而不是制造战争。因此，政治体系之间的不断斗争或“冷战”还将继续进行，但不是以军事的方式进行，向其他中立人民呼吁的体系将是优胜者。哪一种人最终能成为更好的人，更友善，更平和，不贪婪，更可爱，更值得尊敬？谁将被非洲人和亚洲人所接受？

相对而言，政治需要心理上更健康或更高发展的人。他必须成为一个不被仇恨的人，一个能和任何人深入友好相处的人，包括非洲人和亚洲人，他们对于任何恩赐态度或偏见或仇视是非常敏感的。可以肯定，要成为合格领导并取得胜利必须具备的特征之一就是不能有种族偏见，他必须有同胞兄弟感，必须有助人感，必须成为一个值得信赖的领导者而不是一个受到怀疑的人。如果从长久的角度，他不应成为专制主义，虐待狂者，等等。

除此之外，更多的创造性人物，将是任何能长治久安的政治、社会、经济体所必需的。这种考虑和重视大工业的看法是同类性质的，因为他们都非常警惕可能出现的过时废弃。他们都警觉到，尽管他们现时富有并兴旺，明天早上醒来却可能发现有某种新产品问世，使他们成为明日黄花。想一想什么是汽车厂家的命运吧，假如某人忽然带着一种美观的、个人旅游用的工具在地平线上出现，他的售价只相当一部汽车的一半来作为这种考虑的一个后果。每一家有战略眼光的公司只要有可能都会提出很大百分比的资金用于新产品的研究和发展，以及旧产品的翻新和改善。国际舞台上的类似现象是军备竞赛。的确，现在有一种关于威慑武器、炸弹和轰炸机的相互制约的平衡，等等。但是，假如将来发生了一件事，如同美国人发明原子弹时的情况那样，又将如何呢？

所以，关于国防和军事的大量的研究和发展也在所有大国的项目支出下忙碌着。每一个国家都必须争取首先发现那种能使一切现有武器报废的新武器。我想，强国的统治者们已经认识到，那些有能力做出这种发现的人正是那种罕见的怪人，那些创造性人物，那些他们总是以反射式的敌对态度相待的人。现在，他们将不得不学习管理创造性人才的方法，创造性人物的早期选拔，创造性人物的教育和培养，等等。

这才是为什么会有这么多领导人对研究创造性的理论感兴趣的真正原因。我们所面临的历史环境有助于在富有思想的人们中间、在社会哲学家中间、在许多其他类型的人们中间创造出一种对创造性的兴趣。社会流动性改变更加明显，更加频繁迅速，快过了历史上的任何时代。新的科学事实、新的发明、新的技术发展、新的心理事件、物质丰裕等等的加速度积累，已向每一个人提供了不同于任何以前曾出现过的情境。除别的事情以外，这一从过去到现在再到将来的新的连续性和稳定性的缺乏已使各式各样的改变成为必要，那是许多人现在还没有认识到的。

它意味着我们需要那些非同寻常的人，而不是面对现在似乎现在不过是过去的重演，把现在仅仅当作应付未来威胁与危险而做好准备的时期的人，因为他相信自己能在无准备的情况下应付各种突发事件。

培养随机应变创造力的方法

教育人才，比方说培养工程师的正确方法，就是将他们教育成为具有创造性的人，例如能够面对陌生情况和随机应变。他们必须不怕改变，必须能安于改变，安于新事物，而且，假如可能（因为那样最愉快，甚至能享受新事物和改变的乐趣）。这意味着我们必须教育和训练的不是旧的和标准意义上的工程师，而是新的意义上的即有创造力的工程师。

同样，这种理论也对事业和企业中的领导者、管理者和执行者很有作用。他们必须是能够对付任何新产品或任何旧工作方法不可阻挡和迅速过时问题的人，他们必须是不反对改变而能预见改变的人，是能够以足够勇气接受它的挑战并从中寻求乐趣的人。我们必须培育出一大批头脑灵敏的、适应潮流的创造者。我们必须以一种与惯常方式全然不同的方式给熟练的人或训练有素的人或受过教育的人下定义（即不作为一个具有丰富经验因而能在未来事务中得益于此的人）。我们能称之为学习的许多做法已经变得无用了。任何种类的学习只要是简单地应用过去于现在，或在现在情境中利用过去的技术，在许多生活领域中都已经过时了，教育不再被认为根本上是或仅仅是一种学习过程，也是一种性格训练，一种人格训练过程。自然，这不是完全正确的，但它在很大成分上很有道理，而且它将变得越来越正确。我想这也许是我最彻底、直率而无误地畅所欲言的论断，而且在过去生活的某些领域中几乎一点价值也没有。过分依赖过去的人在许多职业中几乎成了废物。我们需要一种新型的人，他能同他的过去决裂，他觉得自己足够坚强、勇敢，能在现在情境中信赖自己，假如需要，能以一种随机应变的方式妥善处理问题而无须做前期准备。

这所有的一切综合起来更加突出了心理健康的力量。它意味着更加珍视对现实情况给予充分注意的能力，能注意倾听，能注意观察我们面前的具体的、直接的契机。它意味着我们需要那些非同寻常的人，而不是面对现在似乎现在不过是过去的重演，把现在仅仅当作应付未来威胁与危险而做好准备的时期的人，因为他相信自己能在无准备的情况下应付各种突发事件。这种新型的人，即使没有"冷战"，即使我们都联合在一个种族中，也是我们所需要的，我们需要他只是为了对付我们将在其中生活的新型的世界。

关于"冷战"和我们在世界中要不断面临的新情况，给我们对创造性的讨论提供了另外一些必要性。由于实质上我们讨论的是一种类型的人，一种类型的哲学，一种类型的性格，于是，着重点便从对创造产品的强调，从对技术更新和美术产品和革新的强调等转移开。我们必须变得对创造过程、创造态度、有创造力的人更感兴趣，而不单单是对创造产品感兴趣。因此，我觉得更好的战略是把更大的注意力转向创造性的灵感阶段，而不是创造性的实施阶段，即转向"始发创造性"而不是"次级创造性"。

因此，不管这种随机应变的创造性是否重要，我们都必须集中注意而不是拿那些具有社会价值的艺术或科学成果作为经常性例证。之所以如此，是因为用已完成品作为一种标准会引入太多混淆，如良好工作习惯、顽强、训练、耐性、良好编辑能力和其他特征，它们和创造性没有直接关系，或至少不是创造性独有的特征。

考虑到这些，我们甚至更愿意将儿童而不是成年人作为创造性的研究对象。研究儿童能避免许多混淆和污染的问题。例如，在这里我们能不再强调社会改革或社会效用或创造产品。我们还能避开对先天杰出才能的专注，从而也避免了问题的混淆（天才似乎和普遍的创造性很少关联，后者是我们所有人都有的禀赋）。

这也是我为什么强调非语言教育的重要性的原因，例如艺术、音乐、舞蹈教育。我并不是特别对艺术家的训练感兴趣，因为无论哪一种情况都是以一种不同的方式完成的。对于儿童娱乐甚至对于用艺术进行心理治疗，我也不是很感兴趣。为了解决上述问题，我甚至并不关心艺术教育本身。我真正关心的是新型的教育，那是我们必须发展的，这种教育的目标是培养我们所需要的新型的人，发展过程中的人，有创造力的人，应变能力强的人，自我信赖、勇气十足的人，自主自律的人。艺术教育家成为第一批沿着这一方向前进的人，不过这仅仅是一种历史的偶然。这也能同样容易地应用于数学教育，我希望有一天会是这样。

当然，数学或历史或文学在大多数地方仍然是以一种权威的、记忆的方式传授的（虽然这已经不适用于布鲁纳论述过的那种最新型的教育，那种有关随机创作、猜测、创造性、娱乐的教育，也不适于数学家和物理学家为高中教育创造的教学法）。问题仍然在于如何教导学生正视现实，随机创作，等等，即如何变成有创造力的人，能采取创造态度。

新的不考虑客观因素、不包含是非观念的强调，也是一个通过艺术进行教育的运动。可以抛开正确与错误不去考虑，因而可使儿童面对自身，面对他自己的勇气或焦虑，面对他的旧框框或他的新鲜感，等等。说明这一点的一个好办法是，现实一经抛弃，我们就有了一个良好的投射测验情境。这正是我们在投射测试和顿悟疗法两者中所做的，即现实、校正、对环境的适用、物理的、化学的和生物的决定因素统统撤销，让心灵能更自由地裸露出来。我甚至可以说，从这方面考虑，艺术的教育是一种治疗和成长的技术，因为它能让心灵的深蕴层暴露出来，使之受到鼓励、培养、训练和教育。

犯错误就是给出一个不正确或不希望出现的回答。人们往往都有这样一个明确的认识,基于你自己对过失的认识,就有可能避免恶劣的消极循环。

预防工作中紧张的缓解机制

调整节奏和速度可以提高工作效率和缓解持续性的紧张。在工作场所,情绪、气氛和环境因素的一成不变是不适当的。在一定环境中,情绪是一个很重要的方面。只有当人们在一起工作时感到愉快,才能取得积极的、满意的效果。相反,紧张的、不愉快的情绪也能在工作或人际交往的行为中反映出来。对工作场所的不满意等消极的情绪,可以影响或融于一种气氛,这种气氛会使人们产生逃避的愿望,没有人愿意生活在恼人的气氛中。

在工作中,如果你所看到的、接触的和听到的一切事情令人生厌,你就更能感到导致紧张情绪产生的环境力量。如果你置身于紧张的工作环境中,只要你留心,就会从同事们说话的语调中察觉到紧张充满了工作场所,有时人们表现出来的感情是如此强烈和多种多样。

紧张的情绪来自于工作环境,反过来又影响环境。心情恶劣时很容易夸大紧张的程度。如果你的上级并不支持或欣赏你的工作热情和努力,如果他们总是下达错误的、不合适的决定而忽略你的一切反应,甚至也不注意你的成绩,那么你会怎样想呢?痛苦?愤怒?不错,对于有些人,愤怒是发泄压力的途径,而在另一些人那里,压力则导致了厌烦和麻木不仁。所有这些都是对工作状况不满的一种强烈的消极反应。

进一步说,如果上级不仅忽视你的工作成绩,甚至还寻找机会批评你，那么你的内心更增加了“被忽视”和紧张的感受。许多人会降低自尊心，产生愤怒或退缩的消极反应。

综上所述，种种反应体现了在工作中能引起的情绪障碍的范畴。任何紧张都给环境带来影响。一个气味相投、富有合作性的气氛，能缓解紧张并使工作具有吸引力和充满愉快、积极的环境使人产生愉快、和谐的感受，使人比较宽容。消极的环境使人感到周围充满敌意、怨恨、厌烦、痛苦或迟钝。对情绪健康的环境与一个消极的、破坏性的环境之间的差异进行探讨是很重要的，它将使你能够分析出，情绪变化与你产生紧张因素的关系。假如你想弄清紧张是如何从工作环境中产生的，那你就下列问题向自己提问，答案将有助于你揭示工作中的气氛是积极的还是消极的。

你和你的同事们都有工作欲望吗？人们在工作时常谈论下班吗？在工作中，人们出差错吗（较高的失误率是消极情绪的一种迹象，由于压力的影响，人们比平常更易犯错误）？你或你的同事频繁地更换工作吗（失业的高比率是紧张或其他消极影响的一个指标）？人们忧郁吗？你和你的同事们觉得不被赏识或受到轻视吗？你的思维常有反复性吗？

如果你不能确定怎样回答其中的某些问题，你可以去问你的同事们。如果对大多数问题回答“是”，那么就说明，你备受消极情绪影响之苦，说明在你的工作环境中，弥漫着消极气氛。假如你要缓解或解除紧张，就必须消除产生紧张的环境。

那么，为使这种气氛转变为充满积极和愉快内容的气氛，你能做些什么呢？答案是两个简单而又尖锐对立的原则。了解这两个原则，将为你在工作中初步改善情绪气氛提供必要的基础。

第一个原则是：表扬、友爱和赞扬、鼓励以及支持对人们具有极大的影响。人们乐意因为工作好而受到表扬，人们喜欢受到别人的注意、希望别人评价自己的优良品质。的确，一直自我感觉良好的人也倾向于对别人友好。如果我们尊重和欣赏自己,我们也就尊重和欣赏别人。这一点你可以用简单的自我提问来检验自己。当你工作得力,你是否喜欢被注意和被赞扬?如你回答"是",那么你就清楚了第一原则的要点。

第二项原则是非常不同的:批评、轻视、傲慢、敌视、无礼等,这些消极情绪和行为对人们的消极影响是长久的,所产生的后果也是难以消除的。因为当人们受到批评后,他们总怀疑自己的能力和自我价值。有时这种消极的自我认识,可以导致对环境的防御和敌视态度。举例说,一个常被上级批评的工作人员,她就会在所有寄出的公函中制造微妙的错误,以此报复上级对她的傲慢和轻视。这种报复不总是公开的,但这些行为却常对她所受到的不公平的待遇起反作用,而无助于问题的解决。

这两项原则为如何达到一个积极的、健康的工作气氛提供了基础。第一项原则的关键是你需要做的、需要创造的气氛。第二项原则是一种警告,告诫人们不应做的事情。批评和敌视是使人们感到自己的工作欠佳的方法。创造出一个积极的气氛,能产生工作愿望,也可以防止严重的紧张反应。当周围的气氛和情绪是积极的和支持的,人们都比较容易克服紧张或从紧张中恢复。一个温暖而愉快的工作环境可以比较容易地克服紧张。很明显,这样一个支持性、放松的情绪气氛,确实能减少人们对少数紧张源的反应。当人们对自己或工作等感觉良好,即使他们面临一些较严重的困难时,他们也不可能发生惊恐反应。

积极的工作气氛犹如抵御紧张的防线。每天,我们每个人都有多种多样的工作需要——分配任务、时间和生产的进度表、商议期限等等。这些需要是各不相同的和非常特殊的。一个紧张者的特殊需要可能是阅读。有时在紧张状态中,用一天或整天的时间阅读,有利于身体的恢复。但在其他时候,有时相同的环境可以产生出非常不同的结果。某种需要或责任感可以缓解那些无言或无意义的。小的或不会触发的紧张反应。所不同的是,身体反应是对许多因素综合的应付。在能对情绪环境产生深远影响的诸因素中,最重要的是经验。积极的、愉快的感情对同事们来说,确实能减少或消除称之为紧张的东西。

当你的感觉是积极的,那么朋友或同事就不得不分享你的感情。我们所有人都喜欢真实信息。有些研究结果表明,如果某个信息具有最大限度的积极的效果,它就必须尽可能快速传递。如果一个称赞或肯定的意见被长时间耽搁,我们希望表扬的那个人就会在反馈到达之前就开始感到泄气和失望。这样一来,我们的表扬如同虚设,减少了积极效果。

你的肯定评语越显亲密,你的雇佣人、共事者从你真诚的赞扬中得到的也就越多。切记,积极肯定的立即反应,将会产生最佳的效果。

当你对他人的所作所为已感到快乐时,如果此事是涉及一种特殊的行为和工作的话,那么你的赞扬极有可能为他人所接受,为他人所欣赏。

增强感情气氛的有效做法:称赞必须是真诚的。不诚心的、虚伪的称赞常常产生相反的效果。唯有真诚、坦率的肯定才能真正使对方对自己感到满意。

当我们开口谈话,倾听者就竭力抓住我们谈话的整个内容以及褒贬措辞的意思。如果我们希望谈话内容得到对方的尊重和采纳,那么谈话内容和措辞就应当是适当的。也就是说,措辞与内容相吻合。假如我以粗鲁和讽刺的口气对别人谈话,却充满恭维过奖之词,这就会深深地伤害对方。实际上,当谈话者不能恰如其分地表达自己的意思时,倾听者则胡乱猜测对方的意思,并根据自己的感觉去理解和判断。另外,措辞与语意之间的矛盾易导致别人的不信任。

这种做法的关键在于不说违心话。假意赞许效果是极消极的,会破坏人们相互的信任感,破坏人与人之间的相互尊重,如果你并不想称赞别人,就应当避免用伪虚的褒义词来掩饰自己的不满。在这种情况下,缄口比美言显得更有诚意。

我们反对虚伪的感情。假如你并不愿对别人大加赞赏，那么保持沉默就比违心的赞扬好。这并不意味着我们对自己的感情不诚实，也不意味着对有过失的一方不可以批评。但批评从来不是改变他人行动的最好办法。如果你去强调他人积极的一面，而不是一味地指责，可以达到更好的效果。

而且，详尽地数落别人的失败或不好的表现是无意义的。毫无疑问，犯了错误就必须承认，但真正纠正错误、改正错误，只有当人们被鼓励着去继续干或不断发展自己积极工作一面的时候才会出现。导致这种现象的总的原因在于——积极肯定的反应被视为奖励并且是促进积极行为的因素。另一个原因是肯定的评语能使人感觉到自己更有能力，从而产生继续干好的决心和信心。适当的赞扬增强了人们的自尊心并且帮助我们竭力表现出最大能力。相反地，批评容易使被批评者感到难堪、削弱被批评者的自尊心。有的研究表明批评过多与工作人员失职率成正比。过多挨批的人在工作中失误率也高。如果你希望制造一种积极的感情气氛，那么就要注意和他人建立相互支持的交往关系，强调积极的能导致成功的因素，并及时用准确的语言进行赞扬。

假如我们受到轻视、侮辱和指责，我们就会产生沮丧心理，就会以为自己因不胜任本职工作而要面临失业。

在工作中促进积极感情气氛这一概念的意义在于，如你期望得到下属和同事的支持，首先要做出表率。去发现他们的优点并且明确地告诉他们所欣赏之处。这不意味着你总是附和他们，而是说明你理解他们之间的关系并且尊重他们。只有当大家感到有一分相互支持的力量时，他们才能体验一种同舟共济的感情，这种价值既能有助于提高工作效率，也能产生轻松、和谐的感情。

如果你对自己厌弃，也就难以使他人感觉愉快。与自己过不去的人一般易于刁难他人，易于产生敌视态度，待人妄自尊大，而自己情绪却常常消极低落。那些自我感觉良好的人则感觉到自己的力量和成功，并且更容易发现、肯定他人身上的优点和才能。与其说工作中积极的感情气氛的增长在于你自己，不如说热爱自己、尊重自己才是改变他人行为的首要一步。

除了把你的注意力放在积极行为以外，还有一种摆脱沉重的消极循环的最佳方法，就是再次分析缺点、错误的含义。当他们做错了事总是自暴自弃，但在这之中常常暗存一种抱怨以及对一种完美的结局的期望。假如我们在心里想象我们必须成功，那么我们会竭力去想最坏的可能，或是陷入自我悲哀之中。假如你能在犯错误的情形下放弃过多的自我责备和自我惩罚，那么通过分析犯错误因素则可重新振作起来。

这一做法的关键在于弄懂某种事物的多种关系。你不可能成为唯一"正确"的人。实际上，"正确"的东西总是相对的，有时是自我断定的。

犯错误就是给出一个不正确或不希望出现的回答。人们往往都有这样一个明确的认识，基于你自己对过失的认识，就有可能避免恶劣的消极循环。你所需要做的就是以新方法反省自己的错误而不是把过失看成是绝对的失败或缺乏能力的象征。要不断思索，失败只是增加了了解自己的时机，要了解出现失败的内部因素。

把纠正错误看成进一步了解自己的机会，能帮助自己更现实地对待生活中的难题。不仅如此，还有别的有利方面。对自己以及自己的言行要光明磊落，心胸坦荡，这会使你自己更易接近他人。你会发现自己的反应是及时的、正确的，并且他与你自己本身的意愿内容一致。你也会发现你更有可能鼓励、支持他人。这样做的结果是你将在积极工作气氛中起到重要作用，而这种积极的工作环境将使你自己以及你的同伴减少甚至完全避免紧张的产生。

但我们的任务是明确的。我们必须理解爱情，我们必须能够教导它，创造它，预知它，否则世界就会被敌对和怀疑所湮没。目标的重要性甚至会给予我们在此提供的那些不太可靠的材料以价值和尊严。

自我实现者的爱情艺术

经验科学关于爱情的问题仅能提供少得可怜的材料，更让人大为不解的是，学院派心理学家们居然在这个问题上也保持沉默，因为我一直都认为这是他们的特殊职责。或许，这只不过又一次证明了学院派容易犯的一个毛病；他们宁愿做那些他们毫不费力就能够做到的事情，而不愿做那些他们应该做的事情。就像我认识的那个愚蠢的杂工，有一天，他把旅馆里的瓶瓶罐罐统统启开，只因这是他的拿手好戏。

我承认，我能清楚地了解心理科学这个问题，所以我已经承担起了这一任务。在一切传统中，这是一个非同一般的棘手问题，在科学的传统中更是难上加难。我们仿佛身处一个荒无人迹的地带的最前沿，处在正统心理科学的传统技术毫无办法的地方。事实上，正是由于有这种不足，我们才有必要实施一系列新的方法，以便能够获得关于这一或其他独特的人类反映的情况，而这一系列新的方法业已导致了一种截然不同的科学哲学。

但我们的任务是明确的。我们必须理解爱情，我们必须能够教导它，创造它，预知它，否则世界就会被敌对和怀疑所湮没。目标的重要性甚至会给予我们在此提供的那些不太可靠的材料以价值和尊严。而且，就我所知，它们是我们能够取得的关于这个问题的唯一材料。我们面临的特殊问题就是：“关于爱情和性活动，人能够给我们一些什么样的教益呢?”

我们首先提出的是那些两性之间爱情的、普遍的、表面的特点,然后才是关于自我实现者较为特殊的爱情研究结果。

不要作客观的或行为主义的描述,所作的描述必须是主观的或现象学的。没有任何描述,没有任何言词能够将爱情体验的全部性质传递给一个未曾亲身体验过爱情的人。爱情体验主要是由一种温柔、挚爱的情感构成的(如果一切都顺利的话),一个人在体验这种感情时还可以感到愉悦、幸福、满足、扬扬自得甚至欣喜若狂。我们可以看到这样一种倾向:施爱者总想与被爱者更加接近,关系更加亲密,总想触摸他、拥抱他,总是护着他。而且施爱者感到自己所爱的人要么是美丽的,要么是善良的,要么是富有魅力的,总之从心底里感到幸福。在任何情况下,只要看见对方或与对方相处,他就感到愉快,而一旦同对方分开,他就感到痛苦。也许由此便产生了将注意力专注于对方的倾向,同时也产生了淡忘周围其他人的倾向,产生了感觉狭窄从而忽略身边许多事物的倾向,好像对方本身是极富魅力的,吸引了自己的全部注意和感觉。这种互相接触,彼此相处的愉快情绪也表现在想要在尽可能多的情况下——在工作中,在嬉戏中,在审美和智力消遣中——尽量与所爱的人相处的愿望之中。并且,施爱者还经常表现出一种想要与被爱者分享愉快经验的愿望,以至我们时常听人讲,这种愉快的经验由于心上人的在场而更加强烈了。

在施爱者身上唤起的特殊的性冲动是在所难免的。这在典型的情况下直接表现于生殖器的变化。被爱者仿佛具有一种世界上其他不能达到同等程度的特殊力量,能够使施爱者的生殖器勃起,或者从体内分泌出液体来,能够唤起有意识的性欲,常常能够产生伴随着性冲动的激动。但这并不是基本的,因为在那些由于年老体衰而不能性交的人身上,我们也可以看到爱情。

不仅在肉体上有一种亲近的愿望，而且心理上也一样。它时常表现为对两人幽会的特殊偏好。除此之外，我们时常还可以观察到在恋爱的男女双方逐渐发展起了一套亲密语言，一些旁人不懂的有关性爱的语言，以及一些只有对情人才懂得的特殊玩笑和手势。

那种慷慨的情感，想要给予和取悦所爱的人的心情也是富有特色的，施爱者尽其所能为被爱者效劳，向他馈赠礼品，从中获得一种特殊的乐趣。

恋爱者之间还普遍存在着一种希望更加全面地了解对方的意愿，一种对心理上的体贴和靠近的渴求。也许，这些都是人格融合之下的一些例证。

可以轻而易举地说明关于慷慨的倾向和为被爱者效劳的倾向。这就是说，施爱者常常沉湎于一个十分普遍的幻想之中，即想象自己为心上人作出了巨大的牺牲。当然除此之外还有其他形式的爱的关系，如朋友、兄弟、父母和孩子之间的爱。我至少必须提一下我在从事这些研究的过程中产生的一个猜测，即对他人存在的纯洁的爱，或者叫做存在性的爱，在一些当了爷爷、奶奶的老人身上也可以见到。

从某种程度上说，健康的爱情意味着防卫的解除以及自发性和诚实的增强。健康的爱情关系倾向于使双方的言谈举止完全出于自发，倾向于使两人相互了解，永远相爱。

解除爱情关系中的防卫性

西奥多·莱克指出，爱情的明显特征就是能消除所有的恐惧焦虑。这一特征在自我实现者身上表现得尤其明显。几乎可以肯定的是，在这种关系中，他们倾向于越来越完全的自发性，倾向于防卫、作用、尝试和解除。随着这种关系的进一步发展，他们的亲密、坦率和自我表现也与日俱增，达到高峰时的所有这一切都是一种奇妙的现象。得自这些人的报告表明，与被爱者相处能够使人真正成为自己的主宰，能够使人感到自由自在："我可以不拘礼数。"这种坦率还包括让伴侣自由地看到自己在生理和心理上的缺陷、弱点。

当爱情关系处在健康情况下时，则并非表现为竭力去突出自己的优点。正因为如此，自我实现者便无须掩饰自己中老年期的身体缺陷，无须掩饰自己的假牙、背带、腰带以及类似的东西。他们没有必要保持距离、神秘和魅力，没有必要自我克制，也没有必要将自己的秘密隐藏不露。这种防卫的彻底解除与一般人关于这一问题的经典论述是背道而驰的，更不用说一些精神分析学家的理论了。莱克相信，做一个好的伙伴与做一个好的情人是相互排斥，相互矛盾的。但我们的材料似乎证明了相反的情况。

很显然，我们的材料还否定了那种两性之间具有相互敌对倾向的古老理论。两性之间的这种敌对倾向，对性的无端猜疑、与自己的同性联合起来反对异性的倾向，甚至异性这一词的意义本身，都通常可以在心理症患者甚至一般公民那里见到。但这一切在自我实现者那里却丝毫也看不到,至少我目前掌握的研究资料证明了这一点。

我们有理由相信,性的满足和心理满足的性质在自我实现者身上是随着爱情关系日益成熟而改进的。我的这一发现是与一般大众的思想、与那些在性活动和爱情问题上颇有见地的理论家的思想相互抵触的。自我实现者的报告表明,他们目前的性活动比过去更为完美,并且一直在得到改进。在健康人那里,严格意义上的感官满足与肉体满足是随着对伴侣的日益熟悉而不是由于新奇得到改进的。毫无疑问,性爱伴侣身上那些新奇的东西显然也十分令人兴奋、十分诱人,特别对那些真正的精神病人来说尤为如此。但我们的材料表明,从这一现象引出一个普遍的结论绝非明智之举。对自我实现者来说,情况肯定不是这样的。

通过自我实现者的这一特征,我们可以概括出一个普遍的结论:从某种程度上说,健康的爱情意味着防卫的解除以及自发性和诚实的增强。健康的爱情关系倾向于使双方的言谈举止完全出于自发,倾向于使两人相互了解,永远相爱。这当然也意味着,随着一个人越来越密切和深刻地了解另一个人,他就会喜欢他所见到的一切。如果伴侣极坏而不是极好,那么,将不会产生与日俱增的喜爱,而只能产生与日俱增的敌对和厌恶。我曾就"熟悉化"对绘画作品道理的影响作过一番小小的研究。上面所说的一切使我想起了我所作的这番研究的一个发现。我的发现就是,随着与日俱增的熟悉化,优秀的绘画作品越来越为人们喜欢和欣赏,而拙劣的绘画作品则越来越不为人们所喜爱。其实,要确定一些判断绘画作品优劣的标准真是一件困难的事,以至于我不轻易发表这一发现。从主观上我要说,人越好,那么随着熟悉的加深,他们就越招人爱;人越坏,那么随着熟悉的加深,他们就越招人讨厌。

从我的研究对象身上得知,健康的爱情关系所产生的最深刻的满足之一就是它允许最大限度的自发性,最大限度的自由自在、最大限度的解除防卫和最大限度的使人免遭威胁。在这样一种关系中,一个人完全没有必要警戒、隐瞒、哗众取宠、感到紧张、言行谨慎、压抑或抑制。我的研究对象报告说,他们能够成为自己的主宰,完全感受不到别人对他们有所要求或期望;他们能够感到自己在心理上(同样也在身体上)是完全自主的;他们仍然感到有人爱着自己,需要自己,仍然感到十分放心。

这一点罗杰斯描述得很好:“被爱在这里也许有着它最深刻和最普遍的含义,即被深刻地理解和被由衷地接受。实际上,我们爱一个人只能爱到这样的程度,即我们不会受到他的威胁;只有当他对我们的反应,或者他对那些使我们感动的东西的反应能够为我们所理解的时候,我们才能爱。因而,如果一个人对我们采取敌视的态度,那么我敢肯定,我一定会采取某种防卫的方式来对待这种敌视态度。”

门宁杰描述了同一问题相反的一面:“我们的那种自己未得到正确评价的感觉对爱的损害要小于恐惧对爱的损害。我们每个人都或多或少模糊地感到这种恐惧,唯恐别人看穿我们的面纱,看穿那些由传统和文化强加在我们身上的城市压抑的面纱。正是这一点导致我们回避亲近的关系,只在一个表面的水平上与他人保持友谊,低估别人从而不能客观地评价别人,唯恐别人也恰如其分地评价我们自己。”我的研究对象通常能够超越传统的以礼相待这类低级需要,能够较为自由地表现他们的敌视和愤怒。这一点更进一步支持了上述结论。

心理健康(其他事情也是一样)来自于爱的获得而不是爱的剥夺。虽然禁欲主义不失为一条可能的道路,或许仍有着某些良好的效果,可是,需要的满足仍是我们社会中健康的先兆。

培养爱与被爱的能力

我的研究对象能够永远被他人所爱,当然他们也爱着别人。在几乎全部(或者部分地)能够获得事实材料的研究对象那里,这一点都倾向于引导出这样的结论:心理健康(其他事情也是一样)来自于爱的获得而不是爱的剥夺。虽然禁欲主义不失为一条可能的道路,或许也有着某些良好的效果,可是,需要的满足仍是我们社会中健康的先兆。

自我实现者与普通人相比,性欲高潮既是重要的,但又可看作并非那么重要。它经常是一种深刻的,几乎神秘的体验,但倘若性欲没有得到满足,这些人也容易忍受,这并不是一个悖论或矛盾,它是由动力动机理论引发出来的。在更高需要层次上的爱使那些低级需要及其满足变得微不足道了,也更容易忽略不计。但是,一旦这些低级需要获得了满足,更高需要层次上的爱也使人们得到更投入的享受。

爱在自我实现者身上变得就像食物一样,这些人一方面津津有味地享受食物,另一方面又认为食物在生活的整个格局中相对并不重要。当他们津津有味地享受食物的时候,他们是在一心一意地享用食物,对动物性以及人的似本能并不采取鄙视的态度。但是,在通常的情况下,享用食物在生活的整个格局中相对并不那么重要。他们并不需要美酒佳肴,他们只是在拥有美酒佳肴之际去尽情享用它。

同样,食物在尤赛琴哲学中,在幻想和在现实中,在价值哲学和伦理哲学中,所占的位置相对而言并不重要。这是某种基本的东西,通常被看成是理应如此的,是建立更高一级东西的一块基石。这些人乐于承认,只有当低级的东西建立起来以后,高级的东西才能够相应地建立起来;但是一旦这些低级需要获得了满足,它们便从意识中隐退而去,自我实现者从不沉湎于这些基本需要之中。

性生活与此极为相似。就算在生活哲学中性生活并不占主导地位或作用已经减退时,自我实现者仍能全身心地享受它,而普通人则很难做到这些。这是某种可以享受的东西,是某种能被认为理所当然的东西,是某种别的东西可以建立于其上的东西,是某种像水或食物一样不可或缺的东西,某种完全可以当作水或食物来享受的东西。但是满足当被看成是理所当然时自我实现者一方面比普通人远为强烈地享受性活动,另一方面又认为性活动在整个参照系中远远不是那么重要。这明显是一个悖论,但我认为上面所说的那种态度已经解决了这一悖论。

需要重点指明的是,自我实现者这种对待性活动的复杂态度,极易造成这样一种情形:性欲高潮时而可以带来神秘体验,时而又可以忽略。这就是说,自我实现者的性快感即可以十分强烈,同样也可以波澜不惊。这与那种认为爱情是一种神圣的疯狂,一种心醉神迷的状态,与神秘体验的浪漫观点是背道而驰的。的确,自我实现者的性快感可以是十分微妙的,但并非时时刻刻都是如此强烈。它可以是一种轻松愉快、试而不虐的体验,不必每时每刻都是如此严肃、深刻,更不必成为每个人都必须承担的责任。这些人并不总是生活在高峰之中的。他们也可以处在一个比较一般的强烈水平上,轻松愉快地享受性活动,把它当作一种令人心醉神迷、试而不虐、妙趣横生的体验,而无须看穿迷狂与激动的最深刻的底蕴。当我的研究对象比较疲乏的时候,情况更是如此,这时他们自然就会进行那种比较轻松愉快的性活动。

总体上来讲,自我实现的许多特征都可以通过自我实现的爱情体现出来。其中一个特征就是,这种爱情是建立在对自己和他人的健康接受的基础之上的，许多东西别人不能接受，但他们却能接受。例如，在这些人身上，婚外的风流韵事相对比较少见，但他们却比普通人更坦然地承认自己为异性所吸引。我有这样一个印象，即自我实现者倾向于与异性保持一种大方自然的交往，同时，他们偶尔还自得于为异性所吸引，但同时，他们对异性的魅力并不像其他人那般津津乐道。同样，在我看来，他们谈论起性行为来也远较常人自由、随便，不拘泥于常俗。所有这一切归结起来就是对生活事实的接受，这种接受与那种更为强烈、更为深刻、更为惬意的爱情关系联系起来，使得自我实现者没有必要去寻求婚外的、作为补偿的、神经质的风流韵事。这一有趣的现象证明了接受与行为并没有必然的联系。自我实现者比较容易接受各种性爱事实，正因为如此，他们才更容易相对地保持一夫一妻的关系。

这里有一个实例。一位妇女与她的丈夫长期分居，我从她口中获得的一切材料都表明，她参与了乱交。她多次参与了这类性活动，并且明确地感到进行这类活动有极奇妙的乐趣。这是一位55岁的妇女，这一切都是她亲口告诉我的，除此之外，她没有向我提供更多的细节。在谈到这一问题时，她没有流露出丝毫的负罪感或者愧疚不安的情绪，也没有流露出做了一桩错事的感觉。显而易见，一夫一妻的倾向与贞洁的倾向或者对性欲的弃绝并不是一回事。事实证实，爱情关系越是深刻地使人感到惬意，就越没有必要对同妻子或丈夫以外的人发生性关系进行压制。

自我实现者之所以能从性活动中获得快感，正是因为他能够这样面对和接受它。我在健康人的爱情中发现的另外一个特征就是，他们并不对两性的作用和人格进行截然的区分。也就是说，不管是在性行为中还是在爱情中，他们都不认为女性是被动的，男性是主动的。这些人对自己的性别知道得很清楚，因而他们根本就不奢望自己承担起异性方面的一些文化作用。特别值得注意的是，他们既可以是主动的爱者也可以是被动的爱者,这在性行为与性交中可以充分地体现出来。亲吻和接受亲吻,在性行为中处于上面位置或是下面位置,占据主动,沉默或接受爱,挑逗或接受挑逗——这一切在男女双方中均可看到。各种报告表明,两性均可以从对方那里得到乐趣。仅仅局限于主动性交或被动性交可以看作是一种缺陷。对自我实现者来说,两性都能获得其特殊的快感。

我们如果把这一点再向深处想的话,那就是施虐狂与受虐狂了。在被使用时,在屈从与被动中,甚至在接受痛苦、被利用时,都自有一番乐趣。同样,在挤压、抱紧、吮吸时,在施加暴虐时,甚至在施加和接受痛苦时,他们都能够感到一种主动的和积极的快感,只要不超过一定的限度。

在不够健康的情况下,一般的二歧就会显得正当合理。上述情况再一次表明了二歧在自我实现中是如何经常获得解决的。

这一点与达西的论点恰好吻合。达西认为,性爱与教友爱是根本不同的,但在最优秀的人身上,两者却能融为一体。他谈到两种爱情,他们要么是男子气的,要么是女人气的;要么是主动的,要么是被动的;要么是以自我为中心的,要么是隐没逃避自我的。的确,在一般人看来,所有这些都是相互对立、处于相反的两极的,但在健康人身上情况则恰恰相反。在健康人身上,两极对应得到了解决,个人变得既是主动的又是被动的,既是自私的又是无私的,既具有男子气又具有女人气,既以自我为中心又隐没逃避自我。达西承认,这一切虽极为罕见,但不是完全没有。

我们可以满怀信心地根据这些有限的材料得出一个否定结论,即弗洛伊德把爱情归结为性欲或将两者等同起来的倾向是极其错误的。这个错误当然并非只有弗洛伊德才会犯——许多思想浅薄的市井之徒也犯有同样的错误——但他可以被看成是在西方文明史上这一错误的代言人。弗洛伊德的著作处处都强烈地表明,他对这一问题偶尔会有另一种想法。例如,有一次他谈到儿童对母亲的感情来自自保本能,类似于在被喂了东西或得到关心之后内心油然而生的那种感恩心情,儿童对母亲的感情来源于儿童最早的那些岁月,是在自保本能的基础上形成的。另外还有一点,他认为这种感情是对应而形成的,此外他还将这种感情解释为精神方面的性冲动。希区曼曾描述过弗洛伊德所作的一次演讲。在这次演讲中,弗洛伊德声称一切爱情都是儿童恋母的重复。儿童从母亲的双乳吮吸乳汁,这是所有爱情关系的模型。性爱对象的发现不如看作是一种重新发现。

在弗洛伊德提出的各种不同理论中,能得到人们广泛接受的,就是在《文明及其不满》中关于温柔的目的遭受到抑制的性爱:"这些人将主要的价值从被爱这一事实转移到他们自己的爱的行为上去,借此独立于他们的对象的默许。他们不是将他们的爱给予个别的对象,而是一视同仁地给予所有的人,以此来避免自己失掉爱。他们避开生殖器爱情的性目的,把本能变为一种含有遭到压抑的目的的冲动,这样他们就可以避免生殖器爱情的变幻莫测以及对它的各种不满,他们通过这一过程引入他们自身的那种状态——一种不可变易的、毫不偏离的、温柔的心态——与生殖器型爱情的暴风骤雨一样的丰富多样性就几乎没有什么表面的相似性了,但那种状态仍是来自生殖器型爱情的。"

说得直截了当一些,温柔是目标转向的或乔装打扮的性爱。当我们遭到禁止,从而不能实现性交这一性目的之时,当我们一直企图实现这一性目的,但却不敢承认这一企图之时,妥协的结果便是温柔和感情,但实际情况却与此恰恰相反。每当我们遇到温柔和感情的时候,我们用不着像弗洛伊德那样把它们仅仅视为目的遭到抑制的爱。从这一前提还可以推演出另外一个似乎是不可避免的论点。这就是说,如果不去压抑性欲,而允许自己可以为所欲为地与其他任何人性交,那也就没必要再谈什么温柔的性爱了。乱伦禁忌和压抑——这一切都孕育出爱情。

生殖器型的爱情是弗洛伊德学派所讨论的另一种爱情，但他们给这种爱情下定义时往往只强调生殖器，却从未谈到过爱情。例如，这种爱情常常被界定为性交的能力，界定为达到性高潮的能力，界定为通过男女生殖器结合（无须求助于阴蒂、肛门、施虐、受虐等）达到这种性高潮的能力。当然，较为精辟的观点虽然少见，但确实存在。我以为，在弗洛伊德传统中，麦克尔·巴林特和爱德华·希区曼的那些论断最有见地。

巴林特对生殖器型爱情的讨论其中有好多否定性质的强调。让我们考察一下这种矛盾情感的后生殖器型爱情，这种爱情没有矛盾情感的痕迹，而且也没有前生殖器型的对象关系的痕迹；不应该有任何口头的特征；不应该有伤害、侮辱、控制和统治对方的意愿。也就是说，不应该有任何施虐的特征；不应该有玷污对方的意愿，不应鄙视他（或她）的性欲和性快感；不应有讨厌对方的危险。也不应有仅仅为对象的一些令人不快的特征而耿耿于怀的危险。也就是说，不应有任何肛门特征的残余；不应强迫自己吹嘘占有一个男性生殖器，不应有一种自己不完全的感觉和生殖器有缺陷的感觉，也不应该感到对方的生殖器有缺陷，不应有生殖器象征阶段的痕迹和阉割情绪的痕迹……如果没有了上列接受生殖器阶段的特征的话，生殖器型爱情会是什么样子呢？

首先，我们爱自己的伴侣，是因为他或她能满足我们的要求；其次，是因为我们能满足他或她的要求，是因为我们能够几乎或完全同时体验到性欲高潮。生殖器的满足对生殖器型爱情来说显然只是一个必要的而非充足的条件。我们所知道的是，生殖器型爱情远远不只是由于对方向我们提供了生殖器满足而产生的感激或满足，而且这种感激或满足是单方面的不是共同的，这都无关紧要。那么除了生殖器满足之外，生殖器型爱情还包含一些什么因素呢？

在一种真正的爱情关系中，除了生殖器满足之外，我们还可以看到一种理想化，温柔，一种特殊的认同形式。总起来说,生殖器型爱情确实是用词不当。我们所说的生殖器型爱情是各种不协调因素的融合,既有生殖器的满足,又有前生殖器阶段的温柔。人们时常害怕这种融合所产生的紧张,但他们也从中得到了报偿。这就是说,为了寻求快乐的时刻,他们可以定期回归到一种真正的幼儿阶段上去。

温柔是如何包含在生殖器型的爱情中的,这的确令人费解,因为,人们在性交中是绝不会抑制性目的(的确是性目的)的。弗洛伊德对目的得到实现的性爱不置一词。如果我们能够在生殖器型的爱情中找到温柔的话,那么除了目的抑制之外,我们还必须找到另一个源泉,而这一源泉似乎是与性爱无关的。萨蒂的分析理直气壮地抨击了弗洛伊德这一观点的弱点。莱克、弗洛姆、德·弗莱斯特和其他一些修正弗洛伊德主义理论者的分析也是如此。阿德勒早在 1908 年就肯定地指出,对爱的需要并非来自性欲。

人毕竟是互相隔离、用致密的皮肤包裹起来的，每个人都处于自己的小贝壳中。如果大多数人能承认人毕竟不能像了解自己那样互相了解，那么，群体之间和个人之间的一切交往都像是“两个彼此隔绝的人企图互相保护，互相接触，互相问候”一样。

爱情意味着分享责任与需要

恋爱双方基本需要的诸多层次融合为一个单一的层次，是良好爱情关系的一个重要方面，也就是需要的认同。其结果就是，一个人可以感觉到另一个人的需要，就像是他自己的需要一样，同时，他也感到自己的需要在某种程度上也属于另一个人，从而自我得到扩大，同时囊括了两个人。为了某种心理目的，这两人在一定程度上也属于另一个单位，一个单一的人，一个单一的自我。

阿德勒也许是以专门的形式提出这一原则的第一人，后来弗洛姆特别在《自为的人》一书中又非常出色地表述了这一原则。他这样定义爱情：

就对象与自己的关系而论，爱情是不可分割的。真正的爱情表现出感动性，意味着关心、尊敬、责任和了解，它并不是在被他人感动那种意义上的“感动”，而是为了所爱的人的成长与幸福所作的积极努力，而这种积极努力又是根植于爱的能力的。

石里克也对这一定义作出很好的表述：

意念冲动是人的一些倾向，由于这些倾向，关于另一个人的愉快或不愉快的状态的观念本身就是一种令人愉快或令人不快的体验(同样,由于这样一种冲动,光是感觉到另外一个人,光是感觉到他的在场,便可引发出愉快的情绪)。有这些倾向的人将他人的快乐视为自己行动的目的。一旦这些目的得以实现,他也可以享受到其中的快乐。因为不仅是关于他人愉快的观念,而且是对他人愉快表情的实际感受,都使他感到高兴。

往往可以通过承担责任、关心和对另一人的关怀而表现出需要的认同。爱着自己妻子的人从妻子的快乐中获得的快乐足以与他自己的快乐相比拟。爱着自己孩子的母亲宁愿自己为她的孩子承担病痛,因为自己得病远不如看着孩子得病那么痛苦。关于这一点,我们可以从健康的婚姻和不健康的婚姻中,夫妻对疾病以及随之而来的护理所作的迥然不同的反应得到一个极好的例证:发生在一对健康夫妻身上的疾病是两人共同的疾病,而不是其中一人的不幸,他们会自动承担起相同的责任,好像他们俩同时遭难一样。夫妻恩爱的家庭的这种原始共产主义精神通过这种方式显示出来,而不仅仅是通过其离开食物或钱财而显示出来的。正是在这里,我们看到了下面这一原则的最好的和最纯粹的证明:各尽所能,按需分配。在这里,需要对这一原则做的唯一改动就是,对方的需要就是自身的需要。

在健康的夫妻关系中,弱的一方可以尽情享受自己爱侣的悉心呵护和料理,并且可以完全放弃自我意识,如同一个小孩在父母的怀抱中安然入睡那样。而在不那么健康的夫妻那里,我们经常可以看到,疾病在夫妻之间造成了紧张。对于一个将自己的男子气概与体力等同起来的壮汉来说,疾病和虚弱是一种灾难。如果他的妻子也是以同样的方式来界定男子气概的话,那么对她来说也是如此。对于一个根据选美比赛所要求的身体魅力来定义女性魅力的女子来说,减少了她的魅力的疾病、虚弱等都是一场悲剧。如果她的丈夫也以同样的方式来界定女性魅力的话，那么对他来说也是一场悲剧。我们的健康人完全避免了这种错误。

如果大家都清楚，人毕竟是互相隔离、用致密的皮肤包裹起来的，每个人都处于自己的小贝壳中。如果大多数人能承认，人毕竟不能像了解自己那样互相了解，那么，群体之间和个人之间的一切交往都像是"两个彼此隔绝的人企图互相保护，互相接触，互相问候"一样。在我们或多或少了解的那些努力中，填补两个互相隔绝的人之间不可逾越的鸿沟的最为有效的方式是健康的爱情关系。

自我超越的问题在建立关于爱情关系或利他主义、爱国主义等理论的历史上，已经显得太古老了。在专业水平中对这一倾向所进行的绝妙分析是由安吉亚尔的一本书提供的。在这本书中，他讨论了他称为协同法则的倾向的各种实例，他将这种倾向与自主的倾向、独立的倾向、个性的倾向进行了对比。安吉亚尔要求在系统心理学中为这些各式各样的超越自我界限的倾向提供一席之地，越来越多的临床和历史证据表明他是完全正确的。而且，这种超越自我界限的需要完全可以成为类似我们对维生素和矿物质的那种需要。也就是说，如果这种需要得不到满足，那么人就会以这种方式或那种方式害病，这一点似乎是理所当然的。应该说，超越自我是最令人满意的、最完美的。从避免性格疾病的角度来看，最健康的方式莫过于将自己投入到健康的爱情关系中去。

弗洛姆与阿德勒的观点都强调了生产性、关心、责任，这都是确切无疑的，但弗洛姆、阿德勒和其他类似的讨论者忽略了在我的研究对象身上十分明显的健康爱情关系的一个特殊表现，即嬉戏、愉快、兴高采烈、幸福感、娱乐。自我实现者能够达成一种游戏，在这种游戏中，嬉笑与呼吸一样平常。弗洛姆和其他一些论述过这一问题的严肃思想家描述理想的爱情关系的方式，就是将它变为一种任务或责任，而不是将它变为一种游戏或乐趣。弗洛姆说："一种生产形式，创造出一个人与他人、与自己的基本人种联系。它意味着责任、关心、尊敬和了解,以及希望别人成长和发展的意愿。它在保存双方的完整性的条件下表现了两人的亲密关系。”必须承认,弗洛姆所说的这种爱情听起来好像是某种合同或伙伴,而不是一种出自自然的嬉戏的。要知道,使得两人彼此倾心的原因并不是人种的利益、生殖的任务。人类也完全可以比作儿童游戏或木偶游戏。它是愉快的、幽默的和嬉戏的,不像弗洛姆暗示的那样,是一种努力,它基本上是一种享受和乐趣,而这完全是另一回事。

对一个人的爱意味着对那人的肯定而不是占有，意味着愉快地授予他一种充分表达自己独一无二的人性的权利。

培养对他人个性的接受能力

对他人个性的肯定，希望他人成长的意愿，以及对他人独特人格的基本尊重，这都是每个论述过理性或健康爱情这一问题的严肃思想家所强调的，对自我实现者的观察有力地证明了这一点。这些人都具备为伴侣的胜利感到高兴而不是受到这种胜利的威胁的罕见能力。他们的确以一种意味深长的深刻而基本的方式尊重自己的伴侣。奥弗斯特里特说得好："对一个人的爱意味着对那人的肯定而不是占有，意味着愉快地授予他一种充分表达自己独一无二的人性的权利。"

弗洛姆关于这一问题的论断也十分感人："爱情是这样一种自发性的最重要的组成部分，我所说的并非那种把自己消融于另一个人中去的爱情，而是那种自发肯定他人的爱情，那种在保存个人的基础之上将个人与另一个人结合起来的爱情。"在这方面，一个最感人的例子就是，一个人对他妻子的成就感到由衷的自豪，即使这些成就超过了他自己的成就。另一个例子就是嫉妒的消失。

可以有许多途径，当然是与爱情效果本身区别开来的途径，可以表现出爱情的这一方面。爱情和尊重可以彼此分开，尽管它们常常是相互伴随的。即便是在自我实现的水平上，离开了爱的尊重仍是可能的。我不敢断言离开尊重的爱情是否可能，但这也可以是一种可能性，因为有许多尊敬关系的特征可以由爱情关系的外表特征或性质表现出来。

对他人的尊重，仍然意味着对他人独立存在的承认，在爱情关系中也不例外。自我实现者不会随便地利用别人、控制别人、忽视别人的愿望,他愿意给予对方以一种基本的、不能降低的尊严,不会无端地侮辱他。这一点不仅适宜于成人之间的关系,而且还适宜于自我实现者与小孩的关系。他完全可能以真正的尊重来对待小孩,而大多数人往往都是做不到这一点的。

而这种尊重关系表现在两性之间时,则往往是一种相反的情况,即好像是缺乏尊重,这的确是一种有趣的现象。例如,我们都清楚地知道,大量所谓尊重妇女的标志事实上都是从不尊重妇女的过去遗留下来的残余,也还可能是无意识地表现了对妇女的极端蔑视。当一位女士进屋时,男人总要将她延请入座,帮她挂好外套,让她先进门,给她敬上最好的东西,一切东西都让她首先挑选。从历史和动力学角度看,此刻所表现出的这些文化习惯都隐含着这样一个观点,即女人是弱者,是无力照顾自己的,因为所有这一切都意味着保护,就像对弱者和低能者的保护一样。总的来说,具有自尊心的女人对这类尊敬的标志常常感到厌恶,因为她们清楚地知道,所有这些都可能具有正好相反的含义。自我实现的男人真正地并且从根本上说倾向于把女人看作伴侣,是与自己相同的完完全全的人而不是把她们看作有弱点的人,并在此基础上尊重和喜欢她们。因而他们从传统意义上看要从容得多,随便得多,不那么拘泥于礼节、客套。我看到,这一点容易引起误解,因为往往会看到有人指责自我实现的人对妇女缺乏尊敬。

爱情并不寻求超越自身的原因，也不寻求限度。爱情是其自身的果实，是其自身的乐趣。因为我爱，所以我爱，我爱，为的是我可以爱……

爱情的终极体验是什么

虽然爱情的结果中有很多美好的方面，但它们却不是爱情的起始原因，也并不是两性产生爱情的决定。我们在健康人那里看到的爱情必须用自发的钦慕来加以描述，必须用我们在被一幅优秀的绘画作品打动时所经历的那种感受上的、不求回报的敬畏和欣喜来加以描述。各种心理学文献对报偿与目的，强化与满足已经谈得很多了，而对我们称为终极体验（与手段体验相对）的，或者说一个人在自身就是报偿的美面前所感到的敬畏则谈得不够。

在我的研究对象身上表现出的钦慕和爱情绝大多数本身并不要求报偿，本身就无益于任何目的，而是在诺斯罗普的东方意义上被体验到的，具体而丰富的，完全是服务于自身目的的，是表意符号的。

这种钦慕没有目的性，不求实效，它或者可以看作是被动的而非主动的一种单纯而真实的接受，它一无所求——得到什么也不放在心上。一个敬畏者几乎完全听任于自己的体验，而体验则影响着他自己；他用天真无邪的眼光注视着，凝视着，如同一个小孩，既不表示同意，也不表示反对；既不表示赞许，也不表示批评；他对经验的、内在的、引人注目的性质感到心醉神迷，任其进入自己的心扉，达到自己的效果；就像我们有时任凭海浪将我们冲倒，不为别的，只是为了好玩，此时我们具有一种热切的承受状态。我们可以将上面那种体验比作这种热切的承受状态，或者更确切地说，我们可以将此比作我们对缓慢变化的目的的一种不受个人性感影响的举止和一种敬畏的、被动的欣赏,我们几乎不能给它强加任何东西。从这个意义上来说,我们并未将自我投射到这种体验中去,也不企图把这处体验加以塑造,就像我们在罗夏测验中一样。它也不是任何东西的预兆或象征,我们钦佩它,并不是因为我们得到了报偿,它与牛奶、食物或其他身体需要绝无瓜葛。我们可以欣赏一幅绘画作品但不想拥有它;我们可以欣赏一株玫瑰但并不想采摘花朵,我们可以欣赏一个漂亮的小孩但并不想绑架他,我们可以欣赏一只鸟儿但并不想把它关入笼中。同样,一个人也可以以一种无为的或一无所求的方式钦慕和欣赏另一个人。当然,钦慕和敬畏与其他一些将人们互相联系起来的倾向确实相互协作,它并不是使人们联系的唯一倾向,但的确是这种倾向的一部分,特别是那些不那么沉溺于自我的人。

这一观察中的最重要的含义可能与大多数爱情理论相违背,因为大多数理论家都认为,人们之所以去爱另一个人是因为受到驱动而非吸引。弗洛伊德谈论的是目的受到压抑的性爱,莱克谈论的是目的受到压抑的力量,许多人谈论的是对自我的不满,这个自我迫使我们创造出一个由我们自身投射出去的幻象,即一个不真实的(因为被过高估价了)伴侣。

但是可以肯定一点,健康人是以一种由激动而变为感激的反应方式而彼此相爱的,就如同第一次欣赏伟大音乐就爱上它一样。他们对音乐感到敬畏,为音乐所征服从而热爱音乐。即使事先并没有想到要让音乐征服,情况也是如此。霍尼在一次演讲中认为爱他人本身就是目的而不是达到目的的手段,并且以此来界定非神经质的爱情。随之而作出的反应就是去享受,去钦慕,去感受乐趣,去关照和欣赏,而不是去利用。圣贝尔纳说得十分贴切:

爱情并不寻求超越自身的原因,也不寻求限度。爱情是其自身的果实,是其自身的乐趣。因为我爱,所以我爱,我爱，为的是我可以爱……

这类观点多次出现在神学文献中。人们努力将上帝之爱与凡人之爱区别开来，这常常是因为他们相信，无私的钦慕与利他主义的爱只能是超人的一种能力，而凡人绝不可能自然而然地具备。当然，我们必须反驳这一论点，要知道当人处于最佳状态之时，在获得充分发展之时，也显示出了许多被视为超自然特权的特性。

如果把这些现象与我们的一些理论综合起来考虑，我认为，这些现象能被理解得十分透彻。首先让我们来考虑匮乏性动机与成长性动机（或者更恰当些讲是成长性表达）的区分。我已经指出，自我实现者可以被定义为不再受安全需要、归属需要、爱的需要、地位需要和自尊需要驱使的人，因为这些需要已经获得了满足。那么，一个爱的需要已经获得了满足的人为何还要恋爱呢？一个被剥夺了爱的人之所以恋爱，是因为他需要爱；追求爱，是因为他缺乏爱，因而他就被驱使去弥补这一致病的匮乏。自我实现者肯定不是出于同样的原因而去恋爱的。

我们必须看到，自我实现者没有需要弥补的匮乏，他们已经超越了这些匮乏，而能够去寻求成长、成熟和发展。或者说，能够去寻求完美的个体和人种本质的实现。这种人所做的一切事情都来源于他们的成长，并且无须努力就可以将他们的成长表现出来。他们爱，因为他们是爱他人的人，正如他们和蔼，诚实，不做作，是因为他的本性如此，这些都是自发地表现出来的，就像一个强壮的人之所以强壮，并非因为他愿意强壮；一朵玫瑰之所以散发出芳香，并非因为它愿意散发出芳香；一只小猫之所以优雅，并非因为它愿意优雅；一个小孩之所以幼稚，并非因为他愿意幼稚。

自我实现者的爱情是顺其自然的，而没有那些支配着普通人爱情的费劲、紧张或努力。用哲学语言来说，自我实现者的爱情既是存在，又是生成。

从一定意义上来说，个性得到了加强，自我与他人融合在一起了，但从另外的意义上来说，又像通常一样，明显地独立。超越个性与加强个性这两种倾向必须仍被看成是兼容而不是矛盾。

生命的分离与人的个性建立

自我实现者表面上容易被看作与我描述过的那种同一的爱情相违背，因为他们保持着一定程度的个性。这一事实似乎制造了一个悖论，但这只是一个表面上的悖论。正如我们所看到的，那种超然独立的倾向，与需要认同的倾向，与建立深刻的相互关系的倾向在健康人身上可以并存。事实上，自我实现者在一切人中既是最有个性的，又是最富有利他主义精神、最喜欢交际和最富有爱心的。我们将这些性质置于一个单一的连续统一体的相互对立的两极，这显然是一个必须加以纠正的错误。在自我实现者身上，这些性质是并行不悖的，在他们身上，二歧获得了解决。

在我们的研究对象身上，体现出一种健康的自私、一种伟大的自尊和一种不愿作无谓牺牲的倾向。

在自我实现的爱情关系中，体现了爱的巨大能力与既尊重他人又自尊自爱二者的完美结合。对于这一点，我们不能在普通的意义上说这些人像普通的情人那样相互需要。他们可以极其亲密，但又十分容易分开，他们之间不是相互粘连在一起的，他们没有任何种类的钓钩或铁锚。显然，他们从对方那里获得了极大的乐趣，但他们又极其乐观，愿意接受长期的分离或死亡。经过最强烈的、最令人心醉的爱情生活，这些人仍旧保持着原来的自我，最终仍旧是他们自己的主宰，即使他们从对方那里获得了强烈的乐趣，也仍旧按照他们自己的标准来生活。

如果这一发现能够被证实的话,那我们就有必要重新修正关于理想和爱情的定义,起码也要扩充一下。我们可根据自我的完全融合和独立性的丧失,根据自我的放弃而不是根据自我的加强来给它下定义。如果这是真实的话,那么此刻的事实似乎就是:从一定意义上来说,个性得到了加强,自我与他人融合在一起了,但从另外的意义上来说,又像通常一样,明显地独立。超越个性与加强个性这两种倾向必须仍被看成是兼容而不是矛盾。

对于健康人来说，身体上的缺陷和经济上的、教育上的、社会上的远远没有性格上的弱点那么重要。结果，自我实现者极有可能深深地爱上那些形象不那么好看的伴侣，别的人把这称为盲目，但我们却完全可以把这称为良好趣味或感受力。

健康人的更高人生趣味

据我看来，自我实现者最优秀的特性之一就是他们极其敏锐丰富的感受力。他们远比普通人更能有效地看出真理、理解现实，而不管这些现实有无结构，是否带有个性。

在爱情关系这一领域，这种敏锐性的主要表现是对性爱伴侣的一种极好的趣味（或感受力）。我们的研究对象中的亲密朋友，夫妻组成的群体比随意的抽样调查所表明的要好得多。

当然，认为这种婚姻关系和对性爱伴侣的选择都达到了自我实现的程度显然是不准确的。我们可以提出几个在某种程度上都可以得到辩解的错误，它们都证明了这样一个事实，即我们的研究对象并不完美，并非无所不知，他们也有自己的虚荣心，也有自己的特殊弱点。例如，在我所研究的那些人中间，至少有一个人是出于怜悯而不是出于平等的爱情而结婚的，有一个人面临着无法避免的问题娶了一个比自己年轻得多的女人。我们应当更精确地强调说，他们对伙伴的抉择要比一般人好得多，但绝非完美。

但即使仅凭这一点也足以将那种很普遍的观念推翻，那种观念认为爱情是盲目的，或者更确切一点说，恋爱中的人往往把伴侣看得太完美。很清楚，虽然这对一般人来说可能适用，但对健康的个人来说就未必了。的确有的材料甚至表明，健康人的感受在爱情中要比其他方面更为有效，更为敏锐。爱情使得施爱者有可能在对方身上看到一些别人完全忽略的品质,因为健康人能够爱上一些普通而特殊的东西。

奥斯瓦尔德·斯瓦在《性心理学》中曾有精彩论述:"爱情赋予爱者的这一神奇的能力,在于那种能够在对方身上发现一些他实际具有的而未受爱情鼓舞的人却看不见的优点的能力,这一点不能强调得太过分。这些优点并非一个用幻想的价值观所爱的人装饰起来的施爱者创造的,爱情不是自我欺骗。"毫无疑问,在这里面有着强烈的情感因素,但爱情基本上是一种认知活动,的确是把握人格的内在核心的唯一途径。别人因为有明确的缺陷而不愿爱的人,人们极易错误地认为爱是盲目的。然而,这种爱情对于缺陷并非盲目的,它仅仅是忽略了这些可以感觉到的缺陷,或者根本就不把它们当作缺陷。对于健康人来说,身体上的缺陷和经济上的、教育上的、社会上的远远没有性格上的弱点那么重要。结果,自我实现者极有可能深深地爱上那些形象不那么好看的伴侣。别的人把这称为盲目,但我们却完全可以把这称为良好趣味或感受力。

我曾经有机会观察到这种良好趣味在几个相对健康的人身上的体现,与其说这是由于与日俱增的年龄使然,不如说是与日俱增的健康使然。

我们的材料还反驳了相反相吸和同配生殖两种普遍理论。事实上,同配生殖是一种与诸如诚实、真挚、慈爱和勇敢这样一些性格特征相关的规律。在较为外在和表面的特征方面,在收入、社会地位、教育、宗教、民族背景、外表方面,自我实现者同配生殖的程度比在普通人身上显然要低得多,他们不受差异和陌生的威胁。的确,他们对此感到好奇,而不是相反,他们远远不像普通人那种需要熟悉的口音、服饰、食物、习俗和仪式。

至于相反相吸,这种在这样一个范围内适合于我们的研究对象,充分体现出他们对自己不具备的技艺和才能的诚实的钦佩。这样的理论体现在一些比较健康的男女大学生身上的发展过程。他们越是成熟,就越不被诸如漂亮、好看、舞技超群、丰满的乳房、身体的强壮、高高的个头、匀称的身材、美妙的脖颈这样一些特点所吸引,他们就越是讲究彼此适合、互相体贴入微、讲究善良、彬彬有礼、良好的伙伴关系。在几个实例中,他们还与这样一些人相爱,这些人具有那些几年前被认为是特别令人厌恶的特征,如身体上长毛、过胖、不够潇洒等。在一个年轻小伙子那里,我看到他的心上人在逐年减少,起初他可以被任何一位女性迷住,潜在的心上人的排除也是仅仅建立在过胖、过高等身体基础上,但最后他只想与所有认识的姑娘中的两位发生恋爱关系,他所关心的是她们的性格特征而不是身体特征。

我认为,研究将会表明这种情况可以看作一种优势,不管是在男人身上还是在女人身上,都使得一个潜在的伴侣对我的研究对象更具吸引力,而不是相反。

我想让大家注意下面这一事实:这些都为我们提供了又一个例证说明那个古老的二歧,即冲动与理性、理智与情感之间的二歧得到了解决或者被否定。我的研究对象与他们所爱的人都是既通过认识的标准也通过意动的标准来合理地选择的。也就是说,他们是根据冷静的、理智的、不偏不倚的考虑而直觉地、性爱地、冲动地被适合他们的人所吸引的。他们的意愿同他们的判断相一致,是互相协作而不是互相违背的。

这就像索罗金曾试图表明的,真、善、美肯定是互相联系的。我们的材料似乎确证了这些看法,但只有在健康人身上才是如此。出于对神经病人的尊重,我们必须在这个问题上持慎重态度。

知道某事总比怀疑它、思考它要好得多。也许他不理睬我是因为我不好，也许他们那么对待我是因为我不好。对于普通人，生活仅仅是一连串的也许，他并不知道人们为什么嘲笑他或不笑他，觉得自己不必再作猜想是一种非常安然的感受，自知是好事。

优美心灵管理的“异途”

在1965年8月14日，我来到了纽约州斯塔腾岛德托普村。此前我一直过着一种非常闭塞的生活，因为我不想引起任何无意义的误解。对于这里正在进行的一切我几乎一无所知，看一看不像我那么闭塞的人怎样生活是我来到这里的目的，也渴望能从这里学到些什么。如果我能对社区有用，从社区的角度来看，也许正因为我是一个没有经验的人，一个正在对社区成员已经习惯的事情进行观察的人。不过，我或许能注意到一些仅仅因为社区成员太熟悉而可能忽略的事情。也许我能以这种方式对社区有所帮助，不过我只能讲我对这一类事情曾有过的反应如何，以及我正在解决的问题是什么。

我从事心理学理论和研究工作，过去曾进行过临床心理治疗的情况和这里有很大的不同，用的方法不同，求诊的人不同——一般是大学生和享有特权的人物。在过去的时间里，我一直学习如何小心谨慎地待人，体贴娇惯，温文尔雅，就像他们是易碎的瓷器一样。但这里正在进行的一切引起我极大兴趣，而且有证据表明，我过去的态度可能完全是一种错误。我所知的关于辛那侬的情况，以及我的亲眼所见都表明，把人看作易碎的茶杯，以及认为绝不要对任何人高声说话以免伤害他，或认为人会很容易大哭大闹或自杀或发狂，所有这些想法都已经过时了。

这些团体的想法和做法与我以前所接触过的截然相反，人是非常顽强而不是脆弱的。他们的承受力极高，最好是直截了当地对待他们，不要拐弯抹角，或轻手轻脚地从背后包抄他们，应该直视问题的中心。我称这种治疗方式为“无废话疗法”，它的作用非常大，可以用来清除防御、文饰、面罩、回避、世俗的客套。也许人们会说：“世界是半盲目的。”不过在这里我却看到一个透明的社会情境。在这些团体中，人们拒绝接受通常的面罩，他们剥开面罩，拒绝接受任何废话、任何借口或遁词。

当然，我曾提出一些问题，但被告知这一假想是很起作用的。有人曾自杀或出过什么问题吗？没有。有人由于这样对待而发疯吗？没有，而且我亲眼看到了这一点。有非常直率的谈话，效果很好。这和我过去的训练发生了矛盾。对于我这样一个理论心理学者来说，这显得很重要，因为它有助于我弄清人性大体上是怎样的。它提出了一个真实的有关整个人类的本性问题。人有多么坚强？他们能承受多大分量？主要的问题是，人能接受多少诚实？它对人有多少好处？有多少坏处？我想起了埃利奥特说过的一句话：“人类承担不了太多的真实。”他是说人不能直截了当地承受真实。此外，在这个团体得出的经验也表明，人不仅能承受诚实，而且诚实非常有益，非常有疗效；它能使事情更快地运转。即使诚实造成伤害时也是如此。

我的一个朋友对辛那侬很感兴趣，他曾表示过，一个吸毒上瘾者经历过那里的治疗后，在他的生活中第一次体验到了真正的亲密关系、真正的友谊和真正的尊重。他第一次体验到直爽和诚实的可爱，并在他的生活中第一次感到他能成为他自己而人们不会为此而伤害他。这是非常愉快的：他越是保持他的本来面目，人们也就越喜欢他。这时，我的朋友说出了使我非常感动的话：他想他很喜爱的一个朋友也许也能从这种生活中受益。他甚至说：“可惜他不是吸毒者，不然他就能到这样奇妙的地方来了。”这听起来简直近于疯狂。从某种角度而言，这是一个小理想王国，一个世外桃源，在这里你能得到真正的直爽、真正的诚实，和诚实中含有的尊重，有一种像大家庭在一起活动的真正团体的生活经验。

我不禁又意识到：难道这不正是良好社会的某些因素吗？不正是“愚蠢”的排除吗？我曾研究过北部印第安黑脚族，他们是极完善的人。我对他们非常感兴趣，和他们一起生活了一段时间并逐渐和他们熟识起来。我有一些很有趣的体验。我进入这片少数民族保留区时有一个印象，好像这些印第安人是被存放在一个架子上，就像存放标本等一类收集物一样。后来我却逐渐地改变了我的印象，在保留地上生活的印第安人是很有教养的人。当我把他们和村中的白人相比较时，我简直弄得越来越糊涂了。我逐渐发现，这些白人是我一生中所遇到的最丑陋混杂的人群。于是，问题产生了：收容院在哪里？谁是看管人，谁是住院者？每一件事都混淆不清。在这个小型的良好社会中就是如此。保留地不是荒蛮之地，而是沙漠中的绿洲。

在这里的一次午餐谈话中，我有了另一种想法。我们讨论的基本问题是：人最普遍的需要是什么？在我看，似乎有相当大量的证据表明，人类最基本的需要是有数的几种，那绝不是什么复杂的事。

第一，他们需要有一种安全感，使他们觉得有保障，幼小时需要照顾，觉得没有危险。

第二，他们需要有一种归属感，如有一个家，一个部族或团体，或有某种组织使他们能感到自己有权利作为其中的一员。

第三，他们必须有一种受到敬重的感受，觉得人们对他们怀有感情，觉得他们值得他人喜爱。

以上就是有关这个问题的一些想法：你能谈论心理健康、谈论成熟和坚强、成长和创造，认为这些都是一种心理药物——能产生维生素一样后果的药物。假如这是正确的，那么，恐怕大多数人都患有这些维生素缺失症。这一事实被各种各样的手法掩盖，但真实的情况是，一般人在这个世界上都缺少真正的朋友。只有很少数的人能有心理学者所说的真正友谊。从理想的角度考虑，婚姻也大都不是很美满。你可以说，我们这些人所共知的难题——不能抵制酗酒，不能抵制吸毒，不能制止犯罪，不能制止任何不道德的——都是由于缺乏这些基本的心理满足而造成的。问题在于，德托普村是否能提供这些心理维生素？当我对此调查研究之后，我的结论是它能提供。请记住它们是什么：首先是安全，没有焦虑，没有恐惧；其次是感情，有喜爱你的人；再次是归属，你可以归属于一个团体；最后是尊重，你能受到他人的敬重。德托普村之所以有效，正是因为它能提供这样一种环境并使这些需要有获得的可能。

我的心头涌现出很多的印象和想法，我曾经提出过千百个问题，也试想过千百种答案，问题是这样的：有一种直率的诚实，但有时听起来甚至近于残酷的粗鲁，你是否认为它能为安全、情感和尊重提供一个前提条件呢？它有伤害，而且必然会有伤害。你们每一位都有过这样的经验。你是否认为这是一个好主意？这里有一个我们见到的前景，真是剑拔弩张，没有温文尔雅，非常爽快，非常直接，非常生硬。你认为这对你能起作用吗？这是一个我非常想听到回答的问题。

另一个问题是，这一特殊的团体活动是否能提供那种归属感？在这样的活动中，人人都彼此情投意合，每一件事情都由团体关照吗？这种情感以前是否缺失？很有可能这种粗杂的诚实并不是一种侮辱，反而含有一种尊重。你能相信你的所见吗？相信事实就是如此吗？这能否成为尊重和友谊的基础？

在很久以前，我曾听过一位分析家的谈话。那时还没有团体疗法，他也谈论过这种诚实。在那时他所说的听起来很可笑，而且有点儿不近情理。他说："我让我的患者承担他们能够忍受的最高焦虑负荷。"你知道那意味着什么吗？让患者尽量多承担，那就是他将提供很多治疗，因为他提供得越多，整个疗程进展也就越快。从这里的经验来看，它似乎毫无可笑之处。

若从教育的角度思考，也可以把德托普看作一种教育制度。它是一个绿洲，一个小型良好的社会。它提供了所有的社会都应该提供但并未提供的东西。从长远之处着眼，德托普提出了全盘的教育问题以及社会文化如何利用教育的问题。教育并不仅限于书本和文字。德托普的课程是一种广义的教育，教人学会如何变成一个优秀的成年人。

从自我实现角度考虑，每一个人都能达到自我实现。假如未能自我实现，那一定是因为发生了什么事打乱了发展过程。这里添加的论据是超过我所认识到的，对成熟、责任和美好生活的追求是那么强有力，以致使它能够承受你们所托出的所有这些粗鲁的东西。至少这对某些人是适用的。这些人不得不在这里打开他们的道路，越过痛苦和难为情，等等，我深感这是比我所能认识到的更强有力的自我实现需要。当然，这里的人是能够承受这种粗鲁对待的人。不过，不能承受的又是什么人呢？有多少人曾因为诚实太痛苦而回避诚实呢？

关于责任心的发展方面，不仅要教养成年人承担责任，也要相信他们能承担责任，并让他们为尽责而奋斗、流汗。让他们自己尽心尽力，而不是过分保护他们，纵容他们，或包办代替。当然，另一方面，完全不管也不行，但那是另一回事。我推测：这里所出现的情况正是责任感的正向发展。在这个近似封闭的地区，你从任何人那里都听不到一句大话，假如你必须做某事，你就不能不去做，似乎没有任何理由可以不去做。

我可以举一个印第安黑脚族人的例子来说明我的意思。他们是坚强的人，自尊的人，而且是最勇敢的战士。他们是硬汉子，敢于承担责任。如果你注意观察他们如何发展到这一步，我认为那是通过对他们的孩子的尊重得到的。

我记得有一个小男孩，一个蹒跚学步的孩子，力图打开一个通向小屋的门。那是一扇很重的门，他起初打不开，但他却不停地推来推去。如果换作其他族类的父母，这时就会走过来为他打开那扇门。然而，印第安黑脚族人却心安理得地坐在那里，看着小孩推门，直到半个小时以后小孩推开门。小孩虽然弄得满头大汗，气喘吁吁，不过人人都称赞他，因为他能自己完成任务。我认为，印第安黑脚族人的旁观要比普通人更尊重那个孩子。

另一个例子是我非常喜欢的一个小男孩的行为。他有七八岁的样子，经过仔细端详，终于看出他是印第安人中的富家子弟。在他的名下有几匹马和一些家畜，还有一包贵重的药品。有一个成年人要买那包药物，那是小男孩最值钱的财产，我从他的父亲那里得知。当他面临这一难题时他有些不知所措。请记住，他才只有七八岁。他所做的是自己到野外去思索。他走了大约两三天，在外面过夜，自己考虑该怎么办。他不请求他的父亲或母亲给予建议，他们也不告诉他该怎么办。3 天以后他回来了，宣布了他的决定。要是我们，我敢说我们将会告诉一个 7 岁的孩子该怎么办。

对于新的社会疗法的议题，我认为这是一种想法，可能证明对于你们是有专业兴趣的。有一种新的工作在你们的面前展现，那是一种行动主义者的工作，它更需要的是实际经验而不是书本训练。它是老式行政官员和教师的一种结合。你必须从事人的工作；你必须喜欢直接和人打交道，而不是远离他们；你必须对于人性有尽可能丰富的知识。我曾称它为“社会疗法”。这似乎是非常缓慢地发展起来的。在这方面做得最有成效的人不是得到过博士学位之类的人，他们是“白丁”，完全是自己弄懂事物的原理的，他们懂得他们所谈论的事情。例如，他们知道什么时候应该用力，什么时候应放松。

世界上有 98% 的人，你可以称之为“没有特权的人”，这些人需要做许多工作。另外，如何教导不识字的人学习也成为强迫的任务，还有利用精神病学知识帮助人成熟并增强责任感的问题，等等。现已感到从事这些工作的人很短缺。我的印象是通常的学院训练可能对此有些帮助，但那是很不够的。这些工作的很大一部分已落在社会工作者的手中。一般社会工作者，就我所知，通常并不理解应该做些什么。换个方式来说，就是缺乏实际的经验。因此，做这些工作的最佳人选应该是经验丰富的人，而不是仅仅懂些理论或皮毛的家伙。德托普令人感兴趣的原因之一就在于它是由经历过实际考验的人管理的。在德托普，治疗师知道如何对其他患者讲话。从某种意义来看，这是一种工作，它可能是一种新型的专业。

我能轻易地举例说出社会革命在不同领域发生的情况。所有的教会都在改变，宗教也正在改变，有一场革命正在进行。有些地方进展得比其他地方更快些；但它们都是沿着同一的优美心灵的方向发展，即沿着人性更丰满的方向发展，这是人所能到达的坚强的、创造的和欢乐的目标，是享受生活的、身心健康的人的方向。你可以说这是优美心灵的宗教，而且它正在出现。我曾写过一本书，即《优美心灵管理》，那是讨论劳动环境、工作任务和工厂等问题的，在这些问题上也有一场革命，有些地方整个工作环境弄得非常适合人性而不是非常糟，所采取的措施能使人性得到发展而不是削弱。

在婚姻、爱情和性的方面，有些书和文章及调查研究也以同样的方式，它们都指向某种理想，指出我们正在前进的方向，使一个人成长得尽可能完善，使他的本性尽可能地充分发展。

当然，我们的社会仍然像一块僵死的、沉重的东西。但有许多生长点，许多不同的点，你可以称之为未来的波涛。众所周知，世界上还有许多别的地方也在进行这些事情，也许有几十处之多。不过，我们很少听到它们的情况，因为它们是独立发展的。假如你有了一个精彩的想法，假如我有了一项发现，有了某一创见，我知道，正如我能酝酿成功一样，某些人在同一时间也在酝酿着。这往往是对现状的一种反应，敏感的人将作出迅速的反应。

教育制度中也发生着同样的事情。在我看来，如果我们共同努力把所有的经验，不论好的或不好的，都聚集起来，我们将有可能剥开整个可诅咒的教育制度的表皮，而且我们也能重建教育。我们能提出好的建议——我们应该有一个真正的教育制度。这是一个爆炸性的问题，因为它要求一种人的现实，人的需要，人的发展，而不是某种千百年来的传统遗产，那些古老的典章早该放入博物馆了。

探讨优美心灵教育确实不是件容易的事，如果你们能够接受我的提议，把辛那侬当作一种开拓性实验对待，后人对你们的评价绝不亚于核武器专家。干起来吧，只当全世界的人都在你们背后注意观察，看你们的努力的成果如何——什么起作用，什么不起作用，什么好，什么不好，什么成功，什么失败。

我曾参加过一个交友小组的活动，我简直不能想象如果我在那里待的时间较长会作出怎样的反应。在我一生中从来没有什么人对我那么粗鲁，它和我所习惯的社会——大学教授的社会——完全不同。教职员会议肯定不会像这样交往。那并不是什么可诅咒的事，假如我愿避免一切客套，没有什么人会对我说一声"呸"。我记得有一位教授就是这样，我想即使粪便埋到他的颈部他也不会说那是"粪便"。但这次完全不同，它使我有点儿震惊。在我习惯的社会中，每一个人都非常客气，因为他们都想回避交锋。在我的周围有一大群谨小慎微的老处女——我指的是男性"老处女"。我想如果你们有可能参加我们的教职员会议并有所交锋，那一定是一件大好事。那会把整个事情弄得底朝天。我猜想，那一定是大有好处的。

我想提出一个问题请大家研究。这是一个很重要的问题，我猜想你们实际上还没有得出答案。问题是为什么有些人留下来而另一些人不愿留在这里？这个问题包含以下几方面内容：假如你认为这是一种教育制度，那么就有必要问一下，它对多少人口是有好处的？你能期望有多少人愿意受教？有多少人不愿受教？但请记住一点，没有来过的人是不能作为失败来计算的。

在德托普的人克服了一个障碍，克服了一种恐惧。但对于那些不能越过这种恐惧的人，你们是怎样对待的？从各个方面来衡量，他们和你们有什么不同？这是一个实际问题，因为你们将从这里毕业，将来要在别处筹建和这里一样的事业。到那时，你们必须解决怎样才能使更多的人留下来的问题。对于精神分析，对于个人的心理治疗，问题也一样。他们依据他们的经验得出的结论：正是这种直率把患者逐出治疗。他们所做的是非常温存地对待患者并这样一个月又一个月地度过，然后才真正开始接触深层的问题。他们力图先建立一种关系，然后再施加一点压力。这和此地的方法是矛盾的，在这里，谁也不会等上 6 个月，集中的治疗立即开始。问题是哪种方式更好？对谁更好？对多少人更好？与正规的精神分析过程相比，这里的进程似乎要快一点。

这使我想起了另一件事。我所接受的理论和我在治疗中应用过的理论，都强调不需要让患者知道真实情况，认为那样做没有多少好处。在我的治疗过程中，我只是帮助他们发现他们自己的真实情况。可以预计，这将需要很长的时间，因为真情不是很容易看清的事。你不得不逐渐地面对真情。我向你们报告的是向你们提供一个对比的画面，说明这里的做法是把真情和盘托出，直接捅到你的面前，没有人会坐等几个月为自己发现真实情况。至少留下来的人能接受这种做法，它似乎对他们有益。但这和全部精神病学理论是相悖的。

由于某种原因，团体是一种帮助，没有人知道其中的原因，他们所知道的一切就是团体总是能起作用。我有丰富的印象但还没有来得及分析研究。我不能肯定从中能得出什么原理,因为还没有时间仔细思考。从我与他们的交谈中,我有一个非常明确的感受,即团体反馈给你的东西是你从一个人身上进行 100 年精神分析也得不到的。谈论某人的行为表现以及其他特质,确定你在别人眼中的形象,然后让五六个人对你提供的信息进行判定,发表赞同与否的看法,这种方式很有启发意义。如果你能获得外界对你的真实画像——外在的或内在的,也许你就能形成你的自我同一性概念或你自己的真实画像。这是一个新的设想。在精神分析中还没有提出这样的设想。你在别人看来如何是不必重视的。你的真实面目如何只能依靠你自己的内脏、内部条件和你的梦与幻想在你自身内去发现。

我觉得,假如我留在那个团体中,我会听到许多我以前从未听到过的事情。我将得到的是一种特殊的资料,就好像有一台电影摄像机,它能把他人看到的我赤裸裸地显示给我自己看。然后,我能掂掂它的分量,一面打量一面思索,问一问自己,他们的看法是对还是错?其中有多少是真实的?我觉得这能使我更多地了解我自己。在寻求自我同一性的过程中,这种对自己的认识是非常有益的。

在你熬过了痛苦以后,自知确实是一件非常好的事情。知道某事总比怀疑它、思考它要好得多。也许他不理睬我是因为我不好,也许他们那么对待我是因为我不好。对于普通人,生活仅仅是一连串的也许,他并不知道人们为什么嘲笑他或不笑他,觉得自己不必再作猜想是一种非常安然的感受,自知是好事。

第三章
实现自我的价值

自我实现价值的人是人类中的杰出人物，这样的人可以说达到了人类生活的高级理想状态。他们表现为健康、坚强、高尚、明智、富裕等，而不是生存的低级基本需要。在他们的眼里，整个世界都变得不同了，他们脱离了人的低级生存状态，超越于万物生灵之上，向整个人类展示了令人惊讶而又激动万分的美好前景：人，经过充分的努力和发展，竟然可以达到如此高度！

当整个客观情况需要时，自我实现者可以在杂乱、肮脏、混乱、散漫、含糊、怀疑、不肯定、不明确或者不精确的状态中感到惬意。在某些情况下，这一切在科学、艺术或一般生活中是完全合乎需要的。

——马斯洛

这种探索原则上不具备可行性，以至于假如我们要坐等惯常可靠的材料，我们将不得不永远等待下去。这样，似乎应做的唯一令人佩服的事就是不要害怕错误，投身进去，尽力而为，以期能在从大错误到最终走向真理的过程中，学到足够的东西。

启发人生的超然理念

这里所研究的内容，在多种领域上来说都是超前的。它最初不是按照常规的研究安排的，它不是一项社会性的研究，而是一次旨在解决各种个人道德的、审美的以及科学问题的私人性的探索。我只是力图使自己信服并且从中获得教益，而不是让别人去论证。但是出乎我意料的是，这些研究对我如此具有启发作用，满含着令人拍案叫绝的东西以至尽管有方法上的缺点，为其他人写出某种形式的报告还是合情合理的。

另外，我思考心理健康问题是如此急切，以至于任何意见、任何材料，不管怎样有待讨论，都具有巨大的启发价值。这种探索原则上不具备可行性，以至于假如我们要坐等惯常可靠的材料，我们将不得不永远等待下去。这样，似乎应做的唯一令人佩服的事就是不要害怕错误，投身进去，尽力而为，以期能在从大错误到最终走向真理的过程中，学到足够的东西。否则，对待这个问题就只有置之不理。因此，我在还不知道会有什么用处的情况下，将下面这个报告呈献出来，并向那些坚持传统的信度、效度以及取样等的人们表示由衷感谢。

我把自己认识的一些著名人物和了解到的历史人物以及另外一些人作为研究对象。另外，在一次对年轻人的研究中，对 3000 名大学生进行了筛选，但只有哈佛大学生可直接作为研究对象,有一二十名也许将来可作为研究对象。我不得不断定,我在原来的研究对象那里发现的自我实现的类型,对正处在发展中的青年来说是意义无穷的。

因此,与艾维林·巴斯金博士和但·里德曼合作,我们开始对一组相对健康的大学生进行调查。我们决定任意在大学生中选出最健康的1%。尽管这次探索在持续了两年之后,在完成之前被迫中断,但它在临床水平上却具有特殊的启发意义。我们也曾希望由小说家和剧作家们所塑造的那些人物能够用于研究,但没有发现有任何一个具有现实意义(这本身就是个引人深思的发现)。

淘汰或选择研究对象所依据的第一个临床依据除了有一个消极的方面外,还有一个积极的方面。消极的选择标准使被选对象中没有神经病、精神变态性格、精神病或这方面的强烈倾向。也许身心疾病要求更仔细的研究和判定。在可能的情况下,就给予罗夏测验,但结果证明这些测验在显示被隐藏的精神变态方面比选择健康的人更有价值,选择的积极标准是自我实现的确定的证据,自我实现仍然是一个难以具体描述的症候群。为服务于我们讨论的目的,自我实现也许可大致被描述为充分利用和开发天资、能力、潜能等等。这样的人似乎在努力地使自己达到完美。这使我们想到尼采所说的:"你就是你自己!"他们是一些已经走到,或者正在走向自己力所能及高度的人。他们的潜能也许是个人特质的,或者是人人都有的。

这一标准的另一层意思是,研究对象在任何时候对安全、归属、爱、尊重和自尊的基本感情的需要,以及对于理解和知识的需要的满足,或者能在多大程度上达到这种满足。这就是说,所有研究对象都感到安全和无忧无虑,感到被公认,感到爱和被爱,感到自身的价值并且被尊重。他们已经明确了自己的哲学、宗教或者价值取向。至于基本的满足是自我实现的充分条件还是必要条件,这是一个尚未解决的问题。也许自我实现意味着基本满足再加上最起码的天才、能力或者(人性的)个性。

我们采用的选择技术其实是一些旧的技术,这种技术以前在对自尊和安全感的人格症候群的研究中使用过。这种技术简单来说就是:以个人或文化的说法信仰作为开始,对自我实现症候群的各种扩大的用法和说法进行比较,然后慎重地为它重新定义——在下定义时采用现实的用法(可称为词典学层次的用法),但是,同时排除在通俗定义中常见的逻辑和事实的自相矛盾。

根据重新修正的定义,第一批研究对象小组选出来了,其中一组质量高,一组质量低。以临床态度对这些人进行更加仔细的研究,在经验研究的基础上,最初修正过的通俗定义又按照现在手中的材料进行进一步的修改。这样就得出了第一个临床的定义。按照这一新的定义,对最初的研究对象进行重新筛选,一些人被保留,一些人被淘汰,再补充进一些新的内容。然后,又继续对第二种水平的研究对象小组进行临床研究,在条件允许的情况下,进行实验和统计研究。这必然需要对第一个临床定义的修改、订正和补充。然后,又根据这一个新的定义进行再筛选。经过这样精挑细选,一个最初模糊、粗浅的通俗概念就能变得精确清晰,在特性上越来越便于操作,因而也越来越科学。

当然,一些客观的、理论的和实际的因素会影响自我调整的螺旋上升的过程。例如,在研究的早期,由于对通俗用法进行过分的苛求,以至于无人能符合这一定义。我们不能够因为有小缺点、错误或者脱离实际而停止考虑一个可能的研究对象。或者可以这么说,既然没有完美的人,我们就不能用完美来作为选择的标准。

另一种难题表现为这样的情况:所有事实都告诉我们,不可能获得临床工作通常要求的那种全面而精确的资料。研究对象候选人在得知研究的目的后,变得注意自己,变得呆板,对全部努力一笑置之,甚至拒绝继续合作。鉴于这些教训,对于旧的研究对象一直是间接研究,甚至可以说是偷偷摸摸的。只有较年轻的研究对象才可能被直接研究。

既然被研究对象的姓名不能公开,那么两种迫切需要得到的东西就不能得到,或者甚至说普通科学研究的要求就不可能达到。这两样是调查的重复性和材料的普遍有效性。这些困难部分地由知名历史人物的有关材料,以及由一些青年人和大方的儿童的补充研究所克服。

这里的材料与其说是对一些事实的简单罗列,不如说来自我的朋友以及相识的人的总括或整体印象的缓慢发展。很难顺利地向我们的老研究对象们提问,或者对他们进行测验。与老研究对象的联系是随机的,并且是一般的社会形式。而一旦条件允许,随时都可向朋友们和亲戚们提问。

由于研究对象数量太少,以及多数研究对象的资料不完全,再加上前面提到的原因,任何定量描述,只有复合印象可以提供,而顾不上它们可能会有什么价值(既然调查者完全不能确信什么是描述,什么是投射,当然这些印象也就不会比有条件的客观观察更有价值)。

对于这些总体印象作整体分析,可得出最重要和最有用的总体印象,据此,可进行进一步的研究。

当整个客观情况需要时，自我实现者可以在杂乱、肮脏、混乱、散漫、含糊、怀疑、不肯定、不明确或者不精确的状态中感到惬意。在某些情况下，这一切在科学、艺术或一般生活中是完全合乎需要的。

更加有效地洞察现实的能力

对现实的更有效的洞察力的第一种表现形式是辨别人格中的虚伪、欺骗、狡诈，以及大体正确和有效地识别他人的不寻常的能力。在一次对一组大学生的非正式的实验中，与不太成熟的学生相比，在更成熟的学生身上发现了准确地判断自己教授的倾向。也就是说，在测验中，后者得分更高。

随着研究的进展，明显地看到，这一效率扩展到生活的其他许多领域，甚至是可被测试的全部领域。在艺术和音乐方面，在智力方面，在科学方面，在政治和公共事务方面，他们作为一类人，似乎能比其他人更敏锐准确地看出被隐藏和混淆的现实。因此，一个非正式的试验表明，由于较少地受愿望、欲望、焦虑、恐惧的影响或较少地受乐观或悲观倾向的影响，无论他们手中掌握的是何种情况，他们对于未来的预测准确率似乎总是较常人更高。

刚开始这一点被称作优秀的鉴赏力或优秀的判断力，其含义是相对的，而不是绝对的。但是，由于某种原因，现在有种倾向越来越明确，即最好把它看成是对某个确实存在的事物（是现实，而非一套看法、见解）的洞察力，而不是鉴赏力。

如果这一结论被验证，那它就具有非比寻常的重要性。英国的精神分析学家蒙利·凯里指出，他相信单凭神经病患者对于现实世界那种幼稚的理解，就可以断定神经病患者不仅相对地而且绝对无能。神经病患者不仅在感情上呈现病态，而且在认识上也是错误的。假如健康和神经病分别是对于现实的正确和不正确的理解，事实命题和价值命题在这个领域就合二为一了。这样，在原则上价值命题就不仅仅是鉴赏或规劝的问题，而应该是可以根据经验验证的。深入思考过这一问题的人将会清楚地认识到我们在这里可能为真正的价值科学、社会关系科学、政治科学、宗教科学等获得一个不完全的根据。

适应不良甚至极度的神经病对感觉的干扰完全可能达到影响视觉、触觉或者味觉的敏锐程度。但是这种作用很有可能在远离纯生理的感觉领域内得到证实，诸如艾因斯特朗等的实验就可提供证明。随之可以这样推论：愿望、欲望、偏见对于感觉的影响（这体现在许多试验中）对健康人应该比对病人小得多。先前的一系列思考恰恰验证了这一假设：对现实的感觉上的优越性导致一般意义上的推理、理解真理、作出结论、符合逻辑和准确地认识的优越能力。

详细讨论这种与现实的优越关系的一个特别突出和有启发的方面是有必要的。过去发现自我实现者可以比大多数人能更轻易地辨别新颖的、具体的和独特的东西。其结果是，他们更多地生活在自然的真实世界中而非生活在一些非现实的概念、抽象物、期望、信仰和习俗当中。大多数人往往都将这些东西与真实的世界混淆起来。因此，自我实现者更倾向于领悟实际的存在而不是他们自己或他们所属文化群的愿望、希望、恐惧、焦虑以及理论或者信仰。赫伯特·米德非常形象地将此称为“明净的眼睛”。

人们与未知事物间的关系问题，可以看作理论与实验及心理学之间的桥梁，而且似乎特别具有研究价值。我们健康的研究对象一致不惧怕未知的事物，在这一点上，他们与普通人大不相同。他们接受未知事物，与之关系融洽，相对于已知事物而言，他们甚至往往更对前者感兴趣。他们不仅能接受意义不明、没有结构的事物，甚至喜欢它们。爱因斯坦的话相当有代表性：“我们体验的最美的事物是神秘的事物，它是一切艺术和科学的源泉。”

的确，这些人是知识分子、研究者和科学家，所以，在这里主要的决定因素可能是智慧力量。然而，我们都知道，许多智商很高的科学家，由于羞怯、习惯、忧虑或其他性格上的缺点，单调地从事他们所熟悉的工作，反复地琢磨、整理、分类，为此而浪费时间，而不是去发现他们应该做的事。

对于健康人来说，未知事物并不可怕，他们则不用费心去降鬼，吹口哨壮胆走过墓地，或者抵御想象中的危险。他们并不忽视或者否认未知事物，不回避它们或自欺欺人地把它们看成是已知的。他们也不急于整理未知的事物，过早地将它们分类并冠以标签。他们不拘泥于熟悉的事物，他们对真理的追求不是处于灾难中对于确定、安全、明确以及秩序的需要。而与此相反的情况，我们可以从哥尔德斯坦的脑损伤或强迫性神经病的病例中看到突出的例子。当整个客观情况需要时，自我实现者可以在杂乱、肮脏、混乱、散漫、含糊、怀疑、不肯定、不明确或者不精确的状态中感到惬意。在某些情况下，这一切在科学、艺术或一般生活中是完全合乎需要的。因此，怀疑、试验、不确定，以及因此而产生的犹豫不决虽然对大多数人是个折磨，但对某些人却是一个令人兴奋的充满刺激性的挑战，是生活中的一种高境界。

我们的研究对象看见的是人性的真实面目不是他们希望中的人性，他们的眼睛并不为各种假象所迷惑，从而歪曲、改变或者粉饰所见事实的真相。

改变接受自然产物的能力

自我实现者有许多易于察觉的、最初似乎是不同的、互不相关的个人品质，可以理解为一个单一的更为基本的态度的表现形式或派生物。这个态度就是：相对地不受令人感到惭愧的罪恶感、使人严重自卑的羞耻心以及极为强烈的焦虑的影响。这与神经病患者形成鲜明的对比，后者在任何情况下都可以表现为类似于罪恶感、羞耻心和焦虑感，也因此失去了正常的神经思维，甚至有些正常成员也毫无必要地为许许多多的事情感到内疚或者羞愧，并产生无谓的焦虑。我们的健康人发现，接受自己以及自己的本质同时并无懊恼、抱怨，甚至对此并无过多地考虑都是理所当然的。

尽管他们自己的人性也不可避免地有种种缺点，与理想有种种差距，他们可以在根本上以斯多葛的方式接受它们而不感到有真正的忧虑。如果说他们是自满，那会传播错误的印象。相反，我们必须说：他们能够以一个人在接受自然的特性时所持的那种无所畏惧的态度来接受脆弱、过失、弱点以及人性的罪恶方面。一个人不会由于水的纯净，岩石的坚硬或者树的翠绿而抱怨它们。儿童是睁大了眼睛，不带偏见和纯真无邪的眼光来看待世界的，他们只是注意和观察事实，但并不过多地评判或奢望，自我实现者也是以同样方式看待自己和他人的人性的。当然，这并不同于东方佛道的观念，不过佛家、道教的观念在我们的研究对象那里，特别是在面对疾病和死亡的研究对象那里也能观察到。

换句话说，这等于用另一种方式来表达我们已经描述过的观点，已经自我实现的人对现实看得更清楚：我们的研究对象看见的是人性的真实面目不是他们希望中的人性，他们的眼睛并不为各种假象所迷惑，从而歪曲、改变或者粉饰所见事实的真相。

第一个最直观的接受层次是所谓动物层次。自我实现者往往都是优良的、强健的动物，他们生活得非常快活，没有懊悔、羞耻或者歉意。他们始终食欲良好，他们睡眠香甜，他们没有不必要的压抑而享受性生活，其他相对来说，属于生理性的冲动也都是如此。他们不仅在这些低层次上能够接受自己，而且在各个层次上都能够接受自己，例如爱、安全、归属、荣誉、自尊等等。所有这一切都被看成是值得花费时间和精力的，它们之所以能被无条件地接受，其原因仅仅在于：自我实现者倾向于适应环境却不会因环境的恶劣而愤愤不平。普通人常有的反感、厌恶在自我实现者中间是相对少见的，他们较少挑食、厌恶身体的排泄物、身体的气味以及功能等等。这是上述自我实现者倾向于接受自然产物的表现。

自我接受与接受他人的紧密相关体现在两个方面：第一，他们没有防御性，没有保护色或者伪装；第二，他们厌恶他人身上的这类做作。假话、诡计、虚伪、装腔作势、好面子、玩弄花招，以庸俗手法沽名钓誉，这一切在他们身上异常罕见。既然他们对自己的缺点甚至也能坦然接受，那么这些缺点最终（特别是在后来的生活中）会变得令人感觉根本不是缺点，而只是个性的一种体现。

这并不是说他们绝对不存在罪恶感、羞耻心、黯淡的心绪、焦虑和防卫性，而是指他们很少受这些罪恶感等的压抑。动物性的过程，例如性欲、排尿、怀孕、行经、衰老等，是客观事实的一部分，必须无条件地接受。因此没有一个健康的妇女会因为自己的性别或者性别具有的任何生理特点而产生罪恶感或者防卫心理。

健康人能真实地感到内疚（羞耻、焦虑、忧伤，或者防卫）的是，可以改进的缺点，如懒惰、漫不经心、发脾气、伤害他人；不健康心理的顽固后遗症，如偏见、妒忌、猜疑；虽然相对独立于性格结构，然而不可能又是根深蒂固的一些习惯；他们所属的种族、文化或群体的缺点。一般情况可能是这样：如果事实与最好是什么或应当是什么之间存在差异，就会使健康人感到遗憾而不满意。

虽然自我实现者各种基本需要的满足都不缺乏，但他们仍然有冲动，他们实干，他们奋斗，他们渴望成功，但这一切都与众不同。对他们来说，他们的动机就是发展个性，表现个性，成熟、发展，一句话，就是自我实现。

自我实现者的道德准则

自我实现者都在行为中表现出相对的自发性，并且在内在的生活、思想、冲动等方面更有自发性。他们行为的特征是坦率、自然，很少做作或故意的掩饰。但是，这并不意味着他们一贯遵从习俗。假如我们实际计算一下自我实现者不遵从惯例的次数，就会发现记录并不高。他们对惯例的叛逆不是表面的，而是根本的或内在的。他们独特的破旧立新以及自发性和自然性皆出于他们的冲动、思想和意识。由于深知周围的人在这一点上不可能理解或者接受他们，也由于他们无意伤害他人或为某件琐事与别人大动干戈，因此面对种种俗套的仪式和礼节他们会善意地耸耸肩，尽可能地顺应它们。例如，我曾见过一个人接受了别人对他表示的敬意，虽然他曾私下嘲笑甚至鄙视这类敬意，但他并未因此而小题大做，伤害那些企图使他高兴的人们的感情。

其实，自我实现者的这种遵从习俗行为，如同牛仔故作绅士地在肩上披一件斗篷一样，可以轻易把它甩掉。自我实现者实际上从不允许习俗惯例妨碍或阻止他们做他们认为是非常重要或者根本性的事。在这种时刻，他们独立于惯例习俗的灵魂便显露出来，然而他们并不同于普通的波希米亚人或者反抗权威者，这些人抓住区区小事大做文章，把对无关紧要的违规行为当做天大的事。

当自我实现者热切地沉迷于某个特殊的事物时，他的这种内心态度也会表现出他的兴趣来。这时,他会毫无顾忌地抛开平时遵守的各种行为准则。在遵从惯例上他仿佛需要有意识地作出努力,他对习俗的遵从仿佛是有意的、存心的。

然而,当自我实现者与那些并不介意是否遵从俗套行为的人们相处时,他们会自动地抛掉行为的这种表面特性。在我们的研究对象中可以看到,他们愿意与那些允许他们更自由、更自然、更有自发性的人们共处,这使他们能够摆脱那些他们看不惯的虚假行为。因此,像上面那样的相对控制行为对他们来说是个负担。

综上所述,可以得出一个结论:这些人具有相对自主的、独特的、不遵从惯例的道德准则。奉行常规习俗的没有思想的人有时可能认为他们不道德,因为当情况似乎要求如此时,他们不仅会违反常规,甚至还会违反法律。然而事实恰好相反,他们是最有道德的人,尽管他们的道德准则与周围的人不尽相同。正是这种观察使我们坚信,普通人的一般的道德行为主要是遵从习俗的行为,例如,是以基本上被公认的原则为根据的行为,而不是真正的道德行为。

由于与一般习俗以及普遍接受的虚伪、谎言格格不入,由于与社会生活不适应,他们有时感到自己看起来好像是异国土地上的流浪者。

我不愿意给人造成一种印象,仿佛他们试图掩盖自己的真实面目。其实,他们有时也出于对惯例的僵化刻板和对习俗的盲目短浅的恼怒而故意放任自己。例如,他们可能会试图教训一个人,或者试图保护一个人的感情以及利益免受不公平的伤害。有时,他们可能会感到热情在澎湃,而这些感情如此令人兴奋甚至狂热,以致压抑它们似乎就是亵渎神明。据我观察,在这些情况下,他们并不为自己给予旁观者的印象而感到焦虑、内疚或者羞愧。

他们自己声称:他们之所以按惯例行事,只是因为这样不会引起什么大问题,或者只是因为其他方式会伤害人们,使人们感到难堪。

他们对现实的轻松的洞察力,他们的接受性和自发性非常接近于动物或者儿童,这意味着他们对自己的冲动、欲望、见解以及主观反应的一种优越的觉悟。对这种能力的临床的研究毫无疑问地证实了弗洛姆的这样一种看法:一般正常的、适应得很好的人,往往根本没有想到他是什么,他要什么,以及他自己的观点是什么等问题。

正是这样一些调查结果,最终把自我实现者与其他人明显地区别开。区别就在于,自我实现者的动机生活不仅在数量上而且在质量上都与普通人不同。我们很可能必须为自我实现者另外创立一种具有深刻区别的动机心理学,例如,一种研究表达性动机、成长性动机,而不是匮乏性动机的动机心理学。也许将生活与生活准备作个区分是很有必要的;也许动机的概念应该只用于非自我实现者。我们的研究对象不再进行一般意义上的奋斗,而是在发展。他们努力成长得尽善尽美,努力以自己的风格发展得日益全面。普通人的动机是为匮乏性的基本需要得到满足而奋斗。

自我实现者虽然各种基本需要的满足都不缺乏,但他们仍然有冲动。他们实干,他们奋斗,他们渴望成功,但这一切都与众不同。对他们来说,他们的动机就是发展个性,表现个性,成熟、发展,一句话,就是自我实现。这些自我实现者能够比常人更具有人性吗?他们是否更能显示人种的本来面目?他们在分类学的意义上更接近人类吗?一个生物种应该由它的残废的、不正常的、发展不完全的成员或者完全退化的、受到限制的以及被训练好的模范来鉴定吗?

我们的研究对象的突出表现是把注意力集中在他们自身以外的问题上，用流行术语来说，他们是以问题为中心，而不是以自我为中心。

以问题为中心的突破口

我们的研究对象是以问题为中心，而不是以自我为中心。他们自身一般根本没有什么问题，他们一般也不太注重他们自己，这正与不安定的人们中发现的那种内省形成对照。自我实现者通常有一些人生的使命，一些有待完成的任务，一些需要付出大量精力的但恰恰是他们身外的问题。

这些任务未必是他们自愿的，或他们根据自己兴趣挑选的，而可能是他们所感到的职责、义务或责任。这就是他们必须做的，而不是他们想要做的工作。一般来说，这些任务是非个人的，不自私的，它们与人类的利益、民族的利益或家庭的利益有关。

除了几个例外，研究对象通常与我们已学会称为哲学或伦理学的永恒问题和基本争论有关，这些人习惯生活在最广泛的合理的参照系里，他们绝不会片面地看问题。他们在框架里工作，这种价值是伟大的，而不是渺小的；是从长远出发的，而不是从近期出发的。尽管这些人都很相异，但都是这种或那种意义上的哲学家。

当然，这种态度对于日常生活的各个方面都具有意义。例如，我们最初研究的主要显著特点，如宽容、抛弃、自私、浅薄、狭隘等，都可以归入这种更一般的态度的名下。他们超越琐事，视野开阔，见识广博，在最开阔的参照系里生活，笼罩着永恒的氛围，给人的印象具有最大的社会以及人际关系的意义，它仿佛传播了一种宁静感，摆脱了对于紧迫事务的焦虑，而这使生活不仅对于他们自己并且对于那些与他们有联系的人都变得丰富多彩了。

自我实现者较一般人拥有更多的“自由意志”，更不容易为他人所操纵。不管“自由意志”和“决定论”在实际应用中作何解释，在这项调查中，它们是经验事实，况且它们是可以随条件而变化的概念，而不是一成不变的定义。

超然独立生活的行为准则

我的研究对象都可以离群独处而不会使自己受到伤害，以及感到不舒适。而且，几乎所有的研究对象都明确喜欢与外界隔绝以及独处，其程度明显比一般人更大。内倾和外倾的二歧法几乎完全不适于这些人，我们在这里也不采用这种二歧法。最有用的术语似乎就是“超然独立”。

他们常常可以超然于物外，泰然自若地保持平静，而不受那些在其他人那里会引起骚乱的事情的影响。他们很容易就能远离尘嚣，保持沉默寡言，并且平静安详。他们对待个人的不幸也不像一般人那样反应强烈，甚至在不庄重的环境与情景中，他们似乎也能保持尊严。他们的这种沉默也会渐渐地转变为严峻和冷漠。

这一超然独立的特性也许还有其他某些品质的因素。首先，可以认为我的研究对象比一般人更客观。我们可能会发现，他们是更以问题为中心而不是以自我为中心的，甚至当问题涉及他们自己，以及他们的愿望、动机、希望或抱负时也是这样。从而，他们具有一般人不常有的集中注意的能力。他们强烈的专注又带来漠不关心这种副产品，这也就是轻视以及不在乎外在环境的能力。例如，他们具有熟睡的能力，不受干扰的食欲，在面对难题、焦虑、责任时，仍然能够从容面对。

在人数众多的社会关系中，超然独立招来了一定的意想不到的麻烦。它很容易被“正常的”人们解释为冷漠、势利、缺乏感情、不友好甚至敌意。相比之下，一般的友谊关系更具有相互依恋、相互要求的性质，更需要再三的保证、相互的敬意、支持、温暖，更具有排他性。的确，自我实现者并非在一般意义上需要他人。然而，既然被需要和被想念通常是友谊和诚挚的表现，那么显然超然独立就不会具备这些为普通人轻易接受的表现。

自主所表达的含义是自我决定，自我管理，做一名积极、负责、自我训练的、有主见的行动者，而不是完全受别人操纵的一个兵卒，做一位强者而不是弱者。我的研究对象自己下决心、自己拿主意，他们是自己的主人，对自己的命运负责。这是一种高明深奥的素质，难以用语言形容，但它却十分重要。这些人使我懂得了我以前充满疑虑的现象，即许多人不用自己的头脑来考虑自己的事，而是让推销员、广告商、父母、演讲者、电视、报纸等替他们作决定。这种表现实际上是十分反常、病态、软弱的。这些人是供他人指挥的兵卒，而不是自主作决定、自己行动的人；他们最终只会感到无助、软弱、受人摆布；他们是强权的牺牲品，软弱的哀怨者，不是决定自己命运、对自己负责的人。对民主政治和经济来说，这种不负责的态度无疑是灾难性的。民主、自治的社会必须由自我行动、自我决定、自我选择的成员组成，他们表达了自己的意见，是自己的主人，具有自由意志。

根据阿希和麦克里兰德做的大量实验表明，自我决定者约占人口的5%—30%，其比例的大小由不同的环境决定。在我的研究对象中，100%的人是自我行动者。最后我要下一个结论，尽管它肯定会使许多神学家、哲学家和科学家感到不安：自我实现者较一般人拥有更多的“自由意志”，更不容易为他人所操纵。不管“自由意志”和“决定论”在实际应用中作何解释，在这项调查中，它们是经验事实，况且它们是可以随条件而变化的概念，而不是一成不变的定义。

由成长性动机推进的人实际上却有可能被他人妨碍。对于他们来说，决定满足以及良好生活的因素存在于个体之内，而不是社会内。

人生自我实现依靠的手段

大多数自我实现者能对自然条件和社会环境在一定程度上达到相对独立。既然自我实现者是由成长性动机而不是匮乏性动机推进的，那么他们主要的满足就不是依赖于现实世界、依赖于他人、文化或达到目的的手段，总之，不是依赖外界来实现的。换句话说，他们的发展和持续成长依赖于自己的潜力以及潜在的资源。如同树木需要阳光、水分和养料一样，大多数人也需要爱、安全及其他需要的满足，而这种满足只能够来自外界。但是，一旦获得了这些外在的满足，一旦人们内在的缺乏由外在的满足物所填补，个人真正的发展问题就出现了，也就是自我实现的问题。

这种对环境的相对独立意味着面临困难、打击、剥夺、挫折时的相对稳定。在促使他人去自杀的环境中，这些人也能保持相对的积极和乐观，他们也可称为“有自制力”的人。

受匮乏性动机促动的大多数人，其主要需要的满足（爱、安全、自尊、威信归属）只能来自他人，那么，他们就必然离不开这些有用的人。但是，由成长性动机推进的人实际上却有可能被他人妨碍。对于他们来说，决定满足以及良好生活的因素存在于个体之内，而不是社会内。他们已变得足够坚强，能够不受他人的赞扬甚至自己感情的影响，荣誉、地位、奖赏、威信以及人们所能给予的爱，比起自我发展以及自身成长来说，都显得不重要了。我们必须记住，要达到这种超然于爱和尊重的境界，最好的方法（并非唯一的方法）是事先就有完全同样的爱和尊重的充分满足。

自我实现者具有奇妙的反复欣赏的能力，他们带着敬畏、兴奋、好奇甚至狂喜，精神饱满地、肆无忌惮地体验人生的乐趣，而对于其他人，这些体验也许已经变得陈旧。

欣赏存在价值的时时常新

自我实现者具有奇妙的反复欣赏的能力，他们带着敬畏、兴奋、好奇甚至狂喜，精神饱满地、肆无忌惮地体验人生的乐趣，而对于其他人，这些体验也许已经变得陈旧。对于自我实现者，每一次日落都像第一次欣赏时那样美妙，每一朵花都温馨馥郁令人喜爱不已，甚至见过许多花以后也不会减少分毫。他所见到的第一千个婴儿，就像他见到的第一个一样，认为是一种令人惊叹的产物。在他结婚30年以后，他仍然赞叹他的婚姻的幸运；当他的妻子60岁时，他仍然像40年前那样，为她的美丽而倾倒。对于这种人，甚至偶然的日常生活中转瞬即逝的事物也会使他们感到激动、兴奋、迷恋。这些奇妙的感情并不常见，它们或者只是偶然有之，而且是在最难以预料的时刻降临。这个人可能已经摆渡过河10次，在他第11次渡过时，仍然有一种强烈的感受，一种对于美的回忆以及油然而生的兴奋，就像他第一次渡过一样。研究对象们在选择美的目标方面存在着一些区别。一些人主要向往大自然，另一些人主要爱孩子，还有几个人则一直主要热爱伟大的音乐。但确实可以这样说：他们从生活的基本经历中得到了喜悦、鼓舞和力量。然而，他们却不能够从参加夜总会，或者得到了一大笔意外之财，或者一次愉快的宴会中体会到上述感受。

此外，也许还可以加上一种特殊体验：对于我的几个研究对象，他们的性快感，特别是情欲高潮，提供的不仅是一时的快乐，而且还有某些基本力量的增强和复苏。有的人是从音乐或大自然中得到这种增强和复苏的。

或者大家只能体验到这种主观色彩与新鲜具体的现实之间相通的一方面。也许我们所说的陈腐的体验是停止以丰富的感觉去洞察所有领域的结果，因为这些领域现在表明已不再具有优点、益处或者威胁性，否则就不能再和自我和睦相处了。

我意识到，忽略了自身的幸福，往往会引起人类诸多罪恶、痛苦以及悲剧。尽管这种忽略是非邪恶的，我们轻视那些在我们看来是理所当然的事情，所以我们往往用身边的无价之宝去换取一文不值的东西，留下无尽的懊恼、悔恨和自暴自弃。不幸的是，子女、丈夫、朋友在死后比生前更容易博得爱和赞赏。其他现象，如身体健康、政治自由、经济富强等也是如此。它们的真正价值只有在失去以后才被认识到。

赫兹伯格对工业中“保健”因素的研究，威尔逊对圣·尼奥兹“阈限”的观察，我对“低级牢骚、高级牢骚和超级牢骚”的研究都表明，如果我们能像自我实现者那样对待身边的幸事，我们的生活将得到极大的改进。

非高峰型的自我实现者似乎是讲究实际、追求实效的人，是成功地生活在这个世界中的中间变体。而高峰者除了上述情况外，似乎还生活在存在领域中，生活在诗歌、伦理、象征、超越的境界里，生活在神秘的、个人的、非机构性的宗教之中，生活在终极体验中。

神秘的美好幸福体验

那些主观体验往往被称为神秘体验，对我们的研究对象而言，这种体验是很普遍的。威廉·詹姆斯对此有过精彩的描述。那种强烈感情有时变得气势磅礴、混混沌沌、漫无边际，所以可称为神秘体验。我在这上面的兴趣和注意，首先得到我的几个研究对象的支持，他们用暧昧而又通俗的措辞来描述他们的情欲高涨。我后来想起这些措辞曾被各类作者用来描述他们称为神秘体验的东西。在这些神秘体验中都有飘飘欲仙的感觉，从未有过更加有力但同时又孤立无助的感觉，巨大的狂喜、惊奇、敬畏，以及失去时空的感觉。这最终使人确信，某种极为重要、极有价值的事发生了，在某种程度上，感受主体结果被改变了、增强了，这种体验甚至在日常生活中也是如此。

但很重要的一点是，必须将这种神秘体验与所谓的神学或超自然分离开，尽管它们已经混淆了上千年之久。虽然在后来的谈话中，有几个人引出了半宗教的结论，例如“天生我材必有用”等，但是，我们的研究对象没有一个自发地制造这种束缚。因为这种体验是一种自然的体验，很可能属于科学研究的范围，也许用弗洛伊德的术语来描述它更为合适，如海洋感情。

我们的研究对象可以使我们了解到，这种体验能够以较小的强度出现。神学作品一般地假定,在神秘体验与所有其他体验之间,有一种绝对的性质上的差异。一旦从超自然的关系中发现了神秘体验,并把它作为自然现象来加以研究,就有可能把神秘体验按从强烈到微弱的数量上的连续体加以整理。我们从而可以发现,微弱的神秘体验在许多人那里,甚至可能在大多数人那里都会发生,并且,如果一个人幸运的话,一天可以发生数十次。

神秘体验强烈时,可以产生一种忘记自我或超越心灵的感受。正如本尼迪克特所描述的:以问题为中心高度的集中,献身行为,强烈的感官体验,对音乐或艺术的忘我、热切的欣赏。我有时把它叫“高峰体验”。

自从研究这一问题以来,我已逐渐将注意力更多地集中在高峰者与非高峰者的区别上。两者之间很可能只是程度与数量的差别,但这却是非常重要的。如果需要简单的概括,非高峰型的自我实现者似乎是讲究实际、追求实效的人,是成功地生活在这个世界中的中间变体。而高峰者除了上述情况外,似乎还生活在存在领域中,生活在诗歌、伦理、象征、超越的境界里,生活在神秘的、个人的、非机构性的宗教之中;生活在终极体验中。

我意识到这将是关键的性格逻辑的“种类差别”之一。这对于社会生活来说尤为重要,因为那些“健康的”非高峰型的自我实现者似乎更可能成为社会的改革者,成为政治家、社会工作者、改良者、领导者;而那些超凡脱俗的高峰者,则更可能去写诗、作曲、研究哲学,献身宗教。

他们具有帮助人类的真诚愿望，就好像他们都是一个大家庭的成员。一个人对于兄弟的感情总体上是爱的感情，尽管这些兄弟愚蠢、软弱，甚至有时显得很卑鄙，但仍然会轻易原谅他们。

人类社会感情的风范

“社会感情”一词是由 A. 阿德勒首先提出来的，它很形象地描述了我的自我实现研究对象们对人类的感情的风范，在这方面，它是唯一可通用的术语。尽管自我实现者偶尔也暴露出对别人的气愤、不耐烦或者厌恶，但他们对人类怀有一种很深的手足情、同情和爱的感情。正因为如此，他们具有帮助人类的真诚愿望，就好像他们都是一个大家庭的成员。一个人对于兄弟的感情总体上是爱的感情，尽管这些兄弟愚蠢、软弱，甚至有时显得很卑鄙，但仍然会轻易原谅他们。

如果想充分体会到这种与人类一体的感情，就需要一个人有开阔的视野、丰富的历史知识。自我实现者的思想、冲动、行为、情感上明显区别于其他人。当自我实现者在这些方面要表现自己的时候，在某些基本方面上，他就像一个旅居异乡的异客，很少有人真正理解他，不管人们多么喜欢他。他经常为普通人的缺点感到苦恼气愤，甚至被激怒，而普通人对他来说，通常不过是一些不断给他制造麻烦的人，有时甚至变成痛苦的不幸。不管有时他与他们之间的间隙有多大，他总是感到与这些人有一种最根本的亲缘关系，同时，如果不说有一种优越感，至少他必定认识到，许多事情他能比他们做得更好，对许多事情他可以明察而他们却不能，有些在他看来目的是如此清楚明了的真理大多数人却看不见。这也就是被阿德勒称之为老大哥态度的东西。

大多数人毕竟没有什么了不起,但他们本来有可能很了不起。他们犯各种愚蠢的错误,以致感到极为痛苦,但仍不明白他们本意是好的为何会落得这个结果。那些令人不愉快的人往往会在深深的痛苦中付出代价。他们应该受到怜悯而不是攻击。

自我实现者的人际关系

自我实现者与其他人相比,还有一个重要特征就是具有更高一层的人际关系。他们比一般人具有更多的融合、更崇高的爱、更完美的认同,以及更多的摆脱自我限制的能力。然而,他们的这些人际关系有着一定的特殊性。首先,我观察到,这些关系中的其他人员比一般人很可能更健康,更接近(常常是非常接近)自我实现者。考虑到在全部人口中,这种人口只占很小的比例,这里就有一个很高的选择标准。

这些因素决定了一些情况自然发生,与自我实现者保持特别深的人际关系的只有少数几个人。他们的朋友网很窄,亲密朋友在数量上更是少之又少,其部分原因在于在这种自我实现状态中去接近某人似乎不是短时间内可以做到的,忠诚不是一时的事情。一位研究对象对此这样说:“我没有时间照应许多朋友。也就是说,如果要交真正的朋友,是不可能同时交很多的。”在我的小组里,唯一的一个例外是一位妇女,她似乎特别善于交际,简直使人感觉到她生活的天职就是与她家庭的成员、家庭成员的家庭成员,以及她的朋友们、朋友的朋友们保持密切、温暖、良好的关系。也许,这是因为她没有正式的工作和事业,是一个未受过教育的妇女。这种专一的排他主义的确能够与普遍的社会感情、仁慈、爱和友谊(正如上面所描述的)同时存在。这些人几乎对所有人都很慈善,或至少对他们都有耐心,他们对儿童有一种特别温柔的爱,并且为儿童们所喜欢。在一种非常真实而且是特殊的意义上,他们爱或者更准确地说同情整个人类。

这并不是说由于他们缺乏鉴别能力而产生了这种爱。事实上,他们的确能够以严厉的口吻,认真地谈到那些应受谴责的人,特别是那些伪善者、狂妄自大者、自命不凡的人。然而,这种实际的低评价甚至在与这类人面对面地接触时也并未表现出来。对此,大致可以作出这样的解释:"大多数人毕竟没有什么了不起,但他们本来有可能很了不起。他们犯各种愚蠢的错误,以致感到极为痛苦,但仍不明白他们本意是好的为何会落得这个结果。那些令人不愉快的人往往会在深深的痛苦中付出代价。他们应该受到怜悯而不是攻击。"

因此,可以简明地解释出他们对他人的敌对反应的原因是:第一,这是理所应当的;第二,这是为被攻击者或某一个人好。按照弗洛姆的意思,他们敌意的基础并不是来自性格,而是反应性或情境性的。

我的材料中所掌握的那些研究对象还同时表现出另一个特点,在此也不妨说明一下,他们至少吸引一些钦佩者、朋友,甚至信徒、崇拜者。自我实现者与他的一系列钦佩者之间的关系往往是一厢情愿的。钦佩者们要求的总是多于被钦佩者愿意给予的,而且钦佩者们过分的热情常常使被钦佩者为难、苦恼,甚至厌恶,因为他们常常越轨。情况总是这样:当被迫建立这种关系时,我们的研究对象通常是和蔼的、令人愉快的,但是,一般都尽可能有礼貌地回避那些钦佩者。

只要是一个人，就给他一定程度的尊重，甚至对于恶棍，他们似乎也不愿超越某种最低限度去降低、贬损或侮辱其人格。

培养民主性格的方式

我的研究对象都是在深刻意义上的真正民主的人。以前对于民主的和集权主义的性格结构的分析是这个观点的根据。但这些分析过于复杂，这里不便重复，我们只可能简单地描述这种表现的某几个方面。这些人都具有显著的民主特点。他们的确也可以对任何性格相投的人表示友好，完全无视该人的阶级背景、教育程度、政治信仰、种族或肤色。实际上，他们甚至好像根本意识不到这些区别，而普通人对于这些区别却是十分计较的。

除了这个明显的品质外，他们还具有更为深厚的民主感情。例如，他们觉得不管一个人有什么其他特点，只要某一方面比自己有所长，就可以向他学习。在这种学习关系中，他们并不试图维护任何外在的尊贵或者保持地位、年龄之类的优越感。甚至应该说，我的研究对象都具有某种谦虚的美德。他们都相当清楚，与可能了解的以及他人已经了解的相比，自己懂得太少了。正因为如此，他们才可能毫不做作地向那些可以向其学习的、在某方面较自己有所长的人们表示真诚的尊重甚至谦卑。只要一位木匠是位好木匠，只要某人精于自己使用的工具或是本行中的能手，他们就会向他表示这种真诚的尊重。

简单地将一个人等同于另一个人，并不因为这种民主式感情而缺乏对各种趣味的鉴别力。这些研究对象本身就是杰出人物，他们选择的朋友也是杰出人物，但他们是性格、能力、天赋上的杰出人物，而不是出身、血统、家族、家庭、寿命、青春、声誉或权力方面的杰出人物。

自我实现者有一种模糊深奥而难以理解的倾向：只要是一个人，就给他一定程度的尊重，甚至对于恶棍，他们似乎也不愿超越某种最低限度去降低、贬损或侮辱其人格。然而这一点与他们强烈的是非观、善恶观是共存的。他们往往更倾向于挺身抗击邪恶的人和行为。对于邪恶引起的愤怒，他们不会像一般人那样表现得含混不清，不知所措或者优柔寡断。

可以这样说，这些人的道德力量很强，有明确的道德标准，他们只做正确的而不是错误的事。但是，他们的是非概念往往是不合习俗的。

如何把握现实生活的善与恶

在区分自己实际生活中的是非时，我的研究对象都是很有把握的。不管他们能否用言语将这种状态表达清楚，他们很少在日常生活中表现出混乱、疑惑、自相矛盾，或者冲突，而这些在普通人处理道德问题时是最易发生的。可以这样说，这些人的道德力量很强，有明确的道德标准，他们只做正确的而不是错误的事。但是，他们的是非概念往往是不合习俗的。

D. 列维博士曾提出一个方法用来表达我描述的这个品质，他指出，若在几个世纪之前，这些人会被称为与上帝同道或神圣的人。说到宗教，我的研究对象中没有一个信仰正统宗教的，但另一方面，我知道只有一个自称无神论者（整个研究小组里共有 4 人）。我所掌握情况的其他几人在确定自己是否属于无神论者时犹豫不决。他们说他们信仰一个上帝，但与其说他们把上帝描绘成一个有形的人物，不如说描绘为一个形而上学的概念。因此，他们这类人是否可以称为有宗教信仰的人，完全取决于我们选用关于宗教的概念或定义。如果仅从社会行为的角度来解释宗教，那么这些人，包括无神论者都属于宗教信仰者。但如果我们更为保守地使用“宗教”这个术语，包括并强调超自然的因素和传统的宗教观念（这当然是更为普遍的用法），那么我们的结论就是截然相反的——他们当中几乎无人信仰宗教。

自我实现者在行为的手段与目的之间总表现出明显的界限。一般地说，他们致力于目的，手段则相当明确地从属于目的。然而,这种说法过于简单。我们的研究对象经常将对其他人说来只是达到目的之手段的经历和活动视作目的本身,这就使情况复杂多了。他们较常人更有可能纯粹地欣赏“做”的本身;他们常常既能够享受“到达”的快乐,又能够欣赏“前进”本身的愉快。他们有时还可能将最为平常机械的活动变成一场具有内在欢乐的游戏、舞蹈或者戏剧。韦特海默曾指出,大多数孩子非常富有创造性,他们具有将某种陈腐的程序、机械呆板的体验加以转变的能力。例如,在他们的把戏中,他们会发明某种方法或某种节奏把书从一个书架运往另一个书架。

他们的幽默的特点在于：常常是更紧密地与哲理而不是其他东西相联系。这种幽默也可以称为真正的人的幽默，因为它主要是善意地取笑人类的愚蠢，忘记自己在宇宙中的位置，或者妄自尊大。

自我实现型幽默的教育形式

自我实现者具有不同于常人的幽默感——富于哲理的，善意的幽默感。由于这一特点为我的研究对象所共有，很容易就可以发现。对于一般人感到滑稽的事情，他们并不感觉如此。因而，恶意的幽默（以伤害某人来制造笑料）、体现优越感的幽默（嘲笑他人的低下）、反禁忌性的幽默（硬充滑稽的猥亵的笑话）都不会使他们感到开心。

他们的幽默的特点在于：常常是更紧密地与哲理而不是其他东西相联系。这种幽默也可以称为真正的人的幽默，因为它主要是善意地取笑人类的愚蠢，忘记自己在宇宙中的位置，或者妄自尊大。这种幽默有时以自嘲的形式出现，但自嘲者不会表现得像个受虐狂或者小丑。林肯的幽默就是一个范例。林肯很可能从来没有开过伤害他人的玩笑，他的绝大部分玩笑都有某种意义，远不止仅仅引人发笑的作用，类似于寓言，它们似乎是一种更有趣味的教育形式。

我们的研究对象开玩笑的数量并不像普通人那么多，所以有时显得并不是个幽默的人。在他们当中，富有思想性、哲理性的幽默比普通的双关语、笑话、妙语、揶揄和开心的巧辩更为常见。前者所引起的往往是会心的微笑而不是捧腹大笑，它脱胎于当时的具体情况而不是这个情况的附加物，它是自发的而不是事前策划的，并且时常是新鲜的。由于一般人习惯于笑话故事和逗人发笑的材料，因此，他们也就很自然地认为我们的研究对象过于严肃庄重。

这类幽默的感染力很强。人的处境,人的骄傲、严肃、奔波、忙碌、野心、努力、策划都可以看得有趣、诙谐,甚至可笑。我是一度置身于一间摆满“活动艺术品”的房间之后才对这种幽默感恍然大悟的。在我眼中,“活动艺术品”以它的喧嚣、动荡、混乱、奔忙、劳碌以及打破常规地对人生进行了幽默的讽刺。这种幽默感也影响到专业性工作本身,在某种意义上,这些工作也是一种游戏,在严肃认真的同时,也可以制造一些轻松。

自我实现者的创造力似乎与孩子们的天真的、普遍的创造力一脉相承。它似乎是普遍人性的一个基本特点——所有人与生俱来的一种潜力。

自我实现型创造力的形式

根据我的观察和研究，这是我的研究对象无一例外的共同特点。每个人都在这方面或那方面显示出具有某些独到之处的创造性或独创性。我们的讨论可以使这些独到之处得到较为完整的理解。但有一点要强调，自我实现型的创造力与莫扎特型具有特殊天赋的创造力是不同的。我们必须认识到一点：所谓的天才们会显示出我们所不能理解的能力。总之，他们似乎被专门赋予了一种冲动和能力，而这些冲动和能力与其人格的其余部分关系甚微，从全部证据来看，是他生来就有的。我们在这里不考虑这种天赋，因为它不取决于心理健康或基本需要的满足。而自我实现者的创造力似乎与孩子们的天真的、普遍的创造力一脉相承。它似乎是普遍人性的一个基本特点——所有人与生俱来的一种潜力。大多数人随着对社会的适应而慢慢消失殆尽了，但是某些少数人似乎保持了这种以新鲜、纯真、率直的眼光看待生活的方式，或者先是像大多数人那样丧失了它，但在后来的生活中又逐渐找了回来。

但在我的研究对象身上，有时这种创造力以低贱的形式体现出来，而不是以人们向往的著书、作曲和创造艺术等高雅形式。这种特殊类型的创造力作为健康人格的一种显现，仿佛是映在世界上的投影，或者，仿佛为这个健康人所从事的任何工作都涂上了一层色彩。从这个意义上看，可以有富有创造力的鞋匠、木匠、职员。一个人会以源于自己性格本质的某种态度、精神来做任何一件事。一个人甚至能像儿童一样富有创造性地观察世界。

为了讨论的方便，我将这个特性单独提出，仿佛它与那些引它出现和由它导出的特性是彼此分离的，其实则不然。也许，我们现在讨论创造力时，只是从结果的角度来描述我们前面称为更强的新颖性、更深的洞察力和感觉效力的东西，这些人似乎更容易看到真实的、本质的东西。正因为如此，他们才相对于那些更狭隘的人具有创造力。

另外，我们还会发现他们那种自由的个性，他们极少向外界的压力低头或去适应社会上既存的旧习俗。用积极的术语来表达就是：他们更自然、更具自发性和人性。别人在他们身上看到的创造力，也是这一点引出的结果之一。假如我们像在儿童研究中那样，设想所有的人都是自然的，并且他们的最深层本质也许现在仍然没有改变，但是，他们除了这种内在的自然性外还有一整套表面的但却强大的约束，那么这种自然性肯定会受到控制以至不会出现得过于频繁。假如没有扼杀力量，我们也许能看到每个人都会显示出这种特殊类型的创造力。

在不同文化中较他人在更大程度上能自我独立的人们，不仅其民族性应该较弱，而且彼此之间在某些方面的相像程度应该高于本社会中发展不充分的同胞。

在缺陷的文化中做一个健康人

自我实现者如果单从顺应文化和融入文化的意义上来说，会表现为适应不良的症状，虽然他们在多种方面与文化和睦相处，但可以说他们全都在某种深刻的、意味深长的意义上抵制文化适应，并在某种程度上内在地超脱于这种文化氛围。由于在关于文化与人格的文献中极少谈及抵制文化造型的问题，由于像里斯曼已明确指出的那样，保留剩余部分对于美国社会十分重要，这样，无形中加深了我们甚至还很欠缺的资料的重要性。

总的看来，这些健康人与远不如他们的文化的关系是非常复杂的，其中至少可归纳出以下一些成分：

在他们的文化中，所有这些人在选择衣服、语言、食物以及行为方式时，都同样受表面习俗的限制。然而他们并不真正守旧，当然也不会去赶时髦。

这个特殊的内在态度通常能表现出下面的特征：一般来说社会上流行的那些习俗让他们无动于衷，换一套交通规则也未尝不可。虽然他们也把生活搞得安宁舒适，但绝不至于过分讲究、小题大做。这里我们可再次看到这些人的一个普遍倾向：他们大多数认为不重要，不可改变，或对他们个人没有根本关系的事情他们都认可。由于我们的研究对象对鞋子和发型的选择，或由于在什么晚会上不太关心礼貌、举止和风度，别人往往会对他们侧目而视。

但是，这种作用是勉强地接受并不是热情地认同，他们对于习俗的服从往往是草率敷衍的，或者简捷行事以求干脆、坦率、节省精力等等。在压力之下，当遵从习俗变得过于恼人或代价过于昂贵之时，表面的习俗就暴露出它那浅薄的面目，抛开它也就像抛开一双破袜子一样容易。

另外，从青年的或狂热的角度来说，这些人几乎无一可称为权威的反叛者。虽然他们不断地对偏私爆发出愤怒，但他们对于文化并不显出主动的不耐烦，或者时而出现的、长期不断的不满，他们并不急于改变它。我的一个研究对象年轻时是个狂热的反叛者，他组织了一个工会，而当时这种工作非常具有危险性，现在他已厌恶地、绝望地放弃了这一切。由于他变得习惯于这个文化和时代中改革的缓慢，他最终转向了对青年的教育。其余的人表现了某种对文化进步的冷静的、长期的关心。这在我看来意味着承认变革的缓慢以及这种变革的明显的益处和必要性。

他们的这种情况绝非缺乏斗争性。一旦发生急速的变革时，这些人可以立即表现出果断和勇气。虽然他们在一般意义上并不属于激进派，但是我认为他们极有可以转向激进派。首先，他们是一群知识分子（别忘了是谁选择了他们），其中大多数人已有了自己的使命，并且认为自己在为改良社会进行真正重要的工作。其次，他们能清楚地认识现实，似乎不愿去作巨大的但却无谓的牺牲。在真正斗争激烈的情况下，他们十有八九要放弃自己的工作而参加猛烈的社会行动，例如，德国和法国的反纳粹地下活动。我觉得，他们反对的不是有效的斗争而是无效的斗争。

生活，希望生活得愉快，是我们讨论的又一话题。这一点与全力以赴的狂热的反抗几乎水火不容。在他们看来，后者牺牲过大，而又不能获得预期的微小的成果，他们大多数人在青年时期都有斗争的经历，都有急躁、热情的插曲，成熟后大都懂得对于急速变革的乐观态度是没有根据的。他们这些人作为一个整体致力于在日常生活中以一种能被认可的、冷静的态度，愉快地努力从内部去改良文化，而不是从形式上去反对它，与之抗衡。

与文化分离的内在感情不一定是有意识的，但在几乎所有研究对象身上都有所表现，尤其在讨论作为整体的文化时，在同其他文化进行各种各样的比较时更是如此。实际上，他们似乎经常疏远它，仿佛他们不属于这种文化。慈爱和反对、赞同和批评的不同比例的混合，表明了他们依靠自己的观察从文化中选择好的东西、排斥坏的东西的情况。总之，他们对文化进行权衡、分析、辨别，然后作出自己的决定。

这种态度确实有别于一般的对文化造型的消极顺从，后者可在许多有关集权主义人格的研究中具有民族中心主义的研究对象身上发现。

我们的研究对象个性独立，喜欢独处，对熟悉的和习惯的事物的需要及偏爱不像一般人那样强烈，这些情况或许都体现了他们独立于文化的特点。

支配他们的是自己的个性原则而不是社会原则，基于这种原因或许可以称其为有自主性的人。正是在这个意义上，他们不仅仅是或不单纯是某种特殊的人，而且从广义上说，他们比其他人在更大程度上属于人类的成员。假如刻板地去理解，那么说这些人高于或超越了大众文化就会引起误会。因为他们毕竟讲方言、有本地人的行为方式和性格等等。然而，如果我们把他与过分社会化、行为机器化或者种族中心主义相比较，我们就会压抑不住内心的激动而假定：这个研究对象小组不仅是另一个亚文化群的小组，而且还更少适应文化、更少平均化、更少模式化。这里有个程度问题，他们处在一个连续统一体之中，这个连续体是按照从对文化的相对接受到与文化的相对分离的顺序排列的。

如果这个假定能够被验证成立的话，我们至少可以从它再推出一个假设：在不同文化中较他人在更大程度上能自我独立的人们，不仅其民族性应该较弱，而且彼此之间在某些方面的相像程度应该高于本社会中发展不充分的同胞。当然，这又引出了关于什么组成了良好的社会的问题。

综上所述,可以得出这样的观察结论,在文化中能够产生相对健康的人。这就回答了“在有缺陷的文化中做一个健康人或好人是否可能”这样一个老问题。这些相对健康的人们凭借内在的自主与外在的认可之间的复杂结合得以生存,当然,其前提必须是,这种文化能够容忍拒绝完全文化认同的独立性。

当然,这种健康并非完全符合理想。显然,我们的研究对象一直受不完美社会的约束和限制。这些约束和限制,使他们不得不保留自己的一些秘密。他们越是保留自己的一些秘密,他们的自发性就越是减少,他们的某些潜能就越是不能得以实现。既然在我们的文化中只有很少人达到健康,那么这些达到健康的人就会因为他们自己的性质而感到孤独,从而加重自发性的降低,减少潜能的实现。

即使这些人十分罕见、凤毛麟角，也能推动人类走向光明前景。然而，他们有时也会流露出易怒、暴躁、乏味、自私或沮丧等弱点。为了避免对人性失望，我们必须首先放弃对人性的幻想。

自我实现者的缺陷

好人往往由于他的公式化而令人可望而不可即，但这却是小说家、诗人和随笔作家常犯的错误，因为是他们把好人写得过于完美了。人们把自己对完美的希望，以及对自己缺点的罪恶和羞愧，投射在各种各样的人身上，对于这些人，普通人对他们要求的远比自己给出的更多。因此，教师和牧师通常被认为没有欢乐、没有世俗的欲望和弱点。我认为大多数试图描写好人（健康人）的小说家把这些好人塑造成自命不凡的讨厌鬼，提线木偶，或者不真实理想的虚假投影，而不是还他们以本来面目：身体强健、精神饱满、朝气蓬勃。我们的研究对象会表现出人类的许多小缺点：他们也有愚蠢的、挥霍的，或粗心的习惯；他们会显得顽固、令人厌烦或恼怒；他们并没有摆脱浅薄的虚荣心和骄傲感，特别是在涉及他们自己的作品、家庭或孩子时，他们也常常发脾气。

我们的研究对象也会有无情的表现，而且往往是强烈的、出乎意料的。必须记住，他们是非常坚强的人，在需要的时候，他们能超越常人的能力表现出一种外科医生式的冷静。假如他们有谁发现自己长期信任的人不诚实，就会果断地中断这种友谊，而绝不会感到惋惜和痛苦，就像一个与自己并不爱的男人结婚的妇女，在决定离婚时表现出的几乎近于残忍一样。他们中的一些人能很快从哀悼亲友死亡的情绪中摆脱出来，以至显得有些无情。

他们不但具有这种无情的坚强，而且外界的大众舆论也无法左右他们。有一次，当一位妇女在一次聚会上被介绍给他人时，她因对方乏味的庸俗套词而大大激怒，因而有意让自己的言行使对方感到震惊。也许有人会说，她这样做未尝不可，但人们不仅会对她本人而且会对主持聚会的主人采取完全敌对的态度。虽然这位妇女原本想要对这些人疏远，但男女主人却并不想这样做。

另外一个例子是，比如我们的研究对象非常专注于个人世界以外的因素。当他们全神贯注或者沉醉于自己的兴趣时，当他们热切地专注于某个现象或问题时，他们可能变得对周围事情心不在焉，毫无幽默感，忘记了他们一般的社交礼貌。在这种情况下，他们不喜欢聊天、逗乐、聚会等，而且这些特点往往表现得非常明显。他们的言行可能使别人感到很痛苦、震惊、羞辱或者感情受到伤害。这种超然独立至少从旁人来看是令人不快的，它的其他后果上面已经列举过。

他们犯错误有时甚至会由于自己的仁慈，例如，出于怜悯心而与某人结婚；在与神经病患者、不幸的人和大家讨厌的人的相处中陷得太深，事后又感到后悔；有时为无赖行骗开了方便之门；由于付出的东西超出了适当的范围，从而有时易滋生寄生虫和精神变态者；等等。

在此再重申一下，他们也有罪恶感、焦虑、悲伤、自责以及内心的矛盾冲突。这些现象并非源于神经病，然而，大多数人（甚至包括大多数心理学家）却无视这一事实，往往根据以上现象就把神经病强加给他们。

我认为，这些情况足以给我们以教诲，我们都应明白：金无足赤，人无完人。其实，好人、善人，乃至伟人，都是可以发现的。事实上确实存在着创造者、先知、哲人、圣人、巨人和发起人。即使这些人十分罕见、凤毛麟角，也能推动人类走向光明前景。然而，他们有时也会流露出易怒、暴躁、乏味、自私或沮丧等弱点。为了避免对人性失望，我们必须首先放弃对人性的幻想。

他们之间既有相似之处但又迥然不同。他们同迄今描述过的任何一类人相比,都有着更加彻底的个人化,同时又有着更加完全的社会化,有着对人类的更深刻的认同。

实现自我价值的内在动力

人性、自我、复杂的社会生活以及自然和客观现实,都可以被自我实现者以哲人的态度接受,这自然而然地为他的价值系统提供了坚实基础。这些接受价值,在整个日常的个人价值判断中占很大一个比例。他所赞成或不赞成的,他所反对的或提倡的,他所高兴的或厌恶的,往往可以理解为这种接受的潜在特质的表面衍生物。

自我实现者的内在动力不仅顺理成章地为他们提供了这种基础(因此至少从个意义上看,充分发展的人性是全球的、跨文化的),而且还提供了其他决定因素。这些决定因素包括:他与现实的特别适意的关系,他的社会感情,他的基本需要满足的状态,他所特有的对于手段和目的的区分,等等。

自我实现者对待世界以及他们的实践活动的方式,会产生一个极为重要的后果:在生活的许多方面,冲突、斗争以及选择时的犹豫和矛盾减弱或消失了。很明显,"道德"很大程度上是不接受或不满意的副现象。在一种异教徒的气氛里,许多问题好像没有道理,并且淡化了。其实,与其说解决了这些问题,倒不如说把它们看得更清楚了,它们原本绝非一些本质固有的问题,而只是一些"病人制造的"问题,例如,打牌,跳舞,穿短裙,在某些教堂里接受祝福或忏悔,喝酒,只吃某些肉类或只在某些日子里吃肉。对于自我实现者而言,不仅这些琐事变得无足轻重,而且整个生命进程在一个更重要的水平上继续发展,例如,两性关系、对身体构造及其功能的态度、对死亡本身的态度等。

我不由想到，通过更深层次的探求之后，所谓的道德、伦理和价值的许多其他东西会成为一般人心理病态下毫无道理的外体现。一般人被迫在许多冲突、挫折和威胁中作出某种选择，价值就在选择中表现出来，而对于自我实现者，这些冲突、挫折和威胁都消失或者解决了，就像关于一个舞蹈的争论会平息一样。他们觉得两性表面上不可调和的斗争不再是斗争，而是快乐的协作；成人与儿童的利益其实根本没有那样明显的对抗性。对他们来说，不仅异性间和不同年龄间的不和是如此，天生的差异等也是如此。我们知道，这些差异都是焦虑、惧怕、敌意、进攻性、防御和嫉妒的肥沃的"温床"。但实际上，它们似乎并非必然如此，因为我们的研究对象对差异的反应就很少属于这种不值得追求的类型。

很典型的一个例子就是师生关系。我们研究对象中的教师的行为方式非常健康，这是因为他们对这种关系的理解异于常人。例如，他们将它理解为愉快的合作，而不是意志间的冲突，对权威、尊严的威胁。他们以自然的坦率代替了做作的尊严，前者很不易受到威胁，而后者很容易甚至不可避免地要受到冒犯，他们并不试图做出无所不知、无所不能的样子，也不搞威吓学生的独裁主义，他们并不认为学生间、师生间的关系是竞争关系，他们也不会摆出教授的架子，而是保持像木匠、管道工一样普通人的本色。所有这一切创造了一种没有猜疑、小心翼翼、自卫、没有敌意和担心的课堂气氛。在婚姻关系、家庭关系以及其他人际关系中也同样如此，当威胁减弱了，这些类似的对威胁的反应往往也就消失了。

悲观绝望的人和健康乐观的人在原则和价值观的许多方面都是不一样的。他们对于自然界、社会以及自己隐蔽的心理世界的感知和理解有着深刻的区别，这种感知和理解的组织和系统在一定程度上决定了该人的价值系统。对于基本需要满足匮乏的人来说，周围世界充满危险，既像是生活在莽林中，又如同生活在敌国领土上，在其中既有着他可以支配的人，也有可以控制他的人，这像任何贫民区居民的价值体系不可避免地受低级需要支配和组织。基本需要得到满足的人则不可能这样，由于基本需要的充分满足，他能够把这些需要满足看得无所谓，并全力以赴地追求更高级的满足。这就是说，两者的价值体系不同，满足的需要也必然不同。在已经自我实现了的人的价值系统中，其最高点是绝对独一无二的，它是个人独特的性格结构的体系。这种情况非常清楚、不容置疑，因为自我实现就是实现一个自我，绝不会有两个自我是完全相同的，只有一个雷诺尔，一个布拉姆斯，一个斯宾诺莎。我们已经看到，我们的研究对象有很多共同之处，但同时个人化的程度却又更高，他们更加鲜明地成为他们自己，他们也不像任何常人对照组的成员那样容易彼此互相混淆。也就是说，他们之间既有相似之处但又迥然不同。他们同迄今描述过的任何一类人相比，都有着更加彻底的个人化，同时又有着更加完全的社会化，有着对人类的更深刻的认同。

假如最社会化的人本身也最个人化，假如最成熟的人同时又不失孩子的天真和诚实，假如最讲道德的人同时生命力又最旺盛、欲望最强烈，那么继续争论这些区别还有什么意义呢?

自我实现者整合二歧的原则

对于二歧的问题，我们必须也最终可以归纳和强调一个对自我实现者的研究中得出的非常重要的理论上的结论。其实通过好几处也可以断定，过去认为最截然相反、对立或二歧的东西，其实只对不健康者存在。在健康者看来，这些二歧已经解决，对立已经消失，许多过去认为是不可调和的东西已整合并结合为统一体。

比方说，心与脑、理性与本能、直观和理解之间，常被认为早就存在着对立，但在健康人的身上却根本看不出。它们的关系由对抗变成协作，它们相互之间没有冲突，因为它们表达的是同样的意思，得出的是同样的结论。一句话，在健康人身上，欲望和理性相互吻合、天衣无缝。圣奥古斯汀说"挚爱上帝，为所欲为"，这句话可以恰当地解释为"自我保健，为所欲为"。

由于健康人的行动，从根本上看既有利己又有利他的，所以自私与无私的二歧也不存在了。我们的研究对象既有高尚的精神生活，又非常不受约束，喜爱声色美味之乐。当责任也是快乐，工作等于消遣时，当履行职责并且讲求实效的人同时也在寻求快乐，而且的确非常愉快时，职责与快乐、工作与消遣也就不再相互对立了。假如最社会化的人本身也最个人化，假如最成熟的人同时又不失孩子的天真和诚实，假如最讲道德的人同时生命力又最旺盛、欲望最强烈，那么继续争论这些区别还有什么意义呢?

同样还可以在下面的对立中发现到这一点:仁慈与冷酷、具体与抽象、接受与反抗、自我与社会、适应与不适应、脱离他人和与他人融合、严肃与幽默、认真与随便、庄重与轻浮、酒神与太阳神、内倾与外倾、循规蹈矩与不合习俗、神秘与现实、积极与消极、男性与女性、肉俗与爱情、性爱与友爱等。对于这些人,本我、自我和超我是互相协作的,它们之间并不发生冲突,它们的利益也无根本分歧,这种情况与神经病患者则恰好相反。他们的认知、意动和情感结合成一个有机统一体,形成一种非亚里士多德式的互相渗透的状况。高级需要和低级需要的满足不是处于对立,而是趋向一致。许多个重要的哲学两难推理都被发现有两种以上的解答,或者根本没有答案。假如两性之间的冲突结果在成熟的人那里根本不存在,而仅仅是成长的阻碍或削弱的征兆,那么谁还愿意选择这种冲突的关系?谁会再三思索而高瞻远瞩地选择心理病理学?当我们同时发现两位女性都是健康的妇女之时,还有必要在好女性和坏女性之间选择吗?她们之间还相互排斥吗?

类似于以上的情况,健康人与普通人之间的区别不仅在程度上,而且在类型上的区别都是如此之大,导致了两种截然不同的心理学。我们越来越清楚地看到,有残疾、发育不全、幼稚和虚弱的人只会产生残缺不全的心理学和哲学,而对于自我实现者的研究,必将为一个更具普遍意义的心理科学奠定基础。

第四章
体验人生的幸福

高峰体验论是自我实现论的合理延伸和有机组成部分。高峰体验是一种强烈的、令人心荡神游、出神入迷的境界体验，是人最美好时刻的体验，它不仅是个人的最高幸福时刻，而且还能带来个人对存在价值的领悟以及对自我同一性的发现。它预示着幸福不仅能给你带来情感上的愉悦，而且能使你发现人生的真正意义。

在高峰体验中，我们作为世界万物的代理人，察觉整个世界或它的遗产。只有那时，我们才能察觉世界万物的价值，而不是我们自己的价值。这些价值我称之为存在价值。

——马斯洛

存在认知使活动成为不可能，或者至少是使活动犹豫不决，这是它的主要危险。存在认知没有判断、比较、宣判或评价，它也没有决定，因为决定是行动的准备，而存在认知是消极凝视、鉴赏、不干预事物，是"任其自然"。

避免存在认知危险的策略

存在认知使活动成为不可能，或者至少是使活动犹豫不决，这是它的主要危险。存在认知没有判断、比较、宣判或评价。它也没有决定，因为决定是行动的准备，而存在认知是消极凝视、鉴赏、不干预事物，是"任其自然"。如果一个人仅是凝视肿瘤或细菌，或者肃然敬畏，赞美、惊异、陶醉于丰富理解的快乐，那么，他就什么也不会去做。所有一切全都被暂时搁置在一边了，无论是愤怒、畏惧、改善境遇、破坏或屠杀的欲望、谴责，或是以人为中心的结论（"这对我是有害的"或者"这是我的敌人，会伤害我"），错误和正确、善和恶、过去和将来，全都与存在认知没有关系，同时也是对它不起作用的。在存在主义的意义上说，这不是一般意义上的人性，或者至少这不是存在于世界之中；存在认知是超然的、有同情心的、非主动的、非干预的、非行动的。它与以人为中心的意义上的朋友和敌人是没有关系的。只有当认知转移到缺失性认知时，即转到决定、判决、惩罚、谴责、规划未来的时候，活动才成为可能。

既然是这种情况，那自然会产生危险：存在认知与当时的活动是不相容的。但是，由于在大多数时候我们是生活在世界中，所以活动是必需的（防御的或进攻的活动，或利己主义的活动，从观看者的角度而不是从被观看者的角度说）。老虎，从它自己"存在"的观点看，有活的权利（苍蝇、蚊子、细菌也一样)；而人也有同样的生活权利。这样，冲突就不可避免了。自我实现可能迫使人杀死老虎，尽管对老虎的存在认知是反对杀死老虎的。

虽然从存在主义的观点看，自我实现概念的固有的和必需的东西，也是一定的利己和自我保护，是对必要的暴力甚至残忍的某种允许。因此，自我实现不仅需要存在认知，而且也需要缺失认知作为自身不可或缺的方面。这就意味着，冲突和实践的果断、抉择，必然包含在自我实现的概念中。这就意味着搏斗、斗争、努力、不确定、内疚、悔恨也必定是自我实现的副现象。这就是说，自我实现必须包括两个方面：沉思(注视)和活动。

在有某种分工的社会里，这是有可能的。如果另一个人可以干这种活动，那么沉思者完全可以免除活动。我们并不需要为我们自己吃牛排而去宰牛。哥尔德斯坦已经以广泛概括的形式指出了这一点，正像他的脑损伤的病人那样，由于别人保护他们，并为他们做他们所不能做的事情，从而使他们能够无分离、无灾难、无焦虑地生活。一般来说，自我实现者在各个领域得到别人的容许和帮助，至少在特定范围内是如此，因此自我实现变得有可能了。

我的同事托曼在谈话中曾强调说，在专门化的社会里，全面丰满的自我实现的可能性会变得越来越小。爱因斯坦，一个在他的晚年高度专门化的人，由于他的妻子普林斯顿、朋友们的帮助和容许，才有可能自我实现。爱因斯坦之所以能放弃多面性并且自我实现，是因为其他人为他做了事。在荒岛上，单独地，他可能有哥尔德斯坦意义上的自我实现，即在环境容许的条件下尽他的所能。但是，无论如何，他已经具有的这种专门化的自我实现，在那里是不可能的。而且，自我实现大概是全然不可能的。也就是说，他可能死去了，或者由于他明显的无能为力而变得焦虑和自卑，或者可能悄悄地回到缺失性需要水平的生活。

存在认知和沉思理解的另一危险，是它可能使我们成为不太负责的，特别是在帮助别人方面。极端的事例是对幼儿的态度，“任其自然”意味着阻碍他的发展，甚至意味着扼杀他。我们对于非幼儿、成人、动物、土地、树木、花草等也都负有责任。对美丽的肿瘤感到极端惊异而不理会病人的医生，可能伤害了他的病人。如果我们鉴赏洪水，我们就不会建筑堤坝。这不仅对于遭受不活动后果的其他人，而且对于沉思者自己，都是确确实实的。由于他的旁观和不活动在别人身上造成的恶劣后果，肯定会感到是有罪的。他必然感到问心有愧，因为在某个方面他“爱”他们；他与他们的兄弟情谊使他们融成一体，这就意味着关心别人的自我实现，而他们的死亡或遭难则中止了他们的自我实现。

这种两难推理的最好例子，在教师对学生，父母对子女，治疗者对病人的态度上完全可以找到了。在这里，很容易看到，这种关系变成了自身同类的关系。但是，我们也必须处理一些急需解决的问题，如教师（父母、治疗者）在促进成长上的责任，也就是树立界限、纪律、惩罚，不使满足、蓄意成为阻挠者，作出能唤醒而又能承受的敌意，等等。

活动的抑制和责任心的丧失导致宿命论。也就是说，未来将成为怎样就成为怎样，世界是怎样就是怎样，这是确定了的。对此，我没有事情好做。这是意志论的丧失，自由意志的丧失，是决定论的一种坏理论，而且对于所有人的成长和自我实现肯定是有害的。

不活动的沉思肯定会受到这种沉思危害的其他人的误解。他们会认为这是缺乏爱，是缺乏关心和同情。这不仅会阻碍他们向着自我实现成长，而且可能使他们在成长的斜坡上往下滑，因为这会“告诉”他们这个世界是坏的，而且人也是坏的。结果，他们对人的爱、尊重和信任将会倒退。这也就意味着使世界变得更坏，特别是对儿童、青少年和意志薄弱的成人来说是如此。他们把“任其自然”理解为忽视和缺乏爱，甚至理解成蔑视。

纯沉思就是上述问题的一个特例，包含不书写、不帮助、不教育的意思。佛教区分为佛陀和菩萨。佛陀只是为自己获得启蒙,而不管其他人;而已经达到了启蒙的菩萨,则仍然觉得只要其他人还没有得到启蒙,他自己的皈依就不是尽善尽美的。我们可以说,为了自我实现,他必须离开存在认知的极乐世界,以便能帮助其他人并且教育他人。佛陀的启蒙是纯粹个人的、私人的占有物吗?还是它也必定属于其他人、属于世界呢?的确,书写和教育他人经常是从极乐世界隐退,它意味着自己放弃天堂,而去帮助其他人达到天堂,当然,也并非永远是这样。禅宗和道教是正确的吗?他们说:"你一谈了它,它就不存在了,它就不再是真实的了。"这就是说,检验它的唯一方法是体验它,而且用什么话都永远不能描述它,因为它是不可言喻的。

当然,双方都有正确的一面,这也是存在主义永远不能解决的两难推理的原因。如果我发现了一个其他人可以分享的绿洲,我将独自享受它呢?还是把别人也领到那里以便挽救他们的生命?如果我发现了约斯米特幽谷,而它的美丽在一定程度上是由于它的寂静、无人、幽僻,那么,我是保持它的原状好呢?还是使它成为千百万人观赏的国家公园好?因为人们是众多的,这会使它失去它的本来面目,甚至会使它遭到破坏。我要不要和其他人分享我的私人海滩,从而使它成为非私人的?尊重性命、憎恨主动杀生的印度人,让牛吃得很肥却任婴儿大量死亡,这究竟算不算正确呢?在贫困的国家中,面对挨饿的儿童,我究竟在何种程度上考虑才可以让自己享用食物?在这些问题上,没有一个好的、彻底的、理论上的先验答案。自我实现必然是利己的,然而它也必须是不利己的。因此,这里必定有抉择、冲突,以及遗憾产生的可能性。

也许分工的原理(与个人体质性差异的原理相联系)能够帮助我们找到较好的答案(尽管永远不可能找到尽善尽美的答案)。在各种宗教团体中,一些人受到"利己的自我实现"的感召,另一些人受到"成为善的自我实现"的感召。这可能是符合社会要求的，因为社会赞成一些人变成“利己的自我实现者”，变成纯沉思者。社会可能设想支持这种利己的自我实现者是值得的，因为他们可以给其他人树立良好的榜样，为别人提供纯粹的、世界之外的沉思（旁观）能够存在的启示和范例。我们为少数几个伟大的科学家、艺术家、作家和哲学家做这样一些事情，我们免除他们进行教学、写作和承担社会责任的义务，不仅是由于“纯粹的”理性，而且是在进行一场冒险，认为这样可以抵偿我们的支出。

这个两难推理也使“真实的内疚”问题复杂化了（弗洛姆的“人道主义的内疚”），我这样称呼它是为了把它同神经病的内疚区分开。真实的内疚来自没有达到对你自己的、对你自己一生命运的、对你自己固有本性的忠诚。

在这里，我们就产生了进一步的问题：“什么样的内疚出自对你自己的忠诚，而不是来自对他人的忠诚呢？”因为我们看到，对你自己的忠诚有时可能与对他人的忠诚存在着固有的、必然的冲突，只在极少数情况下，选择才能同时满足二者。如果为了对你自己是忠诚的，你就必须对别人是不忠诚的，而社会兴趣又是心理健康的本质方面或规定方面，那么，这个世界必然是可悲的，因为自我实现的人为了挽救另一个人就要牺牲他自己的某些份额。从另一方面说，如果你首先对自己是忠诚的，那么这个世界也必然是可悲的，因为纯粹的（而且是利己的）沉思者并没有帮助我们的想法。

存在认知可能导致无区别的认可、损害日常的价值、丧失鉴别能力以及过分容忍。的确如此，当每一个人只是从自己存在的观点来看自己时，就会把自己看成是完美的。这时，对于这种观点来说，一切评价、评定、判断、非难、批评、比较全都不适用而被抛在一边了。然而，请允许我说，无条件的认可对于治疗者、相爱者、教师和朋友来说是绝对必要的。显然，对于法官、警察和行政官员来说，无条件认可只是其中的一部分。

我们已经考察了包含其中的两种人际态度的不相容性。

大多数心理治疗家都会拒绝对他的病人采取惩戒或惩罚活动。许多行政官员、管理人员或将军，则拒绝对他们指挥的人承担任何治疗的责任，对于他们指挥的人，他们的态度只有解雇和惩罚。

几乎对于所有的人，这种困难都由在不同场合既应该成为"治疗者"又成为"警察"的必要性造成。而且，我们可以推测，人性越完美的人担当这两种角色也就越认真。同通常根本意识不到这种困境的普通人相比，这种完美人性越多的人，很可能被这种困境搞得更加烦恼。

可能是由于这个原因，也可能是由于别的原因，我们所研究过的自我实现的人，一般都能依靠同情和理解把两种功能很好地结合起来，而且他们也比普通人更有正当义愤的能力。有些资料证明，自我实现的人和比较健康的大学生在表露正当义愤和非难的程度时，与普通人相比，前者显得更真诚和更少犹豫。

除非理解和同情有愤怒、非难和义愤作为补充，否则就有可能拉平一切感情，对人反应平淡，无义愤能力，丧失对真正能力的识别力，扼杀优越性和美德。对于专业的存在认知者来说，这就有可能导致职业上的危险。例如，如果我们可以从表面上评价这种普遍印象的话，那么我们就可以说，许多心理治疗家在他们的社会交往中，看来就过分中立和无反应，太温和，太平稳，太没有火气了。

在一定意义上说，对于另一个人的存在认知就是把他看成"十全十美的"，这很可能使他产生误解。不仅受到无条件的认可、接受绝对的爱、得到完全的赞许，有奇妙的增强和促进成长的作用，还有高度治疗的作用，而且能促进心灵发展。然而，我们也必须意识到，这种态度也可能被曲解为一种不能容忍的要求。也就是说，他以不实际的至善论的期望作为生活实践的目标。他觉得越不完善和越无价值，他对"完善"、"认可"这些词曲解得就越多，他也会越发觉到这种态度是一种包袱。

当然,“完善”这个词有两个意思,一是存在范畴内的,一是缺失、力求、形成范畴内的。在存在认知中,“完善”意味着完全现实主义地理解和承认这个人的一切实际情况,在这层意义上,说明每一个活着的人都是完善的。在缺失性认知中,“完善”包含不可避免的错误感知和幻觉的意思在内。也就是说,在第一种意义上,每一个活着的人都是完善的;在第二种意义上,没有一个人是完善的,而且永远不可能是完善的。简言之,我们可以把他看成是存在性完善的,因而自然就可能弄得不自在、自卑和深感内疚,仿佛他在欺骗我们。

我们可以合理地推论出,一个人越是能够存在认知,他也就越能认可和享受存在认知。我们也可以预期,这种曲解的可能性通常可以在存在认知者、完全理解并认可另一个人的人身上,造成棘手的策略问题。

值得在这里分开来谈的最后一个棘手问题:可能有的过分唯美主义是存在认知保留下的。对生活的美感反应,在本质上往往同对生活的实践和道德反应相抵触(古老的形式和内容的冲突)。一种可能性是完美地描绘丑陋的东西,另一种可能性是不适当地、非审美地描绘真的、善的,甚至美的东西。我们真、善、美地描绘真、善、美,即没有问题的描绘,暂时撇开不谈。由于这个两难问题在历史上已经争论得太多了,所以,在这里我只是指出,它也包括更成熟的人对不太成熟的人的社会责任的问题,即对可能混淆存在认知和缺失性赞成的人的社会责任的问题。对于生活在令人恐怖的和使人误入歧途的世界上的存在认知的人,这是一个要承担的附加责任。

从理论上看，自我实现被误解为静态的、不真实的、“完美的”状态，似乎在这种状态中，一切人的问题全都超越了，人们“永远快乐生活”在宁静或狂喜的超人状态中。但从经验上看，情况并非如此，这也是我急于纠正的主要原因。

永远快乐生活的秘密

从理论上看，自我实现被误解为静态的、不真实的、“完美的”状态，似乎在这种状态中，一切人的问题全都超越了，人们“永远快乐地生活”在宁静或狂喜的超人状态中。但从经验上看，情况并非如此，这也是我急于纠正的主要原因。

为了使实际情况更清楚些，我可以把自我实现描述为这样的人格发展，这种人格发展使人摆脱了青年的缺失问题，也摆脱了人生的神经病态（幼稚的、幻想的、不必要的、“不真实的”）问题。因此，他能够对付、忍受和抓住人生的“真正”问题，因为人内在的和终极的问题，避免不了“存在性”问题，对于这些问题并没有什么完善的答案。也就是说，这并不是问题不存在了，而是一个从过渡性问题或不真实的问题运动到真实的问题。为了使人惊醒，我甚至可以把自我实现的人称之为自我认可和顿悟的神经症患者，因为这个概念能够解释“理解和承认人的固有状态”的同义语。也可以说，勇敢地面对和承认人性的“缺点”，甚至是对这些缺点“欣赏”并感到有趣，而不是力求否定它们。

正是这些真实的问题，甚至是（或者尤其是）最成熟的人都要碰到的问题，才是我希望在将来讨论的。例如，真实的内疚，真实的悲痛，真实的孤独，健康的利己，英勇，责任心，对别人负责，等等。

随着普遍级人格的形成一起到来的，除了看到真理时的内在满足而不是欺骗自己之外，当然还有量上的（以及质上的）增进。从统计的角度来看，大多数人的内疚是神经病性质的，而不是真实的内疚。成了无神经病性质的内疚的人，确实意味着内疚的数量更少了，尽管真实的内疚可能继续存在。

不仅如此，高度发展的人同时也有更多的高峰体验，并且这些体验是更加深刻的（即使这一点可能不大符合“着迷的”或阿波罗型的自我实现的实情）。这就是说，虽然成了更完善的人仍然有问题和痛苦（尽管是“更高级的”类型），然而实际情况却是，这些问题和痛苦在数量上是较少的，而愉快在数量上则是更多的，而且在质量上是更高的。总之，由于达到了个人发展的更高水平，所以个体在主观上更入佳境。

自我实现者比一般公众在特殊类型的认知，即我称之为存在认知上是更有能力的。我把这种认知描述为本质的、存在性的、内在结构和动力的、人和物或任何事物现存潜力等的认知。存在认知与缺失认知，或以人为中心的认知和以自我为中心的认知形成鲜明的对照。正是因为自我实现并不意味着没有问题，所以存在认知作为自我实现的一个方面，包含着一定的危险。

> 这些自我实现的研究对象在存在认知、沉思和理解能力方面比一般的公众要大得多。这一点看来是个程度的问题，因为每一个人似乎都有偶然的存在认知、纯粹沉思、高峰体验的能力。

联系沉思与活动的途径

在自我实现的研究对象身上，存在性认知和缺失性认知之间有什么关系呢？他们是怎样把沉思和活动联系起来的呢？虽然当时我并没有以这种形式想到这些问题，但是，我可以用回想的方式报告如下印象。

首先，这些自我实现的研究对象在存在认知、沉思和理解能力方面比一般的公众要大得多。这一点看来是个程度的问题，因为每一个人似乎都有偶然的存在认知、纯粹沉思、高峰体验的能力。

其次，他们同样也有更多的有效活动和缺失性认知的能力。必须承认，这可能是在美国选择研究对象的副现象，甚至这也许是研究对象的选择者是美国人这个事实的副产品。总之，在我研究过的自我实现的人中，我没有碰到像佛教僧侣那样的人。

最后，我回忆的印象是，在大多数时刻，大多数完美人性的人都过着我们叫做日常生活的生活——购物，吃饭，成为有教养的人，去看牙科医生，考虑金钱，反复思考是选择黑色皮鞋还是棕色皮鞋，去看无聊的电影，阅读流行的文学作品，等等。可以一般地预测，他们对惹人厌烦的事情是生气的，对罪行是震惊的，等等。尽管这些反应可能是不太强烈的，或具有同情色彩的。高峰体验、存在认知、纯粹沉思，无论自我实现的人看来是如何频繁，但是从绝对数量上看，即使是对他们来说，这些也是罕见的体验。这一点是实际情况，尽管还有另一种实际情况：即更成熟的人在一些别的方面会全部或大部分时间生活在更高水平上，例如，更清楚地区分手段和目的、深层和表面。一般的是更表现的、更自发的，同他们所爱的东西是深切地联系在一起的，等等。

因此，这里提出的问题更多的是终极问题而不是中间问题，是理论问题而不是实践问题。然而，与理论上努力说明人性的可能性和限度相比，这些两难推理问题是更重要的。因为它们是真实内疚、真实冲突的起因。它们是我们可以叫做“真实存在心理病理学”的起因。我们必须继续同这些两难推理问题作斗争，因为它们也是个人的问题。

在科学理论的创立历史上，最具有代表性的情况是：在任何科学解决成为可能以前，便有一种对当时缺陷的不安感。换个方式来说，在创立科学理论之前，对未知领域的探索通常是采取一种深感不满的形式。

探索高峰体验的形式

我通过同 80 名个人进行个别谈话以及 190 名大学生对下述引导语的书面回答作出的原始近似概括——一种印象主义的、典型的、“混成的模拟”或组织。

我希望你想一想你生活中最奇妙的一个体验或几个体验——最快乐的时刻，着迷的时刻，销魂的时刻，这种体验可能是由于恋爱，或者由于听音乐，或者由于突然被一本书或一张画“击中了”，或者由于某种巨大的创造契机。首先列出这些体验，然后请你尽力告诉我，在这种激动的瞬间，你的感觉是怎样的，你这时的感觉同其他时候的感觉有何不同，在这种时刻，在某些方面你是怎样一个不同的人。在其他研究对象那里，问题也可以这样提出：这时世界看来有什么不同。

事实显示，没有一名测试者作出完全的症候报告。我把所有不完全的回答加在一起，得出了一个“完全的”混合症候群。另外，大约有 50 人阅读了我以前发表的文章后，主动给我写了信，向我提供了有关高峰体验的个人报告。最后，我还发掘了大量有关神秘主义、宗教、艺术、创造、爱等许多方面的文献。

自我实现的人，那些已经达到高度成熟的人、健康的人、自我完成的人，给我们很多有益的经验，以致有时觉得他们是不同种的人。但是，由于这些如此的新颖，所以它最终的可能性和抱负就是探索人性所能达到的高度，这是艰巨而曲折的任务。对我来说，这个任务包括不断破除珍爱的公理，不断处理似乎矛盾的、相互抵触的和模糊不清的现象。每当那些长期建立起来的、深信不疑的、似乎无懈可击的心理定律在我头脑中纠缠时，我也会很伤感。不过，这些东西往往被证明根本不是什么定律，而只是在轻微的、慢性的心理病理和畏惧状态下，在发育不全、残缺和不成熟状态下的生活常规。这些缺陷我们并不注意，因为他人大都也具有这一类和我们相同的疾病。

在科学理论的创立历史上，最具有代表性的情况是：在任何科学解决成为可能以前，便有一种对当时缺陷的不安感。换个方式来说，在创立科学理论之前，对未知领域的探索通常是采取一种深感不满的形式。例如，在我们研究自我实现者时，首先向我提出来的一个问题，就是模模糊糊地察觉到他们的动机生活在一些重要方面不同于我过去学习和知道的那些动机。开始时，我把他们的动机描述为表述的而不是应付的。但是作为全面的表述，这并不是完全正确的。然后我又指出，这是非激发的或超激发的、超越努力的，而不是被激发的。但是，这个表述是如此严重地依赖你所认可的那种动机理论，以致这种表述造成的困惑和它给予的帮助一样多。我已经对比过成长性动机和缺失性动机，在这里是很有帮助的。但是这仍然不是定义性的，因为它并没有充分区别开形成和存在，必须提出一个新的行动方针转入存在心理学，它包含和概括了已经作出的三种尝试，以某种书面方式说明，在动机生活和认知生活方面，充分发展的人和其他大多数人有哪些差异。

存在状态是暂时的、超激发的、非努力的、非自我中心的、无目的的、自我批准的状态，是尽善尽美和目标达到时的体验和状态。这种分析的形式，首先来自研究自我实现者的爱的关系，其次来自研究其他人，最后来自浏览神学、美学、哲学文献。但最为重要的事却是区别两种类型的爱：缺失爱和存在爱。

我在存在爱（为了其他人或物的存在）的状态中发现了一种特殊的认知，那是心理学知识未曾武装过的。但是，后来我看到，一些艺术的、宗教的和哲学的作者对这种认知却曾有很好的描述。我将这种特殊的认知称之为存在性认知。它同那种由个体缺失性需要构成的认知——我称之为缺失性认知的那种认知——形成鲜明的对比。存在爱有更敏锐、更透彻的感知力，即他能在亲爱的人身上觉察到他人视而不见的现实。

在这里我以一种独特的描述方式概括存在爱体验中的一些基本认知事件的尝试。存在爱的体验，也就是父母的体验，神秘的或海洋般的或自然的体验，审美的知觉，创造性的时刻，矫治的和智力的顿悟，情欲高潮的体验，运动完成的某种状态，等等。这些以及其他最高快乐实现的时刻，我将称之为高峰体验。

在“实证心理学”或“行为心理学”中，这个问题是未来的一个议题。因为我们论述的是充分发挥作用和健康的人，而不仅仅论述常规的病人，因此，它同“一般人的心理病理”心理学并不是矛盾的；它超越了那种心理学，而且能以一种更广泛的更综合的结构体现那种心理学的所有发现。这个更广泛的理论结构既包括疾病的，也包括健康的；既包括缺失性的，也包括形成的和存在的。我把它称之为存在心理学是因为它关心的是目的，而不是手段。也就是说，它关心的是目的体验、目的价值、目的认知，以信作为目的的人。大多数心理学是研究不具备的而不是研究具备了的东西，是研究努力而不是研究完成，是研究挫折而不是研究满足，是研究寻求快乐而不是研究达到了快乐，是研究力图达到那里而不是研究已存在在那里。一切行为都是被激发的，这虽然是错误的和先验的公理，然而被普遍地接受了，似乎是不言而喻的。

在高峰体验中，我们作为世界万物的代理人，察觉整个世界或它的遗产。只有那时，我们才能察觉世界万物的价值，而不是我们自己的价值。这些价值我称之为存在价值。

人性能达的最高高度

在存在认知的过程中，体验或对象普遍存在着被看成是超越各种关系、可能的利益、方便和目的的倾向。从某种角度来考虑，它似乎就是宇宙中所有的一切，似乎它就是和宇宙同义的全部存在。

这一点同缺失性认知形成鲜明的对照，大多数的人类认知经验都是缺失性认知。这些经验只能是部分的和不完全的。

我想起了19世纪的绝对唯心主义，在这种看法中，全部宇宙被设想成是一个单位。由于这个统一体永远不可能被有限的人容纳、理解或认知，所以一切对现实的认知，必然被看成是存在的部分，而它的整体永远是不能想象的。

在具有存在认知的时候，知觉对象是被充分而完全地注意到的。这个特性可以叫做“总体注意”。在这里，我试图描述的特性与迷恋补充完全吸收。在这种注意中，图形成为全部的图形，背景实际上消失了，或者至少是没有被显著地觉察到。这时，图形似乎从所有其他东西中抽出来了，世界仿佛被忘掉了，似乎这时这个知觉对象已变为整个存在。

由于整个存在正在被察觉，如果整个宇宙又可以同时被容纳，那么它所包含的一切规律都会被掌握。

这种知觉与常规知觉有明显不同。在这里，注意对象和注意有关的所有其他东西是同时进行的。对象是在它与世界上所有其他东西的关系中，而且是作为世界的一部分被察看的。正常的图形背景关系是有效的,即背景和图形两者都被注意到了,尽管是以不同方式被注意到的。另外,在普通的认知中,对象不是按其本来面目,而是作为类的一个成员,作为更大范畴中的一个范例来看的。我已经把这种知觉描述为"类化的",而且还要指出,这种常规知觉并不是包括人和物各个方面的完美知觉,而是一种分类、归类,是为放进这个或那个文件柜而贴上标签的。

假如想更清楚地了解我们日常的认知,就要在一个连续统一体上进行,这里包括自动地比较、判断和评价,如更强、更少、更好、更高等等。

而存在认知可以叫做不比较的认知,或者不判断的认知,不评价的认知。我的意思是那种与我们不同的原始人知觉方式。

一个人可以作为他本身来自察,即由他自己来看他自己。他可以被特异地和独特地察看,仿佛他是他那一类的唯一成员。这就是我们通过独特的个体知觉所表示的意思,当然,这也是一切诊疗学家所力求做到的。但是,这是一个非常困难的任务,它比我们平常打算承受的困难要大得多。然而,这样的知觉是能够短暂地发生的,而且在高峰体验中,它已经作为这种体验的特征发生了。健康的母亲爱恋地感知她的婴儿,就近似这种个体的独特知觉。她的婴儿完全不同于世界上的任何其他人,他是妙极的、完美的、令人销魂的(至少她能够把自己的婴儿从格塞尔常规中分离出来,并能够与邻居的孩子进行比较)。

一个对象整体的具体知觉也包含这种带着"关怀"看的意思。反过来也是一样,即"关怀"对象可以引起对它的持续注意。反复地审视知觉对象的一切方面是非常必要的。母亲一再地凝视她的婴儿,爱人一再地凝视他所爱的人,鉴赏家一再地凝视他的画,这种精细的关怀肯定会比那种不合逻辑的、一闪即过的、漫不经心的形式化知觉能够产生更完全的知觉。从这种全神贯注的、入迷的、完全注意的知觉中,我们可以期望获得细节丰富的、对客体多侧面的知觉。这种知觉成果同漫不经心的观察成果形成鲜明对照，后一种知觉只能提供经验、对象的裸露骨架，只是有选择地看到它的某些方面，而且是从“重要”和“不重要”的观点出发的（一幅画，一个婴儿或所爱的人有什么“不重要”的部分呢）。

存在认知的实际情况是，人的一切知觉在某种程度上是这个人的产物，而且在一定程度上是他的创造。但我们也可以整理出外部对象——作为与人的利害无关的东西，和作为与人的利害有关的东西——在知觉上的一些差异。一般地说，自我实现者通常这样感知世界万物：仿佛某个对象不仅在外部事物之中是独立的，而且它也是独立于人的。普通人在他最高大的时刻，即在他的高峰体验的时刻，也是如此。这时，他能比较容易地这样看待自然，仿佛是从它自身并且是为了它自身来看，它本来就在那里，而不是作为人的活动场所、为了人的目的而放置在那儿的。他能比较容易地防止把人的目的投射到它上面去。总之，他能按照对象自身的存在（“终极性”）来看待它，而不是作为某种有用的东西，或者作为某种可怕的东西来看待它，也不是按照某个别人的方式对它做出反应。

让我以显微镜观察切片做例子。这架显微镜透过组织切片可以发现事物本身的美，或事物的威胁、危险和病态。透过显微镜观察肿瘤的切片，如果我们能够忘掉它是癌，那么它就可以被看成是美丽的、复杂的和令人惊异的组织。如果从蚊子本身的目的看，那么它就是一只奇妙的东西。病毒在电子显微镜下也是迷人的东西（或至少它们是可以迷人的东西，只要我们能够忘掉它们与人的关系的话）。

由于存在认知更有可能成为与人毫无关联，所以，它就能使我们更真实地去查看事物本身的性质。

重复的存在认知看来能使知觉更丰富，这是我在研究存在认知和普通认知中浮现出来的一个差异，但至今我尚未证实。重复审视我们所爱的面孔和我们赞赏的绘画，会使我们更喜欢它，而且能使我们在各个方面越来越多地感知它，这个我们称之为客体内部的丰富性。

但是，重复存在认知的效应与普通的重复体验的效应（厌烦、熟悉、丧失注意等）相比，则构成更鲜明的对照。我发现了使我称心如意的事，尽管我并未企图证实它。即重复陈列我认为是好的画，会使这些画看起来更美；然而重复陈列我认为不好的画，则会使它们看起来更不美。对于好人和坏人（如残忍卑鄙的人）来说，实际情况也是如此，即重复地审视好人，似乎使他们看起来更完美；而重复地查看坏人，则内心倾向于使他们看起来更坏。

在那种普通的知觉中，通常最初的知觉只是分成有用的和无用的、危险的和没有危险的类别，重复地观察会使它变得越来越空虚。基于焦虑或由缺失性动机决定的普通知觉的任务，通常在第一次查看时就完成了。接着，查看需要就消失了，此后，已经分成了类别的人和物，简直就不再被觉察了。在重复体验时，贫乏就显露出来。这样一来，贫乏也就会越来越突出，越来越多。此外，重复地观察不仅会造成这种知觉的贫乏，而且会造成持有这种知觉者的贫乏。

同不爱相比，爱能导致对于所爱对象内在本质更深刻的知觉，这里主要的机制之一就是爱包含迷恋这个所爱的对象，因而"关怀"地重复审视、研究、查看、观察。相爱的人能相互看出潜在性，这一点旁观者是无能为力的。习惯上我们说"爱是使人盲目的"，然而，现在我们必须承认爱在一定情境中比不了更有知觉能力这种可能性。当然，这里也包含着可能在某种意义上察觉尚未实现的潜在性的意思在内。这并不像是难以研究的问题。专家手中的罗夏测验也是探察那些并没有现实化的潜在性的。在原则上这是一个可以检验的假设。

美国心理学，或者更广泛地说，西方心理学以那种我认为是种族中心主义的方式假定，人的需要、畏惧和兴趣必然永远是知觉的决定因素。知觉的"新观点"是以认知必定永远被激发的这种假设为基础的。这也是古典弗洛伊德主义的观点。进一步的假设包括，认知是应付现实的工具性机制，以及在很大程度上认知必然是以自我为中心的。设想事物之所以被看到只是由于观察者的兴趣的优势地位，而且设想经验必然是以自我为中心或定点而组织起来的。另外一点，这是美国心理学中的一个古老观点，即所谓的“机能心理学”，它在广泛流行的达尔文主义的强烈影响下，也倾向于从能力的有效性和“实用价值”的观点来考虑一切能力。

而且，我把这种观点看做是种族中心主义的原因，其中之一显然是由于它作为西方观点的自然流露而出现的，另一方面是由于它受到东方特别是中国、日本、印度的哲学家、神学家和心理学家的著作的长期忽视，而不提及哥尔德斯坦、墨菲、C. 比勒、赫克斯利、索罗金、瓦茨、诺尔斯罗普、安吉尔，以及许多其他的作者。

在自我实现者的正常知觉中，以及在普通人比较偶然的高峰体验中，知觉可能是相对超越自我的、忘我的、无我的。它可能是无目的的、非个人的、无欲求的、无自我的、无需要的、超然的。它可能是以客体为中心的，而不是以自我为中心的。这就是说，知觉经验可以围绕作为中心点的客体组织起来，而不是以自我为基础组织起来，仿佛他们觉察的是某种独立的现实，这些现实并不依赖观察者。在审美体验和恋爱体验中，有可能成为如此全神贯注，并且“倾注”到客体之中去，所以自我自然消失了。一些讨论美学、神秘主义、母性和爱的作者，如索罗金，甚至已经达到这样的地步，认为在高峰体验中我们甚至可以说观察者和被观察者的同一两个事物融合成一个新的更大的整体、一个超级的单位。这使我们想起某些有关神人和自居作用的定义。当然，这也展现了在这方向上进行研究的可能性。

高峰体验被认为是自我批准的、自我证实的时刻，这种自我证实把自己的内在价值带给了自己。这就是说，它本身就是同一的，是我们可以称作目的体验的而不是手段体验的东西。它被认为是如此宝贵的一种体验，是如此巨大的一种启示，甚至试图证实它也会脱离它的尊严和价值。通过我的研究对象关于他们的爱情体验、神秘体验、突然顿悟的报告，表明它是普遍性的证明，尤其是在治疗情境中的顿悟时刻，这一点变得更明显了。由于人会采取防御手段保护自己避免洞察真情，所以顿悟的根本含义就是痛苦的认可。它的突入意识，有时对人是沉重的打击。然而，尽管如此，它仍然被普遍报告为是值得的、称心如意的和长期需要的。看见比看不见更好，即使是在看见伤痛时，也是如此。事实是这样的，体验的自我批准，自我证实的内在价值，使得痛苦成为值得的了。众多的讨论美学、宗教、创造性和爱的作者，同样也把这种体验不仅描绘成是有内在价值的，而且把它描绘成在另一方面也是有价值的，即由于它们的偶然出现使得生活成为值得的了。神秘主义者总是断言，那种在一生中只能偶然两三次的、崇高的神秘体验有巨大的价值。

这种高峰体验与正常生活体验相对比，差异非常显著，行为被认为是同达到目的的手段一致的。在许多作者那里，“行为”这个词和“工具性的行为”这个词被看成是同义的，每件事情都是为某个未来的目的，也就是为了获得某物而做的。在杜威的价值理论中，这种态度达到了登峰造极的地步。他认为，根本就没有目的，只有达到目的的手段。甚至这样的表述也不是完全确切的，因为这里还包含着有目的的意思。更确切地说，手段是达到其他手段的手段，而这个其他手段反过来也是手段，如此循环，以至无穷。

纯真快乐的高峰体验，即是我的研究对象的终极生活目标和生活的终极证明和证实。心理学家居然无视高峰体验，甚至官气十足地没有意识到它的存在，更糟的是客观主义的心理学甚至先验地否定它作为科学研究对象的可能性，这是难以理解的。

在我研究过的所有普通高峰体验中，都有一种非常独特的、在时间和空间上定向能力的丧失。确切地说，在这种时候,这个人在主观上是在时间和空间之外的。例如,诗人和艺术家在创作的狂热时候,他周围的事物和时间的流逝对他丝毫没有影响。当他“醒”过来要判断过去了多长时间时,几乎不能做到,通常他只好摇摇他的头,仿佛刚刚从茫茫然中苏醒,弄不清自己身处何方。

但是,更经常的是,完全忽略了时间的流逝,热恋中的人尤其如此。在他们的迷恋中,不仅感到时间过得惊人的快,一天可能像一分钟似的过去,而且形成强烈印象的每一分钟生活也可能像一天甚至一年那样长。在一定程度上说,仿佛他们是在另一种世界上生活,在那里,时间既是静止不动的,又是以光的速度运动的。对于我们的日常范畴来说,这当然是矛盾的和荒谬的。然而,研究对象的报告确实是这样的。因此,这是我们必须重视的事实。我看没有理由说,这种时间的体验可能经不起实验研究的检验。在高峰体验中对于时间流逝的判断,必然是非常不准确的。同样,对于周围事物的觉知,与在常规生活中相比,也必然是极不准确的。

从价值心理学的含义的角度考虑,我的发现是极其令人困惑的,然而又是如此始终一致的,因此,不仅有必要报告这些发现,而且需要有所理解。让我们首先从末尾开始,高峰体验仅仅是善的、合乎需要的,而且从来没有被体验为恶的和不合乎需要的。这种体验本质上就是正当的;这种体验是完美的、全面的,而且不需要任何其他东西作为补充,它本身就是充分的。从本质上看,它被认为是必然的和不可避免的,它正像它应该成为的那样,对它的反应是敬畏、惊奇、诧异、谦卑,甚至崇敬、得意和虔诚。神圣这个词偶尔也被用来描绘人对高峰体验的反应。在存在的意义上而言,它是快乐和欢欣的。

在这里,哲学的蕴涵是惊人的。如果为了辩论,我们承认在高峰体验时可以更清楚地看到现实本身的性质,更深刻地看透现实的本质,那么,这就和很多哲学家和神学家所说的几乎没什么两样。他们断言,当从其最佳状态和崇高的观点来看时，整个存在仅仅是中性的或善的，而邪恶、痛苦、威胁等只是一种局部现象，一种不看宇宙的完整和统一，只从自我中心的或过于卑劣的观点来看它的产物。当然，与其说是否认邪恶、痛苦和死亡，倒不如说是与它们的一种和解，是对它们的必然性的一种理解。

另一种观点是把高峰体验与包含在许多宗教之中的“上帝”概念作比较。由于“上帝”能注视和包容整个存在，从而也就理解了它，因此“上帝”必定把存在看成善的、恰当的、必然的，必定会把“邪恶”看成是局限的和自私的看法和理解的产物。从这个意义上讲，假如我们能像神那样，那么，出于对普遍性的理解，我们也就不会一味地申斥或谴责、失望和震惊了。如果这一假设成为可能的话，对于别人的短处我们只会有怜悯、宽容、仁慈的情绪，或者也许还会有悲哀或存在性幽默的情绪了。毫无疑问，这恰恰是自我实现者时常对外界的反应形式，这恰恰是所有心理治疗家在对他们的患者作出反应时所力求做到的方式。然而，我们必须承认，达到这种像上帝般的、普遍宽恕的、存在性幽默的和认可存在的态度是极端困难的，甚至从纯粹形态上看是不可达到的。可是，我们应该能意识到这是个相对性的问题，而且我们能够或多或少地接近它。但如果因为它来得很少、很短暂、很不纯粹，就简单地否认这个现象，那将是愚蠢的。尽管我们永远不会成为纯粹意义上的“上帝”，可是，我们能够或多或少地经常地像“上帝”那样。

总之，这种存在认知与我们的日常认知和反应有很明显的区别。我们的日常认知是在手段价值的支持下进行的，对于我们的目的是否有益、是否合乎需要、是好是坏的考虑下进行评价、控制、判断、谴责或者赞许。例如，我们是为什么而笑，或是跟着一起笑。我们从个人角度和经验作判断，我们是在与我们的自我和我们的目的的关联中来察觉世界万物的，因此，我们仅仅把世界万物作为达到目的的手段来看待。这与超然于世界是对立的。反过来说，这就意味着我们并没有真实地察觉世界，而只是在察觉世界中的我们自己或我们自己中的世界。这时，我们是以缺失性动机的方式感知的，因此，我们能察觉的只是世界万物满足缺失的价值。从这一点来讲，二者是截然不同的。在高峰体验中，我们作为世界万物的代理人，察觉整个世界或它的遗产。只有那时，我们才能察觉世界万物的价值，而不是我们自己的价值。这些价值我称之为存在价值。这些存在价值类似于哈特曼的“内在价值”。

我可以列举出来的这种存在价值有：

完整（统一，综合，同一性倾向，互相联系，简单，组织性，结构性，超二歧式，秩序）。

完善（必然性，恰当性，合理性，不可避免，适宜，公正，完全，“应当如此”）。

完成（结尾，终局，证实，某事做完了，实现，到达末端，命运，天数）。

正当（公平，条理，有规律，“应当如此”）。

有活力（进行中，不死性，自发性，自我调节，充满活力）。

丰富性（分化，复合，错综）。

单纯（诚实，坦率，实质，抽象，必要，骨骼结构）。

美（正直，仪表，有生气，单纯，丰富，整体，完善，完成，独特性，纯正）。

善（正直，合乎需要，应当，公正，仁慈，忠诚）。

独特性（特质，个体性，不可比性，新颖）。

不费力（自如，没有紧张，没有努力或困难，文雅，完美，优美的活动）。

乐趣（高兴，快乐，兴致，生气勃勃，幽默，兴奋，不费力）。

真实，纯正，现实（赤裸裸，单纯，丰富，应当，美，无瑕，清洁和地道，完全，实质性）。

自足（自主，独立，为了成为自我不需要自身之外的他物，自我决定，超越环境，单独，按着自发的规律生活）。

显然，这些存在价值并不是相互排斥的，它们不是彼此分离或性质截然不同的，而是混在一起或相互覆盖的。最终，它们是存在的各个侧面，而不是它的各个部分。这些各式各样的侧面，暴露了它们的作用，都会进入认知的前景。例如，感知优美的人或美的绘画，体验完美无瑕的性感和爱情，顿悟，创造性，生产（分娩），等等。

这种存在价值的完美程度还不仅如此。古老的真、善、美三位一体，表现了融合和统一，但是，存在价值要比这个多得多。在我们制度下的一个普通人身上，真、善、美仅仅是达到了还算好的相互关联；而在神经病人身上，甚至这样的程度也没有达到。存在价值的统一只存在于发展了的和成熟了的人身上。也就是说，只在自我实现的、充分发挥作用的人身上存在这种高度融合。因为种种实践的目的已经高度联系起来了，也可以说它们融合成了一个整体。现在，我要进一步说，其他人在他们的高峰体验的时刻的实际情况也是这样的。

如果这个发现被证明是正确的，那么，它们就会同一个指引一切科学的基本公理发生直接的矛盾。换句话说，知觉越是客观和不受个人影响，它也就越超然于价值。事实和价值几乎总是被看做反义词和相互排斥的。但或许相反的情况才是正确的，因为当我们审查最背离自我、最客观、最无动机、最被动的认知时，我们却发现这种认知要求直接觉察价值，价值不可能和现实割裂，对"事实"最深刻的觉知将导致"是"和"应当"的融合。在这种时候，现实染上了惊奇、赞美、敬畏和满意的色彩，即染上了价值色彩。

常规的体验嵌在历史和文化中，也嵌在人的转变着的、相对的需要中。它是按照时间和空间的方式组织起来的。它是更大整体的组成部分，因此，对这些更大整体和参照系来说，它是相对的。因为不论实际情况如何，这种常规体验都被认为是依存于人的，如果人消失了，它也就会消失，所以，组织的参照系就从人的兴趣转移到环境的要求方面；就从现在转移到过去和将来，从这里转移到那里。在这个意义上说，体验和行为是相对的。

从这个角度考虑，高峰体验就有较多的绝对性和较少的相对性。从我前面指出过的意义上看，它们不仅是没有时间和空间的；不仅是脱离背景而更多地以它们自身被感知的；不仅是相对非激发的、超越人的私利的。而且，我们对它们的感知和反应，它们仿佛是在自身之中，是在我们“之外的某处”，仿佛它们是我们对于一种不依赖于人的现实的觉知，而这种觉知是超越人的生命长久存在的。在科学上谈论相对和绝对肯定是困难的和危险的。而且我意识到，这是一个语义学上的泥潭。然而，我的研究对象谈到这种区别的许多内省报告降服了我，正如我们的心理学家最终会同意我们的看法那样。研究对象在描述那些本质上不可言喻的体验时，他们使用了“绝对的”、“相对的”这些词。

我们自己也一再对这些词发生兴趣。例如，在艺术领域中，中国花瓶本身可能是完美的，同时可能是两千多年前的老古董，然而在这个时候是新的，是全世界的而不只是中国的，从这些感觉考虑，至少是绝对的。但是，对于时间、它原初的文化以及持有者的美学标准来说，同时又是相对的。各种宗教、各个时代、各种文化的人们几乎用同样的词进行描绘神秘的体验，这也不是没有意义的。毫无怪异之处，赫克斯利把它称作“持续不绝的哲学”。伟大的创造者，如由吉塞林编入选集的那些人，尽管他们是各式各样的诗人、化学家、雕塑家、哲学家和数学家等，几乎都用同样的术语描绘他们的创造时刻。

绝对这个概念在一定程度上造成理解的困难是由于它几乎总是被静态的污点渗透。从我的研究对象的体验来看，这一点现在已经清楚了，静态并不是必然的或不可避免的。感知一个美的东西、可爱的面孔或美好的理论，是一个波动的、转移的过程，但是，注意的起伏严格地限制在这个知觉之内。它丰富的内容可以是无限的，注视的角度可以从一个方面转到另一个方面，此刻集中注意它的这个方面，随后集中注意它的那个方面。一幅美的绘画有许多结构，而不仅是一个结构，因此，由于观看不同的方面就能够不断地有波动的快乐。我们没有必要在它究竟是绝对的还是相对的问题上进行搏斗，它可能是二者兼有。

平常的认知是非常积极的过程，其特点是，它是认知者的一种塑造和选择。他选择他要感知的东西和不要感知的东西，他把它们同他的需要、畏惧和兴趣联系起来，他给它们以结构，整理它们，进一步整理它们。总之，他在它们上面做工作。认知是消耗精力的过程，它包含警觉、戒备和紧张，因此，它是使人疲劳的。

存在认知与平常认知相比要被动得多，接受性更多，自然，它永远不可能完全被动、完全接受。我发现，东方的哲学家对于这种"被动认知"的描述是最好的，特别是来自老子和道教哲学家。克里士纳默特对我的资料有一个极好的描述，他把它称之为"没有选择的觉知"。我们也可以称它为"没有欲求的觉知"。道教"听其自然"的概念也说的是我力图去说的东西，即知觉可能是无所求的，而不是有所求的；是沉思的，而不是强求的。它在体验面前可能是恭顺的、不干预的、接受的，而不是强取的，它能让知觉成为其自身。在这里，我想起了弗洛伊德对"自由飘浮的注意"的描绘。而且，这种知觉是被动的而不是主动的，是无自我的而不是自我为中心的，是轻松的而不是警惕的，是容忍的而不是不容忍的。它对体验是注视而不是打量它，或向它投降和屈从。

我也发现，区分被动的听和主动的听之间的差异是有意义的。优秀的治疗家以便能够听到实际说的是什么，而不是听到他期望听到的或他要求听到的东西，必须能在接受的意义上而不是获取的意义上。他必须不对自己施加影响，而是让话自然地流到他的耳朵中来。只有如此，他的定形和模式才能是吸收性的，不然，他就只能听到他自己的理论和预期。

实际上我们可以说，划分任何学派优秀的和蹩脚的治疗家的标准，就是能否成为接受的和被动的。好的治疗家能够根据每一个人自己鲜明的实际情况感知他们，而并不强求类化、成规化和分等级。蹩脚的治疗家只能在一生的医疗经验中发现从他的事业开始所学到的那些理论的重复确证。这个情况表明，一个治疗家可能在40年间重复同样的错误，随后又说这“丰富了医疗经验”。

传送这种独特的存在认知感，可以有一种完全不同的，虽然也是同样古老的方式，就是把它称为非意志的而不是有意志作用的，像劳伦斯和其他浪漫主义者所说的那样。普通认知是高度注意的，所以是有所求的、预定的、先入为主的。在高峰体验的认知中，意志没有干预，它被暂时抑制了，所以是接受而不是要求。对于我们来说，我们不能指挥高峰体验，它是偶然发生的事情。

高峰体验时的情绪反应具有特殊的惊异、敬畏、崇敬、谦卑、降服的色彩，在这种体验面前就好像在某种伟大事物面前一样。有时，这种体验有点害怕会被压倒，虽然是愉快的畏惧。我的研究对象用这样一些短语表明这一点，“这对我来说太多了”，“它超过了我的承受能力”，“这太惊人了”，等等。高峰体验可能具有某种辛辣和尖刻的品质，这种性质可以引起流泪和大笑，或者二者都出现。反之，高峰体验也可能近似于痛苦，尽管这是一种称心如意的、通常被描述成“甜的”痛苦。这种高峰体验可以走到如此遥远的程度，能以一种罕见的方式包含了死亡观念。不仅是我的研究对象，而且许多讨论各种高峰体验的作者，都把这种体验和死的体验，即一种渴望的死亡进行比较。典型的措辞可能是：“这简直太奇妙了，我不知道我怎么能够承受得了。我可以现在就死，那也很值得。”也许在一定程度上，这是想紧紧抓住这种高峰体验，不愿从这个顶峰返回到普通生活的深谷的缘故；也许在一定程度上，这是在高峰体验的伟大面前极度谦卑和深感自身渺小和无价值的一种表现。

在这上面我还必须处理另一种矛盾现象，虽然这很困难。在观察世界方面相互抵触的报告中，这个矛盾被发现了。在一些报告中，特别是关于神秘体验、宗教体验、哲理体验的报告中，整个世界被看作是统一体，像一个有生命的丰富多彩的实体那样。在其他高峰体验中，尤其是在恋爱体验和美感体验中，世界中一个很小的部分这时却被感知为似乎它就是整个世界。在这两种情况下，知觉都是统一的。对一幅画、一个人或一个理论的存在认知，拥有属于整个存在的一切属性，即拥有存在价值，这个事实很可能是由另一个事实派生出来的，即在高峰体验中，仿佛这个体验就是那时存在着的一切。

抽象的、类化的认知与具体的、朴素的、特殊东西的鲜明认知，有着实质性的差异。这就是我使用抽象的和具体的这些术语的意思。从哥尔德斯坦的术语来看，它们是极为不同的。我们的大多数认知（注意的、感知的、记忆的、思维的和学习的）是抽象的而不是具体的。这就是说，在我们的认知生活中，我们主要的是进行类化、图式化、分类和抽象。我们并没有按着世界万物实际存在的样子来认知世界万物的本性，我们的大多数体验都经过了我们的范畴、结构和成规体系的过滤。我把这个差异用于研究自我实现的人，在他们身上发现，既有不抛弃具体性的抽象能力，又有不抛弃抽象性的具体化能力。这样，就在哥尔德斯坦的描述上增添了一点新东西，因为我不仅发现向具体东西的缩减，而且我也发现向抽象东西的缩减，即降低了认知具体东西的东西。从那时以来，我已在优秀的艺术家和诊疗家身上发现察觉具体东西的这种特殊能力，尽管他们并不是自我实现者。我在普通人的高峰体验时刻发现了同样的特殊能力。这时在具体的、特异的性质上讲，他们都能把握知觉对象。

因为这种独特的具体觉知通常被描绘成是审美感知的核心，所以它们几乎已经成了同义语。对于大多数哲学家和艺术家来说，按着这个人内在的独特性具体地感知他，就是审美地感知他。我更喜欢这个更广泛的习惯用法，而且我认为我已经证实，这种关于对象独特本性的知觉是一切高峰体验的特征，而不只是美的高峰体验的特征。

把发生在存在认知时的具体感知理解为一种同时或连续地对有关对象的一切方面和一切属性的感知，这是有益的。从实质上来讲，抽象就是只选择出对象的某些方面，即那些对我们有益的方面，那些对我们有威胁的方面，那些我们熟悉的方面，那些符合我们语言范畴的方面。抽象，即使它们是有益的，但它们仍然是不真实的。总之，抽象地察觉一个对象并不意味着察觉到了它的一切方面。抽象显然包含挑选某些特性，而拒绝其他特性，并创造或者歪曲其余的特性，我们把它制造成为我们所希望的那个样子。我们创造它，我们制造它。而且，在抽象中把对象的各个方面与我们的语言体系联系起来的强烈倾向是极端重要的。这个倾向造成了特殊的麻烦，因为按照弗洛伊德的观点，语言是二级过程而不是原初过程，因为它论述的是外部现实而不是精神的现实，是有意识的而不是无意识的。实际上，在诗人的语言和狂人的语言上，这个不足可能在一定程度上得到矫正了。但是，在许多体验的最终分析上是不能用语言表达的，而且可能被投入根本没有语言的状态。

让我举感知一幅画或一个人为例。为了完善地认知它们，我们必须同我们的分类、比较、评价、需要和使用的倾向作斗争。当我们说这个人是一名外国人时，我们就已经给他归了类，完成了一个抽象动作，而且在一定程度上，把他看成是独特的人和完整的人的可能性就已被排除了，他已不再是不同于世界上任何别人的人了。在我们看墙上的一幅画并读出画家名字的时候，按照这幅画的独特性以完全新颖的眼光看它的可能性就被轻易地排除。在一定程度上，我们称之为认识的事情，即把一个经验放在概念、词或联系系统中去时，就排除了完全认知的可能性。里德指出，儿童有“天真的眼睛”，有看某种东西仿佛他是第一次看它的能力（他的确经常是第一次看它）；他能以惊异的目光凝视它，考察它的各个方面，接受它的全部属性，因为对于在这种情境中的儿童来说,陌生对象的一种属性并不比任何其他属性更重要。他并不组织它,他只是凝视它,体会这个经验的特性。在类似的情况下,对于成人来说,只要我们能够阻止抽象、命名、分类、比较和联系,我们就能越来越多地看到人和绘画的更多的方面。我们特别应当强调察觉不可言喻的、不能翻译成词的东西的那种能力。努力把这种东西翻译成词就改变了它,使它成了某种非它的其他东西,成了某种像它的其他东西,成了某种类似它然而与它本身不同的东西。

这就是越出局部而感知整体的能力,这种能力是各种高峰体验时认知的特性。只有如此,我们才能在人这个词的最完全的意义上了解人。自我实现者在他们感知人时,在他们洞察一个人的核心和本质时是如此高度敏锐,这没有什么可奇怪的。这也是我确信这一点的原因,即理想的治疗家,大概是由于专业的需要,他应该能在没有预先假定的情况下,从另一个人的独特性和整体性上,至少是从这个人是一个还算健康的人的角度来理解他。我坚持这一点,尽管我愿意承认在这种知觉状态中有未加说明的个体差异。愿意承认治疗经验自身也能成为一种存在认知训练,即真正理解另一个人的训练。这也说明,为什么我认为一种审美认知和创造能够成为诊疗训练的非常合乎需要的一个方面。

在人更高的成熟水平上,二歧式被融合了,两极被超越了,冲突被消除了。自我实现者既是自私的又是无私的,既是狂欢的又是具有古典美的,既是与别人融合在一起的又是与别人分离的,既是理性的又是非理性的,等等。我曾设想过的那个线性的、它的两极彼此相反和尽可能分离的连续统一体,已证明更像是圆圈和螺旋,在这里,两个极端会合在一起,成为一个融合的统一体。在完美地认知客体时,我也同样发现了这种强烈的倾向。我们对于存在的整体理解得越多,我们也就越能容忍和知觉不一致、对立、直接抵触的同时存在。这些对立看来是不完全认知的产物,随着对整体的认知,它们就消失了。从完美的优势地位察看神经病人时,就能把他看成是一个奇妙的、复合的,甚至是美丽的过程的统一体。我们平常看成是冲突、矛盾和没有联系的东西,这时就会被理解为是不可避免的、必然的,甚至是命中注定的东西。换句话说,如果任何东西能够被充分地理解,那么,它就会进入其必然的位置,而它就能被审美地感知和鉴赏,甚至疾病和健康的概念也可以融合起来而变得界限不清。如果我们把症状看做是朝向健康的压力,或把神经病看作是此时对个人问题最有利于健康的解决,就会出现这样的变化。

处在高峰体验时刻上的人,不仅在上面我提到的那些意义上是像圣贤那样的人,而且在某些其他方面也是一样的,特别是在完全地、热爱地、同情地以及自娱地认可世界万物和人的方面更是如此。尽管在日常生活中他可能显得不尽如人意。神学家在不可能完成的课题上曾进行过长期的奋斗。也就是说,神学家把世界上的罪孽、邪恶、痛苦和全能、全爱、全知等概念结合起来,花费的时间绝不是几个小时或几天。一个附带的困难是试图把奖善惩恶的必要性和这种爱一切人、宽恕一切行为的概念协调起来作为一项任务造成的。他必须以某种方式,既惩罚而又不惩罚,既宽恕而又谴责。

我认为从研究自我实现者对这个两难推理的自然主义解决中,从所讨论的两个广泛不同的认知类型——存在认知和缺失认知的比较中,我们可以学到某种东西。存在知觉通常是暂时性的东西,它是一个顶峰、一个制高点、一个间或达到的成就。看来,人在大多数场合是以缺失方式感知的,也就是说,他们比较,他们判断,他们批准,他们使用,他们联系。这就意味着,我们能够在两种不同的方式,两者挑一地感知另一个人;有时以他存在的方式,仿佛他眼下是宇宙的整体;然而更为经常的,则是我们把他感知为宇宙的一部分,而且用许多复杂方法把他同宇宙的其余部分联系起来。当我们存在地感知他时,这时我们可以是博爱的、完全宽恕的、完全认可的、完全羡慕的、完全理解的、以存在自娱的、爱好自娱的。但这些恰恰是指定给上帝概念的属性（娱乐除外——在大多数上帝概念中，不可思议地缺少这个品质）。在这样的时刻，在这些品质上，我们就像伟人似的。例如，在治疗的情境中，我们可以用这种热爱的、理解的、认可的、宽恕的方式，把我们自己同各种这样的人联系起来，而这些人我们平常是畏惧的、谴责的，甚至是憎恨的，如谋杀犯、鸡奸犯、强奸犯、剥削者、懦夫等等。所有的人都不时地表现出似乎他们都希望成为存在认知的人，他们对于成为被分类的、类化的、成规化的人是不满意的。把人标上侍者、警察或“夫人”的标记而不是把他看做一个个体，通常是触怒人的。我们全都希望我们的成熟性、复杂性、丰富性受到赏识和认可。如果这样的认可者在人世间不可能找到，那么就会出现非常强烈的投射倾向，并且会创造一个上帝的形象，有时是一个人的形象，有时则是超自然的形象。

对“邪恶”问题的另一种答案以这样的方式提出来了，即我们的被试依据现实本身的存在，按照现实本身的权力“承认现实”。现实本身是非人格的，它既不是为了人，也不是反对人。毁灭性大地震仅仅对于某种人才提出了一个调和的问题，这种人需要一个人格高尚的榜样，他既是博爱的，同时又是一本正经的、全能的，并且是创造世界的。对于能够自然的、非人格的和作为永存的东西感知和承认地震的人来说，地震是没有伦理或公理问题的，因为它并不是为了打扰他而爆发的。如果罪恶以人为中心下定义的话，那么他也只是像他承认季节和风暴那样来承认地震。从原则上说，在洪水猛兽杀伤人之前，赞赏它们的美，甚至认为它们是有趣的，这是可能的。当然，如果在有损于人的人类活动方面采取这样的态度，那么就不是很容易了。但是，这有时也是可能的，而且人越成熟，这种可能性也就越大。

在高峰体验时刻，知觉强烈地倾向于独特的和非类化的。无论是对一个人的，还是对世界的，无论是对一棵树的，还是对一件艺术品的，所有的知觉都倾向于被看作是独特的事例,看作是它的类别中的独特成员。这与我们日常根据法规掌握世界的方法是对立的。实质上,日常的方法是停留在一般化上,停留在亚里士多德式的——把世界万物分成各种类别上。对于类来说,对象只是实例和样品。整个类概念依靠一般的分类,如果没有类别,相似、相等、类似和差异的概念就会变得毫无意义和作用。我们不能比较两个完全没有共同性的对象,而且对于具有某种共同性的两个东西来说,例如具有红、圆、重等这样的共同性质,必然意味着抽象。但是,如果我们不是抽象地感知一个人,如果我们坚决要求一起察觉他的一切属性,并且认为这些属性彼此之间是相互需要的,那么我们就不再有可能分类。从这种观点来看,每一个人,每一幅画,每一只鸟,每一朵花,都会变成类的独特成员,因此必须独特地感知。这种心甘情愿地察看对象的一切方面,意味着知觉的更大效力。

高峰体验的一个方面是完全没有畏惧、焦虑、压抑、防御和控制,抛弃了克制、阻止和管束,尽管这是暂时的。崩溃和消亡的畏惧,被“本能”压倒的畏惧,死亡和精神错乱的畏惧,以及害怕产生放纵性愉快情绪,等等,暂时都倾向于消失或中止了。这就更大地解放了被畏惧弄得不正常的知觉了。

这一点可能被看作是纯粹的满足,纯粹的表现,纯粹的得意扬扬和快乐。但是,因为它“到底”了,所以它体现了弗洛伊德的“快乐原则”和“现实原则”的融合。因此,这仍然是在心理机能的高级水平上解决普通二歧式概念的又一实例。

因此,在共同具备这种体验的人那里,可以预期某种“渗透性”,一种对无意识的靠拢和开放,一种对无意识的相对的无畏惧。

在这些各式各样的高峰体验中,我们已经看到,人倾向于成为更一体化、更个体化、更自发、更表现、更安详、更勇敢、更强有力等等。

但是,这些全都是类似的,或者几乎是一样的。在这里似乎是一种内部和外部的、动态的平行性或同型性。换个方式说，这个人感知到了世界的本质存在，这样，他也就同时更接近了他自己的存在（他自己的完善，更完善地成为他自己）。这个相互作用的后果看来在两个方向上。不过由于某些原因，却使他更接近了他自己的存在或完成，因此，也使他更容易看到世界的存在价值。由于他变得更统一了，他也更有可能看到世界更多的统一性。由于他懂得存在性欢乐，因此使他更能看到世界的存在性欢乐。由于他变得更强大了，因此，他更能看到世界的强大力量。这个造成了那个的更大可能性，正如压抑使世界显得更不好一样；反之则亦然。他和世界变得更相像了，因为二者都在向着至善尽美运动，或者说，二者都在向着失去至善尽美的方向运动。

也许，这就是爱者融合所表示的部分意思。在宇宙的体验中，与宇宙相称的一个人，感到成了这个统一体要素的一个人，以巨大的哲学洞察力进行感知。也有一些（不充分）有关的资料指出，一些形容“优秀绘画”结构的性质也能用来描绘优秀的人，如存在价值的整体性、独特性、生气勃勃等等。显然，这是可以检验的。

如果现在我试图把这一切放到另一种许多人都熟悉的心理分析参照系统中去，那对一些读者是有帮助的。处理无意识和潜意识之外的现实世界是二级过程的任务。逻辑、科学、常识、良好顺应、文化适应、责任心、规则、理性主义等，全都是二级过程的方法。原初过程最初是在神经病和精神病患者身上，随后是在儿童身上，只有在健康的人身上才发现。在梦中可以很清楚地看到无意识活动的规律。欲望和畏惧是弗洛伊德机制的原动力。顺应良好的、负责的、有常识的人，在现实世界上生活很好的人，他们做到这些，通常必须在一定程度上返回他们反对、否定和压抑他们的无意识和潜意识上去。

我曾强烈地意识到，我们必须面对我选出的自我实现被测试者的实际情况。因为他们既是非常成熟的，同时又是很孩子气的。我称它为“健康的儿童性”或“第二次天真”。自我心理学家的“复归到自我的帮助”，不仅在健康人身上发现了，而且最后被认为是心理健康的必需品。爱也已经被认为是复归（即不能倒退的人就不可能爱）。最后，分析学家赞成灵感和重大的（基本的）创造部分地出自无意识，即一种健康的倒退（复归人一种暂时离开现实世界的向后转）。

在这里我所描述的东西可以看作是一种自我、超自我和自我理想的融合，意识、潜意识和无意识的融合，原初过程和二级过程的融合，一种快乐原则和现实原则的综合，一种在最高成熟性帮助下无畏惧的健康的倒退，一种在所有水平上个人的真正整合。

在任何高峰体验时，任何人都暂时具有了我在自我实现个体中发现的许多特征。换句话说，这时他们变成了自我实现的人。

自我实现者的性格特征

在任何高峰体验时，任何人都暂时具有了我在自我实现个体中发现的许多特征。换句话说，这时他们变成了自我实现的人。如果我们愿意的话，我们可以认为这是一时的性格上的变化，而不仅仅是情绪与认知的表现状态。在这时，不仅是他最快乐和最激动的时刻，而且也是他最成熟、最个体化、最完美的时刻——简言之，是他各个方面最健康的时刻。

这样，为了使它较少具有那种只有极少数人直到60岁才能进入的、有点全或无的神殿意味，我们就可能消除自我实现的静力学和类型学的缺点，来给它重新下定义。我们可以把自我实现定义为一种插曲或一种迸发，在这种迸发中，这人的能力以特别有效的和剧烈快乐的方式一起到来了，这时，便是更多整合而较少割裂的，对体验是更坦率的，更有特异性的，更完全表现或自发的，或充分运行的，更有创造性的，更幽默的，更超越自我的，更独立于他的低级需要的，等等。在这些插曲中，他更真正地成了他自己，更完善地实现了他的潜能，更接近他的存在核心，成了更完善的人。

从理论上说，在任何人一生的任何时刻，这样的状态和插曲都可以到来。因此，区分出我称之为自我实现的人的东西，是在他们身上这些插曲比普通人来得要频繁得多，而且强烈得多，完善得多。这样，就使得自我实现成了程度的问题、频率的问题，而不是全有和全无的问题，因而使它能够经受通用的研究程序的检验。我们不必再局限于研究那些在大多数场合实现了他们的自我的那些极端研究对象了。至少在理论上说，我们也可以研究任何人的生活史了，特别是那些艺术家、知识分子和其他有特殊创造力的人的，虔诚信教的人的，以及在心理治疗或其他重要成长经历中体验过巨大顿悟的人的生活史了，以便更清楚地研究自我实现。

个人的成长要求勇气、自信，甚至大胆；从双亲和伙伴那里没有得到爱，就会引起相反的后果，自我怀疑、焦虑、无价值感和怕受嘲笑等，所有这些都是成长和自我实现的抑制因素。

客观生存的有效性问题

我描述主观的体验几乎都是运用经验主义的方式。它对外部世界的关系完全是另一种情况，仅凭觉察者自己相信他更真实地、更完整地觉知了，并不是他确实达到这一步的证明。判断这个信念的效度的标准，存在于被察觉的对象或人身上，或者存在于所创造的产物上。因此，从原则上看，它们只是相关研究的简单问题。

可是，把艺术说成知识是在什么角度考虑的呢？审美知觉肯定有其内在的自我证实，它被认为是一种宝贵的和奇妙的体验。但是，一些幻想和幻觉也具有同样的情形。此外，你可以被我不予理会的一幅画激发起美感体验。即使我们达到超越个人的境地，效度的客观标准问题仍然是存在的，正如它在所有其他知觉问题方面也存在一样。

对于爱的知觉、神秘的体验、创造性的时刻以及顿悟的闪现，同样也可以这样说。

相爱者在他所爱的人身上看到的东西，其他人是没有看到的可能的，再者，对于他的内部体验的内在价值，对于他、他所爱的人以及世界上的人的许多良好后果，是毋庸置疑的。假如我们举一位母亲疼爱婴儿的例子，情况甚至就更明显了。爱不仅使她觉察到了潜在性，而且也使它们现实化。没有爱肯定会抑制潜力，甚至会扼杀潜力。个人的成长要求勇气、自信，甚至大胆；从双亲和伙伴那里没有得到爱，就会引起相反的后果，自我怀疑、焦虑、无价值感和怕受嘲笑等，所有这些都是成长和自我实现的抑制因素。

人格学的和心理治疗的经验是这种事实的证明，爱能促使潜力实现，不爱则使潜力无效，不论是否值得，结果都是如此。

在这里，产生一个复杂而循环的问题："在怎样的程度上，这个现象才是自我实现的预兆呢？"正如默顿所设想的，丈夫确信其妻子是漂亮的，妻子确信其丈夫是勇敢的，在一定程度上就创造出了美和勇气。这与其说是对于已存在的事物的觉知，倒不如说是由于信念而导致存在。也许我们可以把这看作是知觉到潜在性的例子。因为每一个人都有成为美丽的和勇敢的可能性。如果是这样的话，那么这就与觉察某人可以成为伟大的小提琴家这种真实的可能性有所不同，因为后一种可能并不是普遍的可能性。

然而，除了存在这种复杂性之外，对于那些希望最终把这些问题拖到公开的科学领域中来的人来说，还有潜伏的怀疑存在。出现最普遍的情况是，爱给另一个人带来幻觉，也就是说，爱可以使人感知到那种并不存在的品质和潜力，因此，这并不是真实的感知，而是持有者心中的创造。这种创造基于他一系列需要、压抑、克制、投射和文饰。如果说爱比不爱更有洞察力的话，那么也可以说它可能是更盲目的。不断困扰我们的研究的是哪些问题呢？我们怎样才能挑选出更敏锐地知觉真实世界的事例呢？我已经报告了我在人格学水平上的观察，对这个问题的答案是：在于察觉者心理健康的变量，心理越是健康，就越能敏锐深入地知觉世界上所有其他东西。由于这个结论是无控制观察的产物，所以，它应该仅仅作为一个有待控制研究的假设提出来。

一般来说，在艺术和智力的创造性迸发时，在顿悟的体验中，我们都会碰上类似的问题。在这两种情况下，体验的外部有效性与现象学的自我证实并不是完全相关的。巨大的顿悟有可能是错误的，伟大的爱会消失。在高峰体验时创作的诗，可能后来由于不满意只好抛弃。一个经得起检验的创作和一个后来在冷静、客观的批判审查下放弃的创作，在主观上的感受是相同的。经常创作的人对于这一点是很清楚的，他们预见到，只有一半深刻顿悟的时刻还不宜动手创作。所有高峰体验的感觉都像存在认知一样，但并不是所有高峰体验都真的如此。然而，我们不敢忽略这些明显的暗示，即至少有时认知的更大清晰性和更高效能可以在更健康的人身上和更健康的时刻发现。也就是说，有些高峰体验确实是存在认知。我以前指出过，如果自我实现的人能比其他人更有效地、更完善地和较少动机地污染觉知现实，那么我们就可以把他们作为生物学鉴定使用。通过他们的超乎寻常的感受和知觉，我们就能获得比通过我们自己的眼睛获得的更要好的现实情况的报告，正如金丝雀可在不太敏感的人之前嗅出矿井中的瓦斯一样。与此相似的是，我们可以利用我们的最敏感的时刻，我们的高峰体验。这时我们是自我实现的，所以给予我们的关于现实的报告比我们平时所能得到的要更真实。

我所描述的认知体验不能代替常规怀疑论和谨慎的科学程序。虽然这些认知可能是富有成果的、敏锐的，而且完全承认它们可能是发现某些真理的最好方法或唯一方法，然而检验、选择、否决、确定和（外部）证实的问题，在我们的顿悟闪现之后仍然继续存在。不管怎样，把二者放到对抗排他的联系中是愚蠢的。现在这一点很明显了，在大致相同的程度上，它们是相互需要和相互补充的，像边疆居民和开拓者之间的关系一样。

从理论上而言，强调不力求式无需要方面，并且把它作为我们正在研究的同一性的中心点。处于高峰体验中的人通过某些途径变得无动机或无驱力了，特别是从缺失性需要的角度来看，更是如此。

高峰体验时的同一性问题

当我们探求同一性的定义时，我们必须记住，这些定义和概念并不是现已存在于某个隐蔽的场所正等待着我们发现。事实上，它们某部分确实需要我们发现，但另一部分却需要我们自己创造出来。在一定程度上，同一性就是我们所说过的那种东西。当然，在这之前，我们应当注意到这个词已有的各种意义。这样，我们马上就会发现，各式各样的著作者是用这个词说明各种不同的资料、各种不同的作用。随后，我们就应从这些作用中找出某种东西，以便理解这个作者在使用这个词时，他指的是什么意思。对于形形色色的治疗家、社会学家、自我心理学家、儿童心理学家来说，他们指的是某种不同的东西，尽管所有这些人说的也有某种类似的地方或重叠的意义。也许这个类似性就是同一性所表示的意思。

另外我有一种关于高峰体验的想法。在这种体验中，“同一性”有各种真实的、感觉得到的和实用的意义。但是，我没有权利提出，这些就是同一性最恰当的意义，而且在这里我们有另一种角度。我觉得，人们在高峰体验时有他们最高程度的同一性，最接近他们真正的自我，最有特异性。因此可以说，在这里，发明减少到了最低限度，而发现则增长到了最高限度。

显然，对于读者来说，下述所有“分离的”特性实际上根本不是分离的，而是以各种各样的方式彼此关联的，例如以词的重叠方式表明同一个东西，而在隐喻上则包含相同的意思，等等。我将以整体论的方式进行叙述，但不是通过把同一性分割成完全分离的、彼此排斥的各个部分，而是把它在手上翻过来倒过去地注视它的不同侧面，或者说像一名鉴赏家注视一幅好画那样，一会儿看它的这个结构（作为一个整体），一会儿又看它的那个结构。从某种意义上讲，这里所论述的每一个“方面”，可以认为在一定程度上也阐明着每一个其他“方面”。

人在高峰体验时比在其他时候感觉是整合的（一元化的、完整的、成套的）。对于观察者而言，他在各个方面显得是更整合的，如更少割裂或分裂，较少自己同自己斗争，更多的是和谐，自我体验和自我观察较少分裂，更多的是一个指向、结构协调、更有效地组织起来，它的所有成分彼此非常和谐地活动，是更协作的，至少内部摩擦非常少，等等。

治疗家对此特别感兴趣，这不仅是由于整合是所有治疗的一个主要目标，而且是由于迷人的问题包含在我们可以叫做“治疗的分裂”中。要从顿悟中得到治疗，有必要同时进行体验和观察。例如，完全陷入体验而对观察他的体验不够超然的精神病患者，是不能被这个体验改善的，即便是他在隐蔽的无意识中已经得到纠正时也一样。

但这也是实际情况，治疗家必须在同等荒谬的程度上是分裂的，因为他必须既认可患者又不认可患者；即一方面他必须给予患者“无条件的积极关心”，为了理解疾病，他必须与他们同一，他必须把所有的批评和评价放在一边，他必须体验患者的世界观，他必须以交朋友的方式与患者融合，他必须用宽宏的上帝爱世人般的爱来爱患者，等等。

然而，在另一方面，他也有内含的不赞同、不认可、不同一。因为他力求改善患者，使他比一般情况更好，这就意味着要求他得到现在还没有的某种东西。这些治疗学上的分裂，显然是多伊奇和墨菲疗法的基础。

但是，这和双重人格的问题一样，治疗的目的仍然是把它们融合成一个不分裂的和谐的统一体，在患者和治疗者双方都一样，我们也可以把这说成是越来越变成一个纯粹在体验着的自我了，这时自我观也许作为潜意识的可能性始终是有效的。在高峰体验中，我们变成更纯粹地在体验着的自我了。

当他达到更纯粹、更个别化的自我时，他也就更能够同世界融合在一起，同从前的非自我融合在一起。也就是说，它将只对自己没有压抑、压制、否认、抑制，有畏惧自己的高峰体验的人有意义。但是，我认为这也可能对非高峰体验者有意义，不过要说明这一点比较困难也太冗长。

例如，相爱者亲密地构成一个单位而不是两个人，同一论变得更有可能了，创作者与他正在创作的作品变成一个东西了，母亲和孩子觉得是一个人了，鉴赏家变成音乐、绘画和舞蹈了（或者它成了他），天文家和星体一起出现在那里（而不是中间隔开望远镜筒分别地出现）。

简而言之，同一性、自主性、自我中心的最大成就是在有自身的同时也有超自身，一种在自我中心之上和之外的状态。这时，人能变得相对的没有自我。我认为，把它称之为完全丧失自我意识、自我觉知、自我观察，就能相当容易地传达出来这个意思。这种自我意识我们日常都有，但是，我们觉得它低于任何专注、兴趣、专心、发狂、“超越自我”，无论是在高峰体验的高水平上，还是在对电影、小说、足球运动发生兴趣这样的低水平上，都会变得忘记了自我、自己较小的痛苦、自己的外表、自己的烦恼，等等。实际上，总觉得超越自我是种愉快的状态。

高峰体验时的人一般都觉得他处在自己能力的顶峰，觉得能最好地和最完善地运用自己的全部智能。用罗杰斯的漂亮措辞来说，他觉得他是“充分发挥作用的”。他觉得此时比其他时候更聪明、更敏感、更有才智、更强有力或更优美。他处在他的最佳状态，他的和谐一致的状态，他竞技状态的巅峰。这一点不仅可以被主观地感觉到，而且也能被观察者看到。他不再限制自己中、在自我战斗中消耗精力，体内不再有力量的角斗。而在平常的情况下，我们只有一部分智能用于活动，另一部分智能则用在管束某些同样的智能上。现在，在高峰体验的时刻，这种浪费没有了，全部智能都可以用于活动了。他变得像一条没有水闸的河流，可以自由流淌了。

充分发挥作用还有另外一层含义，即当一个人处在他的最佳状态时，活动变得不费力和容易了。在其他时候需要经过努力、紧张和奋斗的事，现在觉得不需任何争取、工作或劳动，就自然而然地完成了。同这一点紧密联系的是经常感觉优美并显得优美。在任何事情进行得顺利、得心应手、超速运行的时候，这种优美才会悄然出现，而且是和平稳、容易、不费力的充分发挥作用一起到来的。

从外表上看，这个人这时是镇静的、有把握的和正常的，似乎他确切地知道他正在做的事情，并且是全心全意地干这件事，没有疑惑、含糊、犹豫或部分撤退。这是对于目标不是一问即过或轻轻地一击，而是完全击中的。伟大的体育家、艺术家、创造家、领导者和行政官员，当他们的活动处在他们的最佳状态时，都显示出这样的行为品质。

虽然，这一点与以前各点相比，与同一性概念的关系较少，但是，我认为，它应当作为“成为一个真正的自我”的副现象包括在内。因为它是可供研究的足够客观和普遍的特征。我认为，对于完全理解那种似神的快乐——幽默、玩笑、憨态、嬉戏、大笑等，也需要它。我认为，这种特征是同一性最高级的存在价值之一。

与其他时候相比，人在高峰体验时更觉得他自己在他的活动和感知中是负责的、主动的，是创造的中心。他觉得他自己更像一个原动力，更能自我决定而不是被引起的、被决定的、无助的、依赖的、被动的、软弱的、受摆布的。他觉得自己是自己的老板，是完全负责的，是完全随意的，是自己命运的主人。他觉得自己比其他时候有更多的“自由意志”。

在旁观者看来，他也是同样的情况。例如，他变得果断了，看起来更强有力，更专心致志，更善于嘲弄或压倒对立面，更坚定地确信自己，能给别人留下这种印象——企图阻止他是徒劳的。而且，他似乎丝毫不怀疑他自己的价值，不怀疑他做自己决定的事情的能力。对于旁观者来说，他显得更值得信赖，更可靠，是一个更有利的打赌对象。在治疗中，在成长中，在教育中，在婚姻生活中，发现这个伟大的时刻——变得负责的时刻——一般是可能的。

在高峰体验时，他摆脱了价值感、自我承认、自爱、自尊的消极方面——阻碍、抑制、谨慎、畏惧、怀疑、控制、保留、自我批评。这个特点不但是主观现象，也是客观现象，而且可以进一步从主客观两个方面描述。当然，这个特点不过是已经列出的特点和下面将要列出的那些特点的不同“侧面”。

虽然，这些事件原则上是可检验的，因为这些事件在客观上是力量和力量的搏斗，而不是力量和力量的协作。

行动是更自发的、更表现的、更单纯的（坦率的、天真的、诚实的、耿直的、真挚的、赤子般的、不矫揉造作的、不设防的、无抵御的），更自然的（简单的、从容的、不犹豫的、朴素的、笃实的、真诚的、在特定意义上原始的、直接的），更无控制和自由流露的（自动的、冲动的、反射式的、“本能的”、无拘束的、无自我意识的、无思想的、无意识的）。

真正同一性的这个侧面是如此重要，有如此多的折光色彩，要描绘和传达它是如此困难，我认为在下述不完全同义的词中有重叠的意义：非故意的，自愿的，自由的，非强迫的，不加思量的，不审慎的，鲁莽的，无保留的，无抑制的，自我泄露的，坦白的，不掩饰的，开放的，不假装的，不虚构的，直截了当的，无邪的，非人工的，无焦虑的，信赖的。在这里我暂不谈“良知”、直觉、存在认知问题。

在特定的意义上，他是更有“创造性的”。由于有更大自信且无怀疑，他的认知和行为就能够以不干预的方式、道教的方式，或以格式塔心理学描述过的灵活方式，按照它内在的、“显露出来的”条件（而不是根据自我中心、自我意识的条件），按照任务、责任（弗兰克语）或由工作自身性质提出的条件，把自身塑造成有问题的或无问题的状态。因此，他的认知和行为是更即兴的、即席演奏的、临时的、更不是由什么事物引起的，是更突然的、新奇的、新鲜的、不陈旧的、不圆滑的、非出于教导的、非习惯性的。它也是较少准备的、较少规则的、较少设计的、较少预谋的、较少练习的、较少预想的。因此，这些认知和行为都是相对非寻求的、无欲念的、非需要的、无目的的、非追求的、“无动机的”，或无驱力的，因为这些认知和行为是自然发生的，是新创造的，而不由以前引起的。

从另一种角度考虑，所有这一切还能够描述为极端的唯一性、个体性或特异性。如果说所有人大体上都是彼此不同的，那么，在高峰体验时，他们有了更纯粹的差别。如果说，人们在许多方面（在他们的角色上）是可以替换的，那么在高峰体验时角色就消失了，人们变得极少有互换性了。无论“独特的自我”意味着什么，以及它的起因是什么，反正它在高峰体验时总是更为独特的。

从各种意义上来讲，个人在高峰体验时，最有此时此地感，最能摆脱过去和未来，最全神贯注于体验。例如，这时比其他任何时候都更能倾听。由于他这时最少成规和预期，所以他能够完全倾听，而没有被拖入以过去的情况为基础的预期（过去情况不可能和现在情况完全一样），也没有被拖入以规划将来为基础的忧虑，这样就意味着，只是把当前作为达到未来的手段，而不是把现在本身作为目的。而且，由于他这时超越了欲望，所以，他也无需依据畏惧、怨恨或希望形成任何生活的成规。另外，他也不需要凭借比较此时此地有什么东西和没有什么东西，才能作出评价。

高峰体验时刻的人，成为一个更纯粹精神的而较少世故的人。也就是说，在高峰体验时，他的改变更多的是由内在精神的法规决定，而不是被非精神的现实法则决定。这听起来似乎是矛盾的或者是荒谬的，然而并不矛盾。而且，即使是矛盾的也会得到公认，因为这具有某种意义。在既不干预自我也不干预“其他”的时候，对于“其他”的存在认知最有可能；尊重并热爱自我和尊重并热爱“其他”，二者相互容许、相互支持和相互加强。我之所以能够最好地掌握非自我，靠的是非掌握，也就是依靠让它成为它自己，任其自然，允许它按着它自己的，而不是按照我的规律生存。正如我成为最纯粹的我自身的时候，我就从非我中解放了我自己，拒绝让它控制我，拒绝按照它的规律生活，坚决要求按着我内在的规律生活一样。这种情况产生的结果是，精神内（我）和精神外（其他）就不再是极端不同，肯定不再是真正对抗性的了。另外，也产生了这样的结果，即两套法则都变成令人快乐和感兴趣的了，甚至它们二者能够整合或融会在一起。

可以帮助读者理解这个语言迷津的最好例子是两人之间的存在爱关系。当然，任何其他高峰体验也都可以作为范例。显然，在这种理想交往（我称之为存在范畴的水平上，自由、独立、掌握、不干预、信任、依靠、现实、别人、分离等词，全都是在非常复杂、非常丰富的意义上使用的，在日常生活的缺乏、需要、要求、自我保存，以及二歧式、两极性、分裂的缺失范畴中）中，这些意义是没有的。

从理论上而言，强调不力求式无需要方面，并且把它作为我们正在研究的同一性的中心点。处于高峰体验中的人通过某些途径变得无动机或无驱力了，特别是从缺失性需要的角度来看，更是如此。在论述这个高峰体验时，把最高、最可信赖的同一性描述为不力求的、无需要的、非希望的，即描述为超越了日常的需要和驱力的，也有类似的意思。它只是存在着。快乐已经达到，而这对于追求快乐来说，则意味着达到了暂时的目的。

已对自我实现的人作过类似的描述。现在，事事都是自愿地、倾泻式地、没有意志地、不费力地、无目的地到来的。此时，他的行动不是为了体内平衡或降低需要，不是为了避免痛苦、不愉快或死亡，不是为将来进一步的目的，不是为了自身之外的任何其他目的，即他的行动是绝对的，而且没有匮乏动机。此时，他的行为和体验成了本质的东西，是自我证实的，是目的行为和目的体验，而不是手段行为和手段体验。

因为他们觉得没有需要和要求，没有缺失，不缺乏什么东西，他们在各个方面都是满足的，所以我把这个水平上的人叫做超绝的人。他们这种“崇高的”、“极佳的”、超凡的特点，特别是他们的这种行动，已被推断出是以无所求为基础的。我觉得，这些推论在理解人的这种活动上（他们当时的行动是无所求的）是很有启发作用的。例如，我觉得它对于理解超凡的幽默和娱乐理论、厌烦理论、创造性理论等，都是很有启发的。人的胚胎也是没有要求的这种事实，是高级涅槃和低级涅槃易于混淆的根源。

在高峰体验的时刻，他们通常倾向于成为诗一般的、神秘的和狂喜的表达和交流，似乎这是表现存在状态的一种自然而然的语言。我只是在我的研究对象和我自己身上察觉到这种语言，因此，对于这一点谈不了多少。同一性的言外之意是，真正的人正因为他是真正的人而可以变得更像诗人、艺术家、音乐家和先知。

一切高峰体验都可以有效地理解为利维的完满动作，或格式塔心理学的闭合，或者赖希的完全兴奋型，或者完全的释放、发泄、极点、高潮、尽善尽美、倾尽、完成等等。与此形成鲜明对照的是未完成课题的持续活动、部分表露的心情、内部不完全通畅的运动、没有痛哭出来的悲哀、限食者的半饥饿状态、永远达不到完全整洁的厨房、有保留的性交、必须不表现出来的愤怒、得不到练习的运动员、墙上不可能改正的扭曲图画、不得不吞咽的愚蠢、不称职、不公平等等。从这些例子中，任何读者都应该能从现象的逻辑中理解到完满是多么重要，以及为什么这个观点有助于增进对于非力求、整合、放松等的理解。完满被看作完善、公正、美，被看作是目的而不是手段。在某种程度上而言，自从外部世界和内部世界有了同型性和辩证关系（互为“因果”）的时候起，我们就接触到美好的人和美好的世界怎样彼此创造这个问题了。

同一性会受到怎样的影响呢？在某种意义上说，真正的人本身很可能就是完善的和最终的，肯定他不时地体验到了立体的定局、完满和完美。最后，却产生两种不同的结果：达到顶峰的人能够达到完全的同一性；而没有达到顶峰的人必然总是保留有不完全的、缺失的、力求的某种东西，他生活在手段之中，而不是目的之中。如果这个相关被证明不是完全相关，那么，我至少可以肯定，真实性和高峰体验之间是正相关。

当我们考虑肉体的和精神的紧张以及持续不绝的不完全性时，它们不但同安详、平和、心理健康不相容，而且它们也可能同肉体健康不相容，这看起来是合乎道理的。而且，我们也有了理解这个迷惑人的发现的线索，即许多人报告，他们的高峰体验似乎莫名其妙地近似（美妙的）死亡，似乎在最强烈的生活之中也具有与其矛盾的渴望或意愿。也许，任何尽善尽美的完成或终结，在隐喻、神话或古语上就是死亡。

我极强烈地感觉到，某种爱开玩笑的心境是存在价值之一。一个最重要的理由是，它是高峰体验时相当经常的报告，而且，研究者也可以从报告者的外部行为观察到这一点。

描述这种存在性爱开玩笑是很不容易的，因为英语在这方面非常贫乏。一般地说，英语不能描绘“较高级的”主观体验。它具有广阔无垠的或超凡的好脾气的特质，当然是超越了任何敌意的性质。同样，它可以容易地被称为幸福的快乐，兴趣盎然或兴高采烈。它具有由于丰富或过剩而溢出的性质（不是缺失性动机的）。在这种意义上说，存在主义对于人的渺小（软弱）和伟大（强有力）都感兴趣或者高兴，而超越了统治和从属的两极性。它有某种凯旋性喜悦的性质，有时它可能也有宽慰的性质，它既是成熟的又是幼稚的。

在马库斯和布朗所描绘的意义上说，它是最终的、尤赛琴的、优美精神的、超然的，它也可以称之为是尼采哲学的。

作为规定的要素，它内在地包含有从容、不费力、优美、好运气、摆脱抑制的宽慰、约束与怀疑，和存在认知在一起的乐趣，它超越了自我中心和手段中心，它超越了时间、空间、历史和地域的观念。

在谈论它时，所用的方法和谈论美、爱、创造性智力一样，使用整体性法则。这是在这种意义上说的，它是二歧式的解决者，解决了许多难以解决的问题。它是人的处境的一种良好解决途径，它教给我们一种解决问题的好方法，这就是对问题本身感兴趣。它能够使我们既生活在缺失王国里，又生活在存在王国里，既是堂吉诃德，又是桑乔·潘萨，像塞万提斯那样。

人们在高峰体验的时刻，以及在这之后，特别地觉得幸运、侥幸、恩遇。一个并非罕见的反应是："这不是我应该得到的。"高峰体验不是由设计安排带来的，它们是偶然发生的。我"被"快乐惊呆了，而最为直觉的是惊愕、出乎意料、惬意的"认知震动"。

感恩感是一个普遍而独特的结果。信教的人是对他信仰的神感恩，其他人是对命运、对大自然、对人、对历史、对父母、对宇宙、对可能有助于造成这个奇迹的任何东西感恩。感恩可能转化为礼拜，表示感谢、崇拜，给予赞扬、供奉，以及其他某些很容易成为宗教格局的反应。显然，任何宗教心理学，无论是超自然的还是自然的，都必定考虑这些事件，此外，也必定重视宗教自然主义起源论。

这种感恩感非常普遍地表现为或者引导到对每一个人或每一件事的包容一切的爱，觉得世界是美好的。这种感恩感或者是为世界做某种好事的冲动，经常引起一种报答的渴望，甚至会引起一种责任感。

对于我们所描述的自我实现的人或真正的人的谦卑和骄傲，完全可能有理论上的联结。无论是敬畏的人，还是感激的人，幸运的人对他的好运气都很难充分信任。他必然向他自己提出这样的问题："我配得到这种幸运吗?"这些人通过把骄傲和谦卑融合为一个复合的、超级的统一体,即通过成为在一定意义上的自豪和恭顺来解决它们之间的二歧式。骄傲并不是傲慢或偏执狂,而是带有骄傲色彩的谦卑。若不二歧化它们,它们绝不会病态化。存在性感恩能够使我们把英雄和谦卑整合到一个外壳之内。

强调一个我已经论述过的主要矛盾,即使我们并不理解这个矛盾,但我们必须处理它。同一性、自我实现、自主、个别化、霍尼的真正自我、真实性的目标,看来既是一个终极目标,又是一个过渡性目标——过渡的仪式、通向超同一性道路上的一步。这似乎就是说,它的功能就是消灭它自身。从其他方面来说,如果我们的目标是东方式的——超越自我和消除自我、忘掉自我意识和自我观察,同世界融合并与它同化,那么,多数人达到这个目标的最好途径,就是经由完成同一性,经由完成一个坚强的真正的自我,以及经由基本需要的满足,而不是通过禁欲主义。

在高峰体验时刻,我的年轻的研究对象倾向于报告的两种肉体反应:一是激动和高度紧张、觉得发狂,喜欢奔上奔下,喜欢高声呼喊;另一个反应是放松、平和、从容、宁静感。例如,美妙的性体验、美感体验,创造狂热之后,两种反应都是可能有的;或者是继续高度的激动,不能入睡,不想去睡,甚至没有食欲、便秘,等等;或者完全的放松,迟钝,深深的睡眠,等等。也许这一点与这个理论有某些联系,但我却不清楚其中的意思。

现在已经清楚认识到，必须把患者看作一个独特的人，而不是作为某一类别的一分子。也就是说，如果主要目的是心理治疗的话，就必须这样做。理解一个人和给一个人归类或类化并不是一回事，而理解一个人则是治疗的绝对必要的条件。

还生存个体以本来面目

在弗洛伊德的概念体系中，抗拒与压抑的保持有关。但是，沙赫特已经证明，在产生有意识概念方面的困难中，除了压抑这种根源之外，还可能有其他的根源。孩子可能有过的一些感知，可以说在成长过程中就已经“忘掉了”。我也试图在软弱者抗拒无意识和潜意识的原初过程认知和坚强者抗拒被禁止的冲动、驱力与希望之间进行区分。这些发展以及其他的发展都表明，扩展“抗拒”概念的意义是合乎需要的，抗拒近似达到顿悟的困难，不管这些困难的起因如何。

这里想要说明的是，在治疗的情境中，“抗拒”的另一个根源可能是患者对于被类化或临时归类有一种健康的厌恶，即厌恶他的个别性、他的独特性、他与一切其他人的差异、他的特殊同一性等等遭到剥夺。

我以前把类化描述为认知的廉价形式，实际上是两种非认知的形式，一种迅速的、容易的编目，它的作用是使应有的努力成为不必要的，这种努力是更审慎的、对个体特征的认识和思考所要求的。把一个人安置到一个体系中去，比按着他的实际情况了解他所需要付出的精力要少，因为在前一种情况下所觉察的一切是一个人的抽象属性，这些特性表明他所从属的种类，如婴儿、侍者、瑞典人、精神分裂症患者、妇女、将军、护士等等。类化时强调的是这个人从属的种类，对这个种类来说，他只是一个样品，而不是一个人，是类似性而不是差异性。

但应注意到有关类化的一个重要事实，即一般来说对人的类化是冒犯性的，因为类化否定他的个体性，或没有注意他的个人性质，他的分化的、独一无二的同一性。正如詹姆斯1902年所发表的著名表述：

> 智力在一个对象上所做的第一件事，就是把它和某个其他东西归入一类。但是，任何对象对于我们有无限重要性的，并且也能唤醒我们专注的东西，似乎是它应当是自成一类的和独特的。很可能，一只蟹如果能够听到我们毫不费力地也不道歉地把它归入甲壳纲，而且就这样处理了它，那么，它也许会充满人身攻击感，它会说：我不是这种东西，我是我自己，我仅仅是我自己。

一个说明对人进行类化能引起怨恨的例子，可以从墨西哥和美国研究男性、女性概念的著作中援引出来。美国大多数妇女，在第一次到达墨西哥之后，都觉得这里是令人很愉快的，她受到像对男人那样高的尊重，无论她走到哪里都会引起一阵口哨声、呼啸声，并受到各个年龄的男人们的热切追求，认为她是美丽的和宝贵的。这对于许多经常有心理矛盾的美国的妇女来说，可能是非常满意的和治疗性的体验，因为这使她们觉得做女人真好，更准备享受女性，反过来这又使她们显得更加女子气。

但是，随着时间的流逝，她们（至少是她们之中的一些人）发现，这绝不像她们想象的那样完美。她们觉察到，对墨西哥的男人来说，任何妇女——老年妇女和青年妇女，漂亮的和不漂亮的，聪明的和不聪明的——都是宝贵的，彼此之间的区别待遇很小。而且，她们发现，与美国男子明显不同的是，墨西哥的男子能平静地对待拒绝，简直太平静了。看来，他并没有把她放在心上，而且会迅速地转向另一个妇女。这种情况意味着对于单独的一个妇女个体，对他不是特别宝贵的；而且也意味着，他的一切努力是指向妇女的，而不是单独地指向她的。这就包含这种含义：一个妇女与另一妇女几乎没有什么差别，并且她是可以由其他妇女代替的。她发现，她不是宝贵的，宝贵的是妇女这个类。最后，她感觉被侮辱了，而不是被奉承了。因为她要求的是作为一个人，作为她自己，而不是作为她的类别，而成为可宝贵的。当然，女性是比个人性占优势的，它要求优先的满足，然而它的满足就使得个人性的要求在动机系统中占据了突出的地位。持久热烈的爱情、一生一婚制和妇女的自我实现，全都能够由尊重特定的人造成，绝不会因尊重"妇女"这个类而造成。

不满意被类化还有一个极普通的事例。如果对青少年说"哎呀！这只是你经历的一个阶段，你最终会长大"，就会普遍引起他们的愤怒。对这个孩子是悲剧性的、真实的、不平凡的一切事情都不能一笑置之，哪怕这是对其他千百万人是已经发生过的和将要发生的事情。

一个最终的解释是：一个精神病学家结束与求诊者第一次短暂而匆忙的交谈中说"你的麻烦，粗略地说，就是你的年龄所特有的"，这个潜在的患者变得非常愤怒，他后来报告说，觉得被丢弃了和被侮辱了。他觉得仿佛他被当做一个孩子了："我不是一个样品，我是我，而不是任何其他人。"

这种考虑也有助于把我们的抗拒概念扩展到经典的心理分析中。因为抗拒通常只看作是精神病患者的防御，是抵制那些很可能听到或感知到的令人不快的真实情况。因为它通常被看成是某种不合乎需要的东西，某种需要克服和分析掉的东西。但是，正如上述例子已经表明的那样，被看成疾病的东西有时可能是健康的，或者至少不是疾病的。治疗者在他的病人身上感到的困难，即他们拒绝承认某种解释，他们的愤怒和回击，他们的执拗，等等。在某种意义上说，这一切几乎必定是由拒绝被类化引起的。因此，这样的抗拒可以看成是维护个人的独特性、同一性和个性，是反对攻击和蔑视。这种反应不仅维护了个人的尊严，而且也帮助他抵御了不好的常在诊断，即把个人的病情归入一定的类型。但是，经验告诉我们，诊断与其说是一种治疗的必要程序，不如说是一种法律上和管理上的必要程序。甚至在精神病医院里，这一点也变得日益清楚了，没有什么人是教科书上的那种病人，诊断说明更长、更丰富、更复杂了，简单贴标签已经很少生效。

现在已经清楚认识到，必须把患者看作一个独特的人，而不是作为某一类别的一分子，也就是说，如果主要目的是心理治疗的话，就必须这样做。理解一个人和给一个人归类或类化并不是一回事，而理解一个人则是治疗的绝对必要的条件。